普通高等教育“十二五”规划教材
高等院校计算机系列教材

嵌入式软件开发实用教程

主　编　李　浪　刘　宏　熊　江
副主编　郑　斌　朱嵘涛　覃业梅
　　　　黄　鑫　谢　勇　冯先成

华中科技大学出版社
中国·武汉

内容提要

本书是为嵌入式软件入门开发者编写的实用教程。全书根据初学者的特点，由浅入深、系统地讲述了嵌入式软件开发的方法和技能，目的是学习者学习本书后，能够掌握嵌入式软件的基本开发方法。全书从嵌入式系统的基本原理、概念开始，继而对基于 Windows CE 的嵌入应用软件设计开发进行深入介绍。全书共分 8 章，第 1 章对嵌入式系统基本知识作初步介绍；第 2 章对嵌入式系统的设计方法及设计的详细流程进行剖析；第 3 章对嵌入式系统的硬件组成进行讲述；第 4 章主要介绍 Windows CE 操作系统；第 5 章介绍基于 Windows CE 嵌入式操作系统定制；第 6 章从嵌入式软件工程师的角度，着重介绍嵌入式应用程序开发，一些典型例题的选取让初学者可以快速掌握嵌入式软件编程技巧；第 7 章主要论述设备驱动程序的设计与开发；第 8 章介绍 BSP 的开发技术。

对于没有 PXA255 开发板的学习者，书中第 6 章详细介绍了如何在模拟器上进行嵌入式软件开发的学习方法。

本书内容充实、重点突出，所选例题均具有较强的代表性，适合举一反三。教程特别适合嵌入式系统软件开发初学者，遵循循序渐进的原则，从基本原理介绍到注重开发能力的逐步提高。

图书在版编目(CIP)数据

嵌入式软件开发实用教程/李　浪　刘　宏　熊　江　主编. —武汉：华中科技大学出版社，2011.7
ISBN 978-7-5609-7080-6

Ⅰ.嵌…　Ⅱ.①李…　②刘…　③熊…　Ⅲ.软件开发-高等学校-教材　Ⅳ.TP311.52

中国版本图书馆 CIP 数据核字(2011)第 091021 号

嵌入式软件开发实用教程　　　　李　浪　刘　宏　熊　江　主编

策划编辑：黄金文
责任编辑：余　涛
封面设计：范翠璇
责任校对：周　娟
责任监印：张正林
出版发行：华中科技大学出版社(中国・武汉)
　　　　　武昌喻家山　　邮编：430074　　电话：(027)87557437
录　　排：华中科技大学惠友文印中心
印　　刷：武汉中远印务有限公司
开　　本：787mm×1092mm　1/16
印　　张：18.5
字　　数：461 千字
版　　次：2011 年 7 月第 1 版第 1 次印刷
定　　价：33.00 元

前　言

目前嵌入式系统已广泛地应用于军事、家用、工业、商业、办公、医疗等社会各个方面，嵌入式技术已成为IT领域的基础技术之一，也是目前最热门的应用，随着信息技术的发展，对嵌入式软件开发人员的需求也将更加紧迫。工业自动化控制领域、手持设备领域、数据通信领域、信息家电领域，都必将以嵌入式技术为基础，以促使本领域的设备和产品的创新和升级，市场对嵌入式系统相关产品的巨大需求已成为国民经济发展中的亮点。因此，需要培养大批嵌入式系统开发人才以满足日益增长的嵌入式系统市场需求。

在传统产品中嵌入微电脑芯片，可以提高产品的数字化、网络化与智能化水平，不仅有助于提高传统产品的技术含量，而且可以提高产品的市场竞争力，中国作为新兴的IT产业制造大国，如何培养大量符合市场要求的嵌入式系统开发人才已成为当务之急。

目前嵌入式系统被确定为当代大学生的一门核心基础课程。嵌入式系统课程体系中还包含有设计、开发软硬件的实训内容，是一个理论与实践紧密结合的课程体系。为此，在我国理工科类高等院校及高等职业技术学院开设“嵌入式软件开发教程”是必然的选择。

本书是嵌入式系统学习的入门课程，也是基础课程，它主要面向初学者，从最基本的原理、概念到嵌入式系统的组成结构、设计方法，在基本知识介绍的基础上，重点讲述基于Windows CE的嵌入式软件开发流程，包括操作系统的定制、BSP的开发。

本书章节后有相应的习题，在章节的编排上结合了多年实践教学的经验，目的就是便于初学者如何快速掌握嵌入式系统的基本开发流程及开发设计技术。特别是对书中的典型实训例题要求熟练掌握，并达到举一反三的目的。

本书第1章由李浪、熊江编写，第2章由李浪、朱嵘涛编写，第3章由李浪、郑斌编写，第4章由李浪、覃业梅编写，第5章由谢勇编写，第6章由李浪、刘宏编写，第7章、第8章由黄鑫、冯先成编写。

本书的所有作者都是多年从事嵌入式计算教学的老师，特别是嵌入式软件的开发内容都是多年从事嵌入式系统研究与开发的博士们经验总结，同时也是作者们多年教学工作的积累和总结，书中难免还存在错误和不足，恳请读者指正和谅解。

同时，本书已开发好相应的教学PPT课件，有教学需要的老师可以发邮件给我们索取，我们的联系方式：lilang911@126.com。

作　者

2011年1月

高等院校计算机系列教材

编　委　会

目　　录

第 1 章　嵌入式系统概述

1.1　嵌入式系统定义与特点

嵌入式系统一般指非 PC 系统，是由有计算机功能但又不能称为计算机的设备或器材组成的。它是以应用为中心，软硬件可裁减的，适应应用系统对功能、可靠性、成本、体积、功耗等综合性严格要求的专用计算机系统。简单地说，嵌入式系统集应用软件与硬件于一体，其工作方式类似于 PC 中 BIOS 的工作方式，具有软件代码小、高度自动化、响应速度快等特点，特别适合于要求实时和多任务的体系。嵌入式系统主要由嵌入式处理器、相关支撑硬件、嵌入式操作系统及应用软件等组成，它是可独立工作的“器件”。

嵌入式系统几乎包括了生活中所有电器设备，如掌上 PDA、移动计算设备、电视机顶盒、智能手机、数字电视、多媒体、车载设备、微波炉、数字相机、家庭自动化系统、电梯、空调、安全系统、自动售货机、蜂窝式电话、消费类电子设备、工业自动化仪表与医疗仪器等。

以往我们根据计算机的体系结构、运算速度、结构规模、适用领域，将计算机分为大型计算机、中型计算机、小型计算机和微计算机。随着计算机技术和产品对其他行业的广泛渗透，以应用为中心的分类方法变得更为切合实际，也就是按计算机的非嵌入式应用和嵌入式应用将其分为通用计算机和嵌入式计算机。

通用计算机一般具有标准的硬件配置，通过安装不同的应用软件，以适应各种不同的应用需求；而嵌入式计算机一般是以嵌入式系统的形式隐藏在各种装置、产品和系统中，是为某种特定应用或需求而设计的。

随着全球数字化、信息化的进程不断加快，嵌入式系统已广泛地应用于军事、家用、工业、商业、办公、医疗等社会各个方面。全球经济的持续增长以及信息化的加速发展必将使嵌入式系统市场进一步增长，在我国，信息化社会建设更是对嵌入式系统市场的发展起到了巨大的推动作用。

嵌入式技术已成为 IT 领域的基础技术之一，如图 1.1 所示。工业自动化控制领域、手持设备领域、数据通信领域、信息家电领域，都必将以嵌入式技术为基础，以促使本领域的设备和产品的创新和升级。

1.1.1　嵌入式系统的定义

根据 IEEE 的定义，嵌入式系统(Embedded System)是“控制、监视或者辅助设备、机器和车间运行的装置”(devices used to control,monitor,or assist the operation of equipment,machinery or plants)。这主要是从应用上加以定义的，从中可以看出嵌入式系统是软件和硬件的综合体，还可以涵盖机械等附属装置。不过，上述定义并不能充分体现嵌入式系统的精髓。

图 1.1 生活中随处可见的嵌入式系统

国内一个普遍被认同的定义是：以应用为中心，以计算机技术为基础，软件、硬件可裁剪，适应应用系统对功能、可靠性、成本、体积、功耗严格要求的专用计算机系统。

它一般由嵌入式微处理器、外部硬件设备、嵌入式操作系统以及用户的应用程序等四个部分组成，用于实现对其他设备的控制、监视或管理等功能。

1.1.2 嵌入式系统的特点

与通用计算机相比，嵌入式系统主要有以下几个特点。

(1) 嵌入式系统极其关注成本。嵌入式系统必须能根据特定应用的需求，对软件、硬件进行裁剪以满足应用系统对功能、可靠性、成本、体积等的要求。在大多数情况下，需要注意的成本是系统成本。处理器成本固然是一个因素，但是如果采用高度集成的微控制器(Microcontroller Unit，MCU)，而不是微处理器(Microprocessing Unit，MPU)和独立外设器件的组合，就能减小印制电路板的面积、减少所使用器件的个数、降低对电源输出功率的要求，这些都可降低器件总成本、生产管理和装配成本、产品调试成本。同时也可提高产品的可靠性，降低产品的维护成本。

(2) 嵌入式系统对实时性有较强要求。嵌入式系统一般对程序执行时间都有较高要求，故又称为实时系统。实时性一般分为两类：软实时系统和硬实时系统。硬实时系统要求相关任务(时间关键性的任务)必须在某个时间间隔内完成，一旦响应时间得不到满足，就可能引起系统崩溃或致命的错误；而软实时系统的任务为时间敏感性任务，响应时间得不到满足一般不会引起非常严重的后果。

(3) 嵌入式系统一般采用 EOS 或 RTOS。为了使程序能满足系统功能的要求，在必须保证程序逻辑正确性的同时，响应时间也必须达到系统的要求。对于功能较为复杂的嵌入式系统而言，控制响应时间是程序设计的关键。而对程序员来说，这往往很难驾驭或实现起来相当困难。因此，此类系统一般采用嵌入式操作系统(Embedded Operation System，EOS)来管理系统的硬件资源和时间资源。对于实时系统，应采用具有实时特性的嵌入式操作系统——实时操作系统(Real Time Operation System，RTOS)。另外使用操作系统也可减小产品的开发周期。对于功能较简单的小型电子装置，可以不采用操作系统，由应用软件来直接管理系统的硬件资源和时间资源。

(4) 嵌入式系统软件故障造成的后果较通用计算机的更为严重。因为嵌入式系统必须尽量减少软件的瞬时故障(软故障),所以嵌入式系统一般都采用某些保障机制,如看门狗定时器(Watch Dog Timer,WDT),来提高系统的可靠性。

(5) 嵌入式系统多为低功耗系统。大多数嵌入式系统没有充足的电能供应(如采用电池供电),并且功耗越小散热越容易,系统温升越低,系统的稳定性和可靠性越高。

(6) 嵌入式系统经常需要在极端恶劣的环境下运行。极端恶劣的环境一般意味着严酷的温度和很高的湿度,特殊场合下使用的嵌入式系统必须还要考虑防振、防尘、防水、防电磁干扰等问题。集成电路芯片分为商业级、工业级和军品级,嵌入式系统一般应选择工业级或军品级的芯片。

(7) 嵌入式系统的系统资源与通用计算机相比是非常少的。嵌入式系统一般没有系统软件和应用软件的明显区分,不要求其功能设计及实现上过于复杂。这样一方面利于控制系统成本,同时也利于实现系统安全。嵌入式系统的个性化很强,其中的软件系统和硬件的结合非常紧密,一般情况下,如果要针对硬件进行操作系统的移植,则即使在同一品牌、同一系列的产品中也需要根据系统硬件的变化和增减不断进行修改。针对不同的任务,往往需要对系统进行较大的更改,程序的编译下载要与系统相结合,这种修改与通用软件的"升级"是完全不同的概念。

(8) 嵌入式系统通常在ROM中存放所有程序的目标代码。几乎所有的计算机系统都要在ROM中存放部分代码(如PC中的BIOS是存放在Flash内的),而多数嵌入式系统必须把所有的代码都存放在ROM中。这意味着对存放在ROM中的代码长度有极严格的限制。除此之外,由于ROM的读取速度比RAM低,在程序执行前一般要将其从ROM移至RAM。在设计系统硬件和软件时应考虑此问题。

(9) 嵌入式系统可采用多种类型的处理器和处理器体系结构。系统所采用的处理器确定了系统的体系结构(包括系统硬件的组成和指令系统),可选择的处理器有微处理器、微控制器、数字信号处理器(Digital Signal Processor,DSP)等,还可选择片上系统(System On Chip,SoC)。

(10) 嵌入式系统需要专用开发工具和方法进行设计。嵌入式系统的开发工具通常由软件和硬件组成。软件包括交叉编译器、模拟器、调试器、集成开发环境(Integrated Development Environment,IDE)等;硬件包括ROM仿真器、在线仿真器(In-Circuit Emulator,ICE)、在线调试器(In-Circuit Debugger,ICD)、片上调试器(On-Chip Debugger,OCD)等。

(11) 嵌入式系统具有软件的固件化特点。嵌入式系统是一个软硬件高度结合的产物,为了提高执行速度和系统可靠性,嵌入式系统中的软件一般都固化在存储器芯片或处理器芯片中,用户通常不能任意修改其中的程序功能。

除此以外,嵌入式系统还具有隐式应用形态、高可靠性等特点,这里不再一一赘述。

1.2 嵌入式系统的应用领域及发展趋势

嵌入式系统主要用于各种信号处理与控制,已在国防、国民经济及社会生活等领域普遍采用，成为数字化电子信息产品的核心。

1.2.1 嵌入式系统的应用领域

嵌入式系统所涉及的应用领域极其广泛，嵌入式计算机在应用数量上远远超过了各种通用计算机，一台通用计算机的外部设备就包含众多嵌入式微处理器，如键盘、鼠标、软驱、硬盘、显示器、显卡、网卡、声卡、打印机、扫描仪、数码相机、集线器等均是由嵌入式处理器控制的。制造工业、过程控制、通信、仪器、仪表、汽车、船舶、航空、航天、军事装备、消费类产品等方面均是嵌入式计算机的应用领域。

典型的嵌入式系统的应用领域主要有以下几方面。

1）工业控制

基于嵌入式芯片的工业自动化设备将获得长足的发展，目前已经有大量的 8、16、32 位嵌入式微控制器在应用中。网络化是提高生产效率和产品质量、减少人力资源的主要途径，如工业过程控制、数字机床、电力系统、电网安全、电网设备监测、石油化工系统。就传统的工业控制产品而言，低端型采用的往往是 8 位单片机。但是随着技术的发展，32 位、64 位的处理器逐渐成为工业控制设备的核心，在未来几年内必将获得长足的发展。

2）交通管理

在车辆导航、流量控制、信息监测与汽车服务方面，嵌入式系统技术已经获得广泛的应用，内嵌 GPS 模块，GSM 模块的移动定位终端已经在各种运输行业获得成功的使用。例如，目前 GPS 设备已经从过去的高端产品进入了普通百姓的家庭，很多私人汽车上都配备了 GPS 导航和定位设备。

3）信息家电

这将成为嵌入式系统最大的应用领域，冰箱、空调等的网络化、智能化将引领人们的生活步入一个崭新的空间。即使你不在家里，也可以通过电话线、网络进行远程控制。在这些设备中，嵌入式系统将大有用武之地。

4）家庭智能管理系统

水、电、煤气表的远程自动抄表，安全防火、防盗系统，其中嵌入的专用控制芯片将代替传统的人工检查，并实现更高、更准确和更安全的性能。目前在服务领域，如远程点菜器等就体现了嵌入式系统的优势。

5）POS 网络及电子商务

公共交通无接触智能卡（Contactless Smartcard，CSC）发行系统、公共电话卡发行系统、自动售货机、各种智能 ATM 终端将全面走入人们的生活，到时手持一卡就可以行遍天下。

6）环境工程与自然

对水文、防洪体系及水土质量、堤坝安全、地震、实时气象、水源和空气污染进行实时监测。在很多环境恶劣、地况复杂的地区，嵌入式系统将实现无人监测。

7）机器人

嵌入式芯片的发展将使机器人在微型化、高智能方面优势更加明显，同时会大幅度降低机器人的价格，使其在工业领域和服务领域获得更广泛的应用。

这些可以着重于在控制方面的应用。就远程家电控制而言，除了开发出支持 TCP/IP

的嵌入式系统之外，家电产品控制协议也需要制订和统一，这需要家电生产厂家来做。同样的道理，所有基于网络的远程控制器件都需要与嵌入式系统之间实现接口，然后再由嵌入式系统来通过网络实现控制。所以，开发和探讨嵌入式系统有着十分重要的意义。

1.2.2　应用的发展趋势

信息时代、数字时代使得嵌入式产品应用获得了巨大的发展契机，为嵌入式市场展现了美好的前景，从中可以看出未来嵌入式系统应用的几大发展趋势。

1）为设备网络通信提供标准接口

为适应嵌入式分布处理结构和应用上网需求，面向21世纪的嵌入式系统要求配备标准的一种或多种网络通信接口。针对外部联网要求，嵌入设备必须配Ethernet网口，相应需要TCP/IP协议簇软件支持；由于家用电器相互关联（如防盗报警、灯光能源控制、影视设备等）及实验现场仪器的协调工作等要求，新一代嵌入式设备还需具备IEEE1394、USB、CAN或Bluetooth通信接口，同时也需要提供相应的组网协议软件和物理层驱动软件。

2）支持小型电子设备实现小尺寸、微功耗和低成本

为满足这种特性，要求嵌入式产品设计者相应降低处理器的性能，限制内存容量和复用接口芯片，这就相应提高了对嵌入式软件设计技术要求。例如，选用最佳的编程模式和不断改进算法；采用EC++编程模式，优化编译器性能。因此，既要软件人员有丰富经验，更需要发展先进嵌入式软件技术，如Web和WAP技术等。

3）提供精巧的多媒体人机界面

嵌入式设备之所以为亿万用户接受，重要因素之一是它们与使用者之间的亲和力，以及优美的人机交互界面。人们与信息终端交互要求以GUI屏幕为中心的多媒体界面。手写文字输入、语音拨号上网、收发电子邮件以及彩色图形、图像已获得初步成效，一些先进的PDA在显示屏幕上已实现汉字写入、短信息、语音发布。

4）嵌入式网络

随着信息时代的到来，Internet技术已进入人们日常生活中的各个领域，嵌入式网络应运而生，从而在更好地利用Internet庞大的信息资源的同时，实现了嵌入式系统功能上的一个飞跃。目前，嵌入式系统和网络已是一种不可分割的结合体。家电上网和实现远程操作，其意义不仅在于这种网络的出现所产生的经济价值，更在于把家电从个体进入网络，实现了嵌入式系统网络化。

1.3　嵌入式系统的组成结构

嵌入式系统的基本结构一般可分为两个部分：硬件和软件，如图1.2所示。

1.3.1　嵌入式系统的硬件

嵌入式系统的硬件包括嵌入式核心芯片、存储器系统及外部接口。其中嵌入式核心芯片是指EMPU——嵌入式处理器、EMCU——嵌入式控制器、EDSP——嵌入式数字信号处理器、SoC——嵌入式片上系统、PSoC——嵌入式可编程片上系统。嵌入式系统的存储器

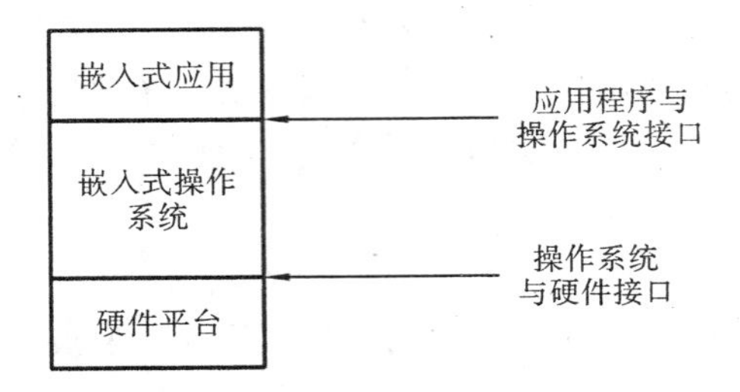

图 1.2 嵌入式系统的结构

系统，包括程序存储器(ROM、EPROM、Flash)、数据存储器、随机存储器、参数存储器等。

1. 嵌入式处理器

嵌入式处理器是构成系统的核心部件，系统工程中的其他部件均在它的控制和调度下工作。处理器通过专用的接口获取监控对象的数据、状态等各种信息，并对这些信息进行计算、加工、分析和判断及作出相应的控制决策，再通过专用接口将控制信息传送给控制对象。根据其现状，嵌入式处理器可以分成嵌入式微处理器(EMPU)、嵌入式微控制器(EMCU)、嵌入式 DSP 处理器(EDSP)、嵌入式片上系统(ESoC)。

1) 嵌入式微处理器(Embedded MicroProcessor Unit，MPU)

嵌入式微处理器是由通用计算机中的 CPU 演变而来的。它的特征是具有 32 位以上的处理器，具有较高的性能，当然其价格也相应较高。但与计算机处理器不同的是，在实际嵌入式应用中，只保留和嵌入式应用紧密相关的功能硬件，去除其他的冗余功能部分，这样就以最低的功耗和资源实现嵌入式应用的特殊要求。嵌入式微处理器是嵌入式系统的核心。

2) 嵌入式微控制器(Embedded MicroController Unit，MCU)

MicroController Unit 中文名称为微控制单元，又称单片微型计算机(Single Chip Microcomputer)，是指随着大规模集成电路的出现及其发展，将计算机的 CPU、RAM、ROM、定时器和多种 I/O 接口集成在一片芯片上，形成芯片级的计算机，它可为不同的应用场合做不同组合控制。

EMCU 按其存储器类型可分为 MASK(掩模)ROM、OTP(一次性可编程)ROM、Flash ROM 等类型。MASKROM 的 MCU 价格便宜，但程序在出厂时已经固化，适合程序固定不变的应用场合；Falsh ROM 的 MCU 程序可以反复擦写，灵活性很强，但价格较高，适合对价格不敏感的应用场合或做开发用途；OTPROM 的 MCU 价格介于前两者之间，同时又具有一次性可编程能力，适合既要求一定灵活性，又要求低成本的应用场合，尤其是功能不断翻新、需要迅速量产的电子产品。

由于 EMCU 价格低廉，功能完备，所以拥有的品种和数量最多，比较有代表性的是 8051、MCS-251、MCS-96/196/296、P51XA、C166/167、68K 系列及 MCU 8XC930/931、C540、C541，并且有支持 I^2C、CAN-Bus、LCD 及众多专用 EMCU 和兼容系列。目前 EMCU 占嵌入式系统约 70%的市场份额。近年来 Atmel 出产的 Avr 单片机由于其集成了 FPGA 等器件，所以具有很高的性价比，势必将推动单片机获得更快的发展。

3) DSP 处理器(Digital Signal Processor，DSP)

DSP 是一种独特的微处理器，是以数字信号来处理大量信息的器件，如图 1.3 所示。

其工作原理是将接收的模拟信号转换为0或1的数字信号，再对数字信号进行修改、删除、强化，并在其他系统芯片中把数字数据解释和编译回模拟数据或实际环境格式。它不仅具有可编程性，而且其实时运行速度可达每秒数千万条复杂指令程序，远远超过通用微处理器的运行速度，是数字化电子世界中日益重要的芯片。它强大的数据处理能力和高运行速度，是最值得称道的两大特色。

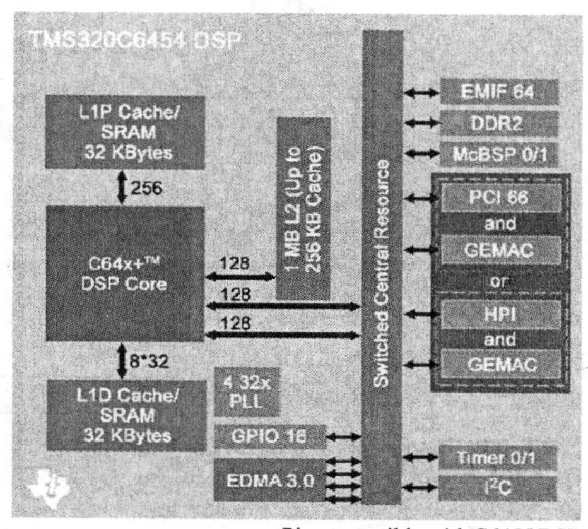

图1.3 一个DSP结构实例

当然，与通用微处理器相比，DSP芯片的其他通用功能相对较弱些。目前最为广泛应用的是TI的TMS320C2000/C5000系列，另外如Intel的MCS-296和Siemens的TriCore也有各自的应用范围。

4）嵌入式片上系统(System on Chip，SoC)

SoC的定义多种多样，由于其内涵丰富、应用范围广，很难给出准确定义。一般说来，SoC称为系统级芯片，有的也称为片上系统，意指它是一个产品，是一个有专用目标的集成电路，其中包含完整系统并有嵌入软件的全部内容。同时它又是一种技术，用于实现从确定系统功能开始，到软、硬件功能划分，并完成设计的整个过程。从狭义角度讲，它是信息系统核心的芯片集成，是将系统关键部件集成在一块芯片上形成的；从广义角度讲，SoC是一个微小型系统，如果说中央处理器(CPU)是大脑，那么SoC就是包括大脑、心脏、眼睛和手的系统。国内外学术界一般倾向于将SoC定义为将微处理器、模拟IP核、数字IP核和存储器(或片外存储控制接口)集成在单一芯片上的片上系统，它通常是客户定制的，或是面向特定用途的标准产品。SoC的体系结构如图1.4所示。

2. 嵌入式存储器

嵌入式存储器不同于片外存储器，它是在片内与系统中各个逻辑、混合信号等共同组成芯片的一个基本组成部分。嵌入式存储器包括嵌入式静态存储器、动态存储器和各种非易失性存储器。

嵌入式存储器分为两类：一类是易失性存储器；另一类是非易失性存储器。易失性存储

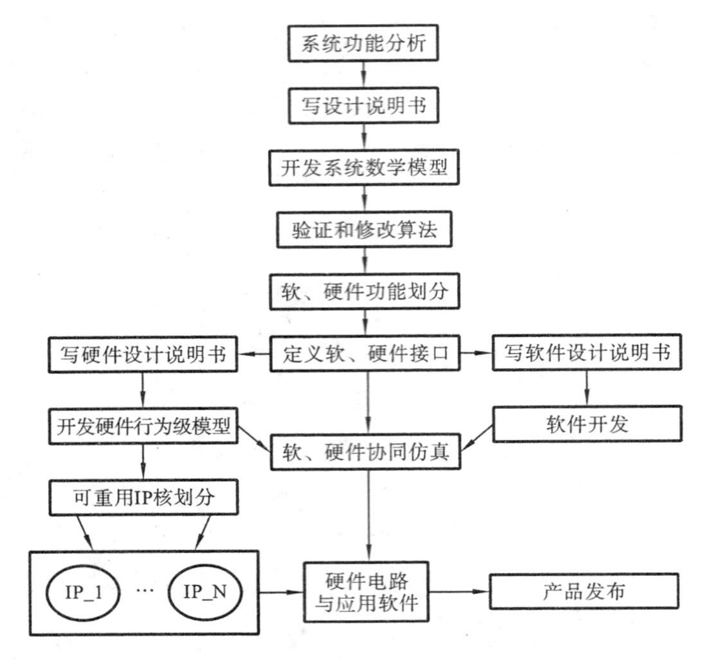

图 1.4 SoC 的体系结构

器包括速度快、功耗低、简单的 SRAM 和高密度的 EDRAM；而非易失性存储器在实际应用中有更多种类，常用的包括 OTP、ROM 和 EEPROM 及越来越普及的 eFlash 等。非易失性存储器主要用于存储器掉电时不丢失固定数据和程序的场合。嵌入式存储器的主要分类如图 1.5 所示。

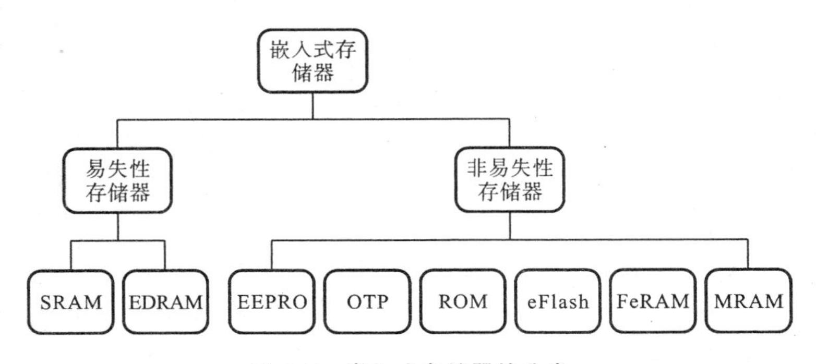

图 1.5 嵌入式存储器的分类

1）嵌入式易失性存储器

嵌入式 SRAM(ESRAM)是最早、最成熟的嵌入式存储器，广泛应用在通用 CPU 的片内高速缓存、网络处理器中的帧缓冲器等。ESRAM 基于标准的 CMOS 逻辑工艺，在制作时不需要增加额外的工艺步骤。传统的 ESRAM 都是六管结构，单元尺寸较大，难以实现大规模的集成。因此，人们相继研制出了单管(1T)和四管(4T)ESRAM 结构。

Mosys 公司提出的 1T SRAM 单元包括一个电容和一个访问管，与平面 DRAM 单元非常相似，只是用一个 MOS 结构代替了 DRAM 的电容。这种单元的面积只有传统 SRAM

单元的1/4到1/3，并且容易按比例缩小。但是这种MOS电容能够存储的电荷比较少，需要专门的线性偏置电路来进行补偿，软误差率（SER）也较高。

无负载四管CMOS SRAM单元尺寸只有传统六管单元的56%，能够提高存储容量和工作速度。但是这种存储单元要求能够产生精确的时序信号，保证在不同的温度条件下静态数据的保持特性，并且要克服单元电流小、位线耦合电容大等不利影响。

某些SoC应用需要高密度和高带宽的嵌入式存储器，嵌入式DRAM（EDRAM）的特性恰好能够满足这一要求。EDRAM的宏单元面积仅仅是ESRAM宏单元面积的1/4到1/3，相比之下，更容易实现大规模的集成。EDRAM中的敏感放大器可以作为临时数据锁存器，存储器宏单元和周围逻辑电路之间可以设置非常宽的数据总线，从而实现极高的存储带宽。EDRAM的并行大块数据传输能力非常适合数据流为主的应用，如图形或网络芯片。

2）嵌入式非易失性存储器

很多应用都需要在掉电后仍然能够保持数据的存储器，如智能卡。非易失性存储器保持数据的特性是ESRAM和EDRAM所无法比拟的。

嵌入式系统设计师们都喜欢使用基于Flash的处理器。因为在产品开发和生产的早期阶段，片上Flash的灵活性大大提高了软件开发的速度，并且允许在最后一分钟修改软件。在整个产品周期中，嵌入式Flash对于系统维护、软件在线更新都是非常方便的，设计师不需要更换新的器件。嵌入式Flash和微控制器组合在一起，广泛应用于手机、笔记本电脑、掌上电脑、数码相机等领域。可以说，几乎在每个人的生活中都能够找到嵌入式Flash的影子。

铁电存储器（FeRAM）是一种采用铁电效应作为电荷存储机制的、基于RAM的器件。铁电效应是材料在没有外加电场的情况下存储电极化状态的能力。FeRAM的存储单元是通过在两个电极板之间积淀一层铁电晶体薄膜以形成一个电容而制作的。这个电容与DRAM的电容非常相似，但是与DRAM将数据用电荷的形式存储在电容中不同，FeRAM将数据存储在一个晶体结构中。铁电材料的晶体结构中保持着两个稳定的、由内部偶极子的排列产生的极化状态，分别表示“1”和“0”。

磁阻存储器（MRAM）的出现为嵌入式存储器指出了统一发展方向，因为这种存储器集SRAM的高速度、DRAM的高密度、Flash的非易失性、擦/写耐久性为一体，同时能够工作在极低的电压下，具有很小的功耗，是一种“全功能”的固态存储器，应用前景十分诱人。MRAM在制作时只需要增加3～4层掩模板，就可以把嵌入式MRAM做到CMOS逻辑中去。相比之下，eFlash和EDRAM都需要增加更多的额外工艺步骤。

相变非易失性存储器（PcRAM）技术利用某些薄膜合金的结构相变存储信息。这些合金具有两种稳定的状态：多晶状态，具有高反射和低电阻的性质；无定形状态，是无光泽和高电阻的。采用能够转换两种状态的电脉冲就可以控制两个状态快速地翻转和变相。常用的相变合金是VI族（硫族）化合物材料，如锗、锑和碲。

PcRAM成功的关键在于合金薄膜的品质。PcRAM的擦/写耐久时间小于10^{12}次，这会限制其应用，但是新的材料或工艺会解决这一问题。

存储器的类型将决定整个嵌入式系统的操作和性能，因此如何选择存储器是一个非常重要的决策问题。无论系统是采用电池供电还是由市电供电，应用需求将决定存储器的类型(易失性或非易失性)以及使用目的(存储代码、数据或两者兼有)。另外,在选择过程中,存储器的尺寸和成本也是需要考虑的重要因素。对于较小的系统,微控制器自带的存储器就有可能满足系统要求,而较大的系统可能要求增加外部存储器。为嵌入式系统选择存储器类型时,需要考虑一些设计参数,包括微控制器的选择、电压范围、电池寿命、读/写速度、存储器尺寸、存储器的特性、擦/写的耐久性以及系统总成本。

3. 常规的外设及其接口

常规外设是指一般的计算设备不能缺少的外部设备,例如,作为输入设备所必需的键盘,作为输出设备的各个类型的显示器,当然嵌入式的键盘既可以是简单的按键输入设备,也可以是很简单的输出显示装备。常规的外设通常包括以下三类:输入设备,用于数据的输入,常见的有键盘、鼠标、触摸屏、扫描仪、绘图仪、数码相机、各种各样的媒体视频捕获卡等;输出设备,用于数据的输出,常见的有各种显示器、各种打印机、绘图仪、各种声卡、音箱等;外存储设备,用于存储程序和数据,常见的有硬盘、软盘、光盘设备、磁带机、存储卡等。外设可以通过接口连接到计算机上,使外设的信息能够输入到计算机,计算机的信息能够输入到外设。

4. 专用外设用其接口

在嵌入式中,专用外设是指那些为完成用户要求的功能而必须使用的外设。在实际应用中,用户对功能的要求是多样性的,实现这些要求的技术途径也非常灵活,使得专用外设的种类繁多,而且,不同的用户系统所需要的专用外设也各不相同,后续章节将具体介绍一些最常见的外设及其连接和使用的例子。

1.3.2 嵌入式系统的软件

嵌入式系统的软件与通用计算机的一样,分为两大部分,即嵌入式操作系统、应用软件和板载支持包 BSP(Board Surport Package),其软件层次结构如图 1.6 所示。

图 1.6 嵌入式系统软件层次结构

操作系统向上层的应用软件提供应用编程接口 API(Application Programming Interface),BSP 负责与底层的硬件交互,向操作系统屏蔽硬件的差异,BSP 的存在让嵌入式操作系统的开发不再依赖于某种系统结构的嵌入式硬件,硬件厂商提供适合自己生产的嵌入式硬件的 BSP 即可。

1. 应用软件

在传统的操作系统领域中,应用软件是指那些为了完成某些特定任务而开发的软件;嵌入式系统领域的应用软件与通用计算机领域的应用软件从作用上讲是类似的,都是为了解决某些特定的应用性问题而设计出来的软件,如浏览器,播放器等。虽然嵌入式系统与通用计算机系统分属于两个不同的领域,但二者的通用软件在某些情况下是可以通用的,当然更多数的情况是为了更好地适应嵌入式系统而做出了一定的修改,比如在智能手机中,可以看到非常高效的 Office 软件,它们在有限的资源下仍然可以完成大部分任务。嵌入式系统的应用软件与通用计算机软件相比,由于嵌入式系统的内在资源相当有限,导致了应用软件对系统的资源有更多的苛求,并尽量做到高效低耗。而且嵌入式系统的应用软件还存在着操作系统的依赖性,一般情况下,不同操作系统之间的软件是不能够不做任何修改就随意移植的，通常都需要做出修改甚至重新编写。

嵌入式系统是面向特定的应用的，因此不同的嵌入式系统的应用软件可能会完全不同，但是大多数嵌入式系统的应用软件都要满足实时性要求。

2. 嵌入式操作系统

嵌入式操作系统(Embedded Operating System，EOS)是一种用途广泛的系统软件，过去它主要应用于工业控制和国防系统领域。EOS负责嵌入系统的全部软、硬件资源的分配、调度工作，控制协调并发活动；它必须体现其所在系统的特征，能够通过装卸某些模块来达到系统所要求的功能。目前，已推出一些应用比较成功的EOS产品系列。随着Internet技术的发展、信息家电的普及应用及EOS的微型化和专业化，EOS开始从单一的弱功能向高专业化的强功能方向发展。嵌入式操作系统在系统实时高效性、硬件的相关依赖性、软件固态化以及应用的专用性等方面具有较为突出的特点。EOS是相对于一般操作系统而言的，它除具备一般操作系统最基本的功能，如任务调度、同步机制、中断处理、文件功能等外，还有以下特点。

(1) 可装卸性。EOS是开放性、可伸缩性的体系结构。

(2) 强实时性。EOS实时性一般较强，可用于各种设备控制当中。

(3) 统一的接口。提供各种设备驱动接口。

(4) 操作方便、简单、友好的图形GUI。图形界面，易学易用。

(5) 提供强大的网络功能，支持TCP/IP协议及其他协议，提供TCP/UDP/IP/PPP协议支持及统一的MAC访问层接口，为各种移动计算设备预留接口。

(6) 强稳定性，弱交互性。嵌入式系统一旦开始运行就不需要用户过多的干预，这就要求负责系统管理的EOS具有较强的稳定性。嵌入式操作系统的用户接口一般不提供操作命令，它通过系统调用命令向用户程序提供服务。

(7) 固化代码。在嵌入式系统中，嵌入式操作系统和应用软件被固化在嵌入式系统计算机的ROM中。辅助存储器在嵌入式系统中很少使用，因此，嵌入式操作系统的文件管理功能应该能够很容易地拆卸，而用各种内存存储文件系统。

(8) 更好的硬件适应性，也就是良好的移植性。

在较大规模的系统中，经常需要用到多任务的并行处理能力，所以嵌入式的计算系统通常配有多任务操作系统，并且这类操作系统与一般常见的操作系统不一样，它必须对事件提前做出实时处理。而且操作系统在处理它所管理工作下的各个事件时，必须在规定的时间内做出响应，这对嵌入式环境下工作的计算机系统非常重要；否则，可能会带来严重的后果。目前使用的嵌入式操作系统有几十种，但是常用的大多都是Linux和Windows CE。本书主要介绍这两种操作系统，每种操作系统适合于一定的应用范围。嵌入式的应用软件种类也非常多。

3. BSP

板级支持包(Board Support Package，BSP)，是介于主板硬件和操作系统中驱动层程序之间的一层，一般认为它属于操作系统的一部分，主要是实现对操作系统的支持，为上层的驱动程序提供访问硬件设备寄存器的函数包，使之能与硬件主板更好地运行。在嵌入式系统软件的组成中，就有 BSP。BSP 是相对于操作系统而言的，不同的操作系统对应于不同定义形式的 BSP。例如，VxWorks 的 BSP 和 Linux 的 BSP 相对于某一 CPU 来说尽管实现的功能一样，可是写法和接口定义是完全不同的，所以写 BSP 一定要按照该系统 BSP 的定义形式来写(BSP 的编程过程大多数是在某一个成型的 BSP 模板上进行的)，这样才能与上层 OS 保持正确的接口，良好地支持上层 OS。在系统启动之初，BSP 所做的工作类似于通用计算机的 BIOS，也是负责系统加电，初始化各种设备、装入操作系统等。但是 BSP 与 BIOS 是不同的，主要区别有以下几个方面。

(1) BSP 是与操作系统相适应的，但是 BIOS 却是和所在的主板相适应的，也就是说，BSP 的功能主要是为了让硬件支持某种嵌入式操作系统，而 BIOS 的功能是为了所有操作系统都能够在其生产的硬件上正常工作。

(2) 开发软件人员可以对 BSP 做一定的修改，加入自己想加入的一些东西，如各类驱动程序。但 BIOS 一般不能更改，开发人员只能对其进行升级或者更改配置的操作。相对来讲，嵌入式开发人员对于 BSP 的自主性更大。

(3) 一个 BSP 对应一个硬件和一个嵌入式操作系统，即同一个处理器可能对应多个 BSP，同一个嵌入式操作系统针对不同的处理器也需要不同的 BSP。而一个 BIOS 对应一个硬件和多个操作系统，也就是说 BIOS 是根据一定条件下的硬件进行编写的，与操作系统无关。

(4) BSP 里可以加入非系统必需的东西，如一些驱动程序甚至一些应用程序，但通用计算机的主板 BIOS 一般不会有这些东西。

总之 BSP 主要做的工作是系统初始化和硬件相关的设备驱动。它具有操作系统相关性、硬件相关性的特点。

4. 嵌入式开发工具

任何系统的开发都离不开开发工具，嵌入式系统也一样。嵌入式系统的硬件和软件位于嵌入式系统产品本身，开发工具独立于嵌入式系统产品之外。开发工具一般用于开发主机，包括语言编译器、连接定位器、调试器等，这些工具一起构成了嵌入式系统的开发系统和开发工具。嵌入式系统的开发语言使用最多的是 C 语言，目前出现的嵌入式C++可能在将来会被广泛应用。当开发的系统较小或者初始化和硬件有关时一般使用汇编语言，汇编语言还有一个优点就是效率高。

1.4 嵌入式系统分类

根据不同的分类标准，嵌入式系统有不同的分类方法，这里根据嵌入式系统的复杂程度，可以将嵌入式系统分为以下四类。

1. 单个微处理器

这类系统可以在小型设备(如温度传感器、烟雾和气体探测器及断路器)中找到。这类设备是供应商根据设备的用途来设计的。这类设备受千年虫影响的可能性不大。

2. 不带计时功能的微处理器

这类系统可在过程控制、信号放大器、位置传感器及阀门传动器等中找到。这类设备也不太可能受到千年虫的影响。但是，如果它依赖于一个内部操作时钟，那么这个时钟可能受千年虫的影响。

3. 带计时功能的组件

这类系统可见于开关装置、控制器、电话交换机、电梯、数据采集系统、医药监视系统、诊断及实时控制系统等中。它们是一个大系统的局部组件，由它们的传感器收集数据并传递给该系统。这种组件可同PC一起操作，并可包括某种数据库(如事件数据库)。

4. 在制造或过程控制中使用的计算机系统

对于这类系统，计算机与仪器、机械及设备相连来控制这些装置的工作。这类系统包括自动仓储系统和自动发货系统。在这些系统中，计算机用于总体控制和监视，而不是对单个设备直接控制。

1.5 嵌入式系统的发展历史

1.5.1 嵌入式发展的初始阶段

事实上，嵌入式这个概念早就已经存在。在通信方面，嵌入式系统在20世纪60年代就用于对电子机械和电话交换的控制，当时称为“存储式程序控制系统”(Stored Program Control System)。

嵌入式计算机的真正发展是在微处理器问世之后。1971年11月，Intel公司成功地把算术运算器和控制器电路集成在一起，推出了第一款微处理器Intel 4004，其后各厂家陆续推出了各种8位、16位的微处理器，包括Intel公司的8080/8085、8086，Motorola公司的6800、68000，以及Zilog公司的Z80、Z8000等。以这些微处理器作为核心所构成的系统，广泛地应用于仪器仪表、医疗设备、机器人、家用电器等领域。微处理器的广泛应用形成了一个广阔的嵌入式应用市场，计算机厂家开始大量地以插件方式向用户提供OEM产品，再由用户根据自己的需要选择一套适合的CPU板、存储器板以及各式I/O插件板，从而构成专用的嵌入式计算机系统，并将其嵌入到自己的系统设备中。

为方便兼容性，出现了系列化、模块化的单板机。流行的单板机有Intel公司的iSBC系列、Zilog公司的MCB等。后来人们可以不必从选择芯片开始来设计一台专用的嵌入式计算机，而是只要选择各功能模块，就能够组建一台专用计算机系统。用户和开发者都希望从不同的厂家选购最适合的OEM产品，插入外购或自制的机箱中就形成新的系统，这样就希望插件是互相兼容的，也就导致了工业控制微机系统总线的诞生。1976年Intel公司推出Multibus，1983年扩展为带宽达40 MB/s的MultibusⅡ。1978年由Prolog设计的简单STD总线广泛应用于小型嵌入式系统。

20世纪80年代是各种总线层出不穷、群雄并起的时代。随着微电子工艺水平的提高，集成电路制造商开始把嵌入式应用中所需要的微处理器、I/O接口、A/D转换器、D/A转换器、串行接口以及RAM、ROM等部件统统集成到一个VLSI中，从而制造出面向I/O设计的微控制器，也就是我们俗称的单片机，成为嵌入式计算机系统异军突起的一支新秀。其后发展的DSP产品则进一步提升了嵌入式计算机系统的技术水平，并迅速地渗入到消费电子、医用电子、智能控制、通信电子、仪器仪表、交通运输等各种领域。

进入20世纪90年代，嵌入式技术应用全面展开，目前已成为通信和消费类产品的共同发展方向。在通信领域，数字技术正在全面取代模拟技术。在广播电视领域，美国已开始由模拟电视向数字电视转变，欧洲的DVB(数字电视广播)技术已在全球大多数国家推广。数字音频广播(DAB)也已进入商品化试播阶段。而软件、集成电路和新型元器件在产业发展中的作用日益重要。所有上述产品中，都离不开嵌入式系统技术。像前途无可计量的“维纳斯计划”生产的机顶盒，核心技术就是采用32位以上芯片级的嵌入式技术。在个人领域中，嵌入式产品将主要是个人商用，作为个人移动的数据处理和通信软件。由于嵌入式设备具有自然的人机交互界面，GUI屏幕为中心的多媒体界面给人很大的亲和力。手写文字输入、语音拨号上网、收发电子邮件以及彩色图形、图像均已取得初步成效。

1.5.2 嵌入式系统的发展阶段

与通用计算机的发展不同，嵌入式计算机系统走上了一条完全不同的道路，这条独立发展的道路就是单芯片化道路。它动员了原有的传统电子系统领域的厂家与专业人士，通过起源于计算机领域的嵌入式系统，承担起发展与普及嵌入式系统的历史任务，迅速地将传统的电子系统发展到智能化的现代电子系统，这不仅形成了计算机发展的专业化分工，而且将发展计算机技术的任务扩展到传统的电子系统领域，使计算机成为进入人类社会全面智能化时代的有力工具。纵观嵌入式的发展过程，嵌入式的发展大致经历了四个阶段。

从嵌入式诞生的20世纪70年末起至今，已经历了SCM、MCU、SoC三大发展阶段，以Internet为标志的嵌入式系统目前还在发展阶段。

单片微型计算机即SCM(Single Chip Microcomputer)阶段，单片机开创了嵌入式系统的独立发展道路。嵌入式系统虽然起源于微型计算机时代，然而，微型计算机的体积、价位、可靠性都无法满足广大对象系统的嵌入式应用要求，因此，嵌入式系统必须走独立发展道路。这条道路就是芯片化道路。将计算机做在一个芯片上，从而开创了嵌入式系统独立发展的单片机时代。在探索单片机的发展道路时，有过两种模式，即“Σ模式”(希格玛模式)和“创新模式”。“Σ模式”本质上是通用计算机直接芯片化的模式，它将通用计算机系统中的基本单元进行裁剪后，集成在一个芯片上，构成单片机；“创新模式”则完全按嵌入式应用要求设计全新的、满足嵌入式应用要求的体系结构、微处理器、指令系统、总线方式、管理模式等。

第一阶段是SCM阶段，主要是寻求最佳的、单片形态嵌入式系统的体系结构。“创新模式”获得成功，奠定了SCM与通用计算机完全不同的发展道路。单片机是嵌入式系统的独立发展之路，向MCU阶段发展的重要因素，是寻求应用系统在芯片上的最大化解决。因此，专用单片机的发展自然形成了SoC化趋势。随着微电子技术、IC设计、EDA工具的发展，基于SoC的单片机应用系统设计会有较大的发展。因此，对单片机的理解可以从单片微型计算机、单片微控制器延伸到单片应用系统。

这一阶段的嵌入式处在一种受限制的应用阶段。硬件是单片机，软件停留在无操作系统，采用汇编语言实现系统的功能，具有监测、指示设备、控制等功能。因为没有操作系统的支持，这类系统大部分用于一些专业性很强的工业控制系统中。这个阶段的主要特点是：系统结构和功能相对单一，处理效率较低，存储容量也十分有限，几乎没有用户接口。由于这类型的嵌入式系统使用相对简单，价格低，以前在国内工业领域应用较为普遍，但是已经远远不能适应高效的、大容量存储的现代工业控制和新兴的家电领域的要求。

第二阶段是微控制器即MCU(Micro Controller Unit)阶段，主要的技术发展方向是，不断扩展对象系统要求的各种外部电路与接口电路，突显其对象的智能化控制能力。它所涉及的领域都与对象系统相关，因此，发展MCU的重任不可避免地落在电气、电子技术厂家。Philips公司以其在嵌入式应用方面的巨大优势，将MCS-51从单片机迅速发展到微控制器。这一阶段主要以嵌入式微处理器为基础、以简单操作系统为核心的系统，主要特点是，硬件使用嵌入式微处理器，微处理器的种类繁多，通用性比较弱，系统开销小，效率高；软件采用嵌入式操作系统，这类操作系统有一定的兼容性和扩展性。这个阶段的嵌入式产品因应用软件比较专业化，用户界面不够友好。

第三阶段是SoC(System on Chips)单片机，是嵌入式系统的独立发展之路，向MCU阶段发展的重要因素，目的就是寻求应用系统集成在单一芯片上，最大化解决计算问题；因此，专用单片机的发展自然形成了SoC化趋势。随着微电子技术、IC设计、EDA工具的发展，SoC的单片机应用系统设计会有较大的发展。因此，对单片机的理解可以从单片微型计算机、单片微控制器延伸到单片应用系统。这个阶段也称为片上系统时代。其主要特点是，嵌入式系统能够运行于各种不同类型的微处理器上，兼容性好，操作系统的内核小，效率高，能快速进入市场。

第四阶段是以Internet为标志的嵌入式系统。这是一个正在发展的阶段，目前很多嵌入式设备还孤立于Internet之外，但是随着Internet的发展以及网络技术的进步，网络与智能化的家电、工业控制技术将会日益密切。嵌入式设备与网络的结合是嵌入式未来的发展方向。嵌入式网络化主要表现在两个方面：一方面是嵌入式处理器集成了网络接口；另一方面是嵌入式设备应用于网络环境中。

现在许多嵌入式处理器集成了基本的网络功能，如串行接口是必备的。此外，还有HDLK接口、以太网接口，CAN总线接口等，基于这样的趋势，用户开发基于特定应用的嵌入式系统时，一般不要外接网络芯片，而选择具有符合功能要求的嵌入式处理器即可，所需要的只是物理层的收发器。嵌入式产品通过嵌入式的Web服务器、嵌入式浏览器以及网络技术的集成，可以随时随地与网络进行连接，实现资源共享。

1.5.3 未来嵌入式系统的发展趋势

1. 高可靠性、高稳定性

在工业控制领域，性能稳定、可靠是自动控制最基本的要求，嵌入式系统应用环境广泛，从办公环境到复杂的工业环境下都有嵌入式产品的身影，特别是在一些特殊的应用领域，如军工、超高低温环境、复杂的电磁环境，对嵌入式产品的稳定性能要求更高，因此各大嵌入式厂商对此非常重视。例如，蓝宇科技花费大量的资金为其产品进行严格的环境测试，如高低温测试，确保其产品能在复杂的应用环境下保持稳定运行。

在智能终端产品方面，稳定可靠的性能同样是消费者关注的重点，经常出现死机、黑屏、无法启动等问题的产品当然无法受到市场的欢迎。

2. 运算速度快、开发周期短

8位单片机因其CPU运算速度有限只能处理简单的程序，一直以来作为低端产品而只能在非常有限的领域中得到应用，因此难以更多地参与和分享市场规模扩大带来的应用领域的扩展，而基于X86架构的高端PC/104主板和ARM由于其运算速度大幅度提升而在新兴应用领域大显身手。而其他运算速度有限的主板在市场上的竞争力已经非常微弱。

市场是瞬息万变的，机会转瞬即逝，如果不能在短期内开发出新产品推向市场，面临的可能是产品过时的尴尬，在选型阶段，工程师们经常面临着上级要求时间内完成任务的压力，因此，产品的开发速度快慢成为客户需求的焦点之一。据了解，在一般情况下，如果对产品功能没有非常特殊的要求，基于X86架构的PC/104主板开发周期一般在3个月内，而ARM作为一个系统级别产品，开发周期需要一年左右的时间，适合大型产品的开发。

3. 强大的扩展功能和网络传输功能

一款工控主板的在板功能是固定的，随着更多的行业开始使用嵌入式产品，市场对主板功能的要求的差异化越来越大，工程师在产品选型时，很难找到完全能满足需求的产品，一般需要通过扩展相关功能模块，来满足客户的特殊需求，这就要求工控主板具有很强的扩展功能，以满足不同客户的需求。8位单片机的扩展功能非常有限，这导致了它应用范围受到限制，而在基于X86架构的PC/104主板上，一般可以通过GPIO、ISA总线等进行扩展，但是由于不同的主板厂商在主板设计上性能有差异，因此在进行扩展的时候会受到某些限制。

在网络传输方面，越来越多的客户要求嵌入式主板具有高速网络功能来传输数据，以实现远程智能控制和传输。根据Forrester调研公司报告，连接到网络上的非PC设备要远远超过PC，到2010年PC将只占联网设备的5%。在工业控制领域，8位单片机、PC/104主板和ARM都可设计成带有网络功能，然而8位单片机的网络传输功能非常有限。

随着节能、智能化产品在工业生产和日常生活中的广泛应用，嵌入式产品市场将保持快速的发展，技术的发展促使嵌入式厂商不断开发更好的产品以适应不断提高的市场要求。

习　题　一

1. 嵌入式系统的定义是什么？
2. 简述嵌入式的发展历程和发展阶段。
3. 简述嵌入式系统的特点。
4. 嵌入式系统是如何分类的？
5. 简述嵌入式系统的基本构成。
6. 以一实例说明嵌入式的应用。
7. 谈谈嵌入式的发展趋势会如何？
8. 请列出5个与嵌入式软件开发有关的实用网站，并写出其特点。

第 2 章　嵌入式系统的设计方法

目前嵌入式芯片系统的复杂程度增长迅速，用户需求越来越复杂，如灵活性、多功能、低价格和小功耗等。如何保证在高性能的硬件上高效地设计与实现复杂的嵌入式系统，是当今嵌入式系统开发人员面临的挑战。

本章首先介绍嵌入式系统的一般设计流程，然后在分析传统的嵌入式系统设计方法不足的基础上，探讨面向 SoC 的软硬件协同设计方法，最后介绍嵌入式系统的测试技术。

2.1　嵌入式系统的一般设计流程

早期由于计算机技术的限制，嵌入式系统设计的基本思路是根据需求分析先设计硬件，硬件设计完成之后，再在硬件平台上进行相应的软件开发。这种先硬件后软件的设计方法，主要用于单片机系统和嵌入式处理器系统的开发流程中，这两种系统开发流程很相似，只是由于各自复杂程度的不同，在具体设计过程中略有区别。

2.1.1　单片机系统

单片机系统主要用于实现相对简单的控制，因此系统核心部件集成在一块芯片——单片机上，再在单片机的外围加入一些接口电路即可。设计相对比较简单，软件部分不需要嵌入式操作系统的支持，只需采用汇编语言编写针对特定应用的程序即可，它的设计流程如图 2.1 所示。

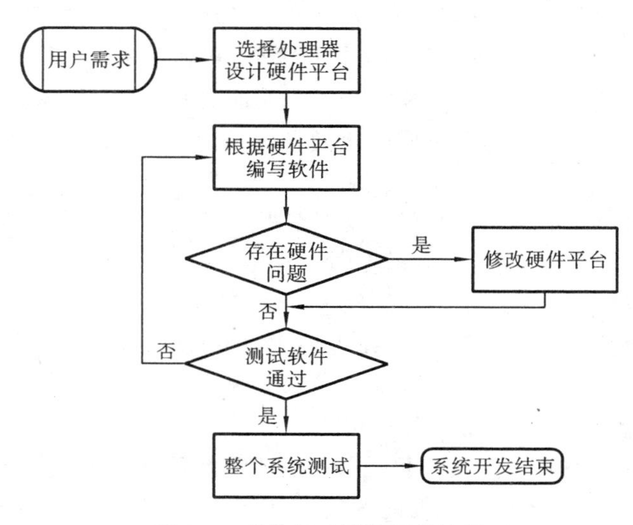

图 2.1　单片机系统的开发流程

2.1.2 嵌入式处理器系统

基于嵌入式处理器的系统从某种程度上来说更像一个针对特定应用的 PC，包含 CPU、内存和丰富的外部接口，其开发过程也类似于在 PC 上的某个操作系统上开发应用程序，其具体的开发流程如图 2.2 所示。开发流程的第一步是选择嵌入式处理器和硬件平台；而软件部分一般包含操作系统，用来屏蔽底层硬件的复杂信息，管理整个系统的资源，开发人员只需在此基础上编写相应的应用程序即可，这大大地简化了开发过程，提高了系统的稳定性。

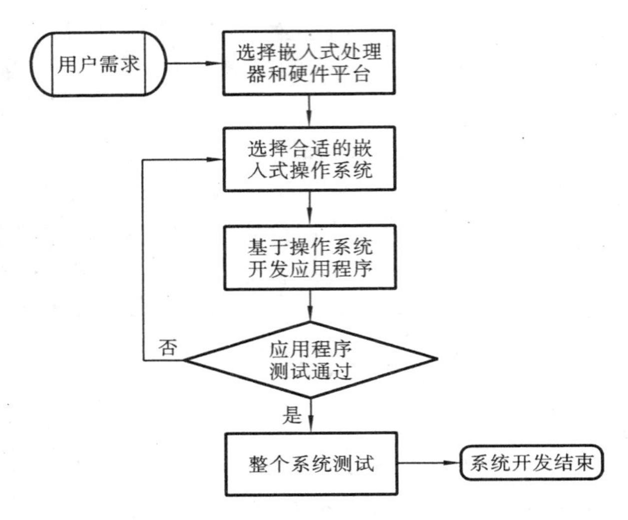

图 2.2 嵌入式处理器系统开发流程

基于嵌入式处理器的系统通常采用“宿主机/目标机”的开发方式(见图 2.3)。首先，利用宿主机(即 PC)上丰富的软硬件资源、良好的开发环境和调试工具开发目标机上的软件；然后，通过交叉编译环境生成目标代码和可执行文件，再通过串口/USB/以太网等方式下载到目标机上；然后，利用交叉调试器在监控程序或实时内核/操作系统的支持下进行实时分析和调度；最后，将运行正确的程序下载固化到目标机上，完成整个开发过程。整个开发过程一般包括以下几个步骤。

(1) 源代码编写：编写 C/C++源程序及汇编程序。

(2) 程序编译：通过专用编译器编译程序。

(3) 软件仿真调试：在 SDK 中仿真软件运行情况。

(4) 程序下载：通过 JTAG/USB/UART 等方式下载到目标机。

(5) 软硬件测试、调试：通过 JTAG 等方式联合调试程序。

(6) 下载固化：程序无误，下载到目标板。

虽然嵌入式处理器系统的开发过程类似于在 PC 上开发应用程序，但要做到既快又好地设计一个复杂的系统，嵌入式处理器的选型、操作系统的选择以及编程语言的选取都非常关键，以下将就这几个问题一一展开阐述。

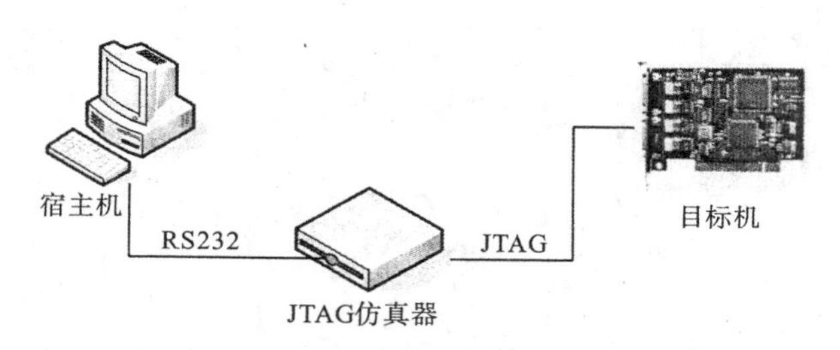

图2.3 嵌入式处理器系统的开发方式

1. 嵌入式处理器的选型

对于一个嵌入式系统，处理器的选型非常关键，它直接影响存储器、外设的选择。但如何从数百种微处理器中选择合适的处理器呢？我们可能要考虑以下这些因素。

1）够用

在选择处理器时，目标不是挑选速度最快的处理器，而是选取能够完成作业的处理器和I/O子系统。

2）适用

当前，许多嵌入式处理器都集成了一些外部设备的功能，开发人员可以根据应用的需要，选用这些处理器从而减少芯片的数量，降低整个系统的开发费用。其次是考虑该处理器的一些支持芯片，如DMA控制器、内存管理器、中断控制器、串行设备、时钟等的配套。

3）成本

选择嵌入式处理器所考虑的成本不仅仅包括处理器本身，还包括主要电路的成本、印制电路板的成本，在设计成本敏感型的系统时更是如此。

4）功耗

一些嵌入式系统，如手持设备、PDA、手机等电子产品，其典型的特点是高性能、低功耗。针对这样的嵌入式系统设计，处理器的功耗也是开发人员应考虑的因素。

5）软件开发工具

设计一个嵌入式系统，光有处理器不行，还必须有配套的软件开发工具的支持，并且好的软件开发工具对系统的实现将起到很好的促进作用。

6）是否内置调试工具

处理器如果内置调试工具可以大大缩短调试周期，降低调试的难度。

7）是否提供评估板

许多处理器供应商提供评估板来验证系统设计理论是否正确，决策是否得当。因此供应商若能提供评估板，将极大地缩短开发周期。

2. 操作系统的选择

从20世纪80年代起，国际上就有一些IT组织、公司开始致力于嵌入式操作系统的研发，这其中涌现了一批优秀的操作系统，其中商用操作系统的代表是Microsoft公司的Windows CE和Wind River System公司的VxWorks，两者分别是非实时和实时嵌入式操作系统；免费操作系统的典范是μC/OS和μClinux操作系统。如何从众多的嵌入式操作系统中选取合适的操作系统呢？这可以参考以下几个方面。

(1) 操作系统的移植。操作系统向硬件平台的移植是一个重要问题,它关系到整个系统能否按期完工的一个关键因素。因此,要选择可移植性强的操作系统,避免操作系统难以移植,从而影响开发进度。

(2) 操作系统的内存要求。有些操作系统对内存的需要是"目标独立",即可针对需要分配内存,而有的操作系统则需要较大的内存。如 Tornado/VxWorkx,研发人员能按照应用需求分配所需的资源,而不是为操作系统分配资源。从需要几 K 字节存储区的嵌入设计到需求更多的操作系统功能的复杂的、高端实时应用,研发人员可任意选择多达 80 种不同的配置。

(3) 操作系统的实时性。嵌入式操作系统的实时性分为软实时和硬实时。有些嵌入式操作系统只能提供软实时,如 Windows CE。

(4) 支持的开发工具。有些实时操作系统只支持该系统供应商的研发工具,也就是说,还必须向操作系统供给商获取编译器、调试器等工具。而有些操作系统支持第三方提供的开发工具,这样选择余地比较大。

(5) 可剪裁性。一些操作系统具有较强的可剪裁性,如嵌入式 Linux、Tornado/VxWorks 等。

(6) 开发人员是否熟悉此操作系统及其提供的 API。

(7) 操作系统是否提供硬件的驱动程序,如网卡等。

3. 编程语言的选取

随着嵌入式系统应用范围的不断扩大和嵌入式操作系统的广泛使用,高级语言编程已是嵌入式系统设计的必然趋势。因为汇编语言与微处理器的硬件结构密切相关,移植性较差,既不宜在复杂系统中使用,又不便于实现软件重用;而高级语言具有良好的通用性和丰富的软件支持,便于推广,易于维护,因此高级语言编程具有许多优势。

而人们在选择编程语言时往往带有很大的随意性,对价格、获取方便性等因素考虑较多,对语言本身的技术因素考虑较少。在此就目前应用广泛的几种高级语言如 Ada、C/C++、Modula-2 和 Java 进行简单的分析比较。

Ada 语言定义严格,易读易懂,有较丰富的库程序支持,由于它和运行环境联系较少,语言本身定义严格,因此其运行特性比较出色。目前在国防、航空、航天等领域应用比较广泛,未来仍将在这些领域占有重要地位。

C 语言具有广泛的库程序支持,现在是嵌入式系统设计中应用最广泛的语言,在将来很长一段时间内仍将在嵌入式系统应用领域占重要地位。

C++是一种面向对象的编程语言,应用也很多,如 Visual C++是一种集成开发环境,支持可视化编程的语言,广泛应用于 GUI 程序研发,但与 C 语言相比,C++编写的程序目标代码往往比较庞大,在嵌入式系统开发中应注意这点。另外 C/C++语言程序与硬件环境及编译系统有较大关联,这样在某个环境下正常运行的程序换个机器或换个编译系统就有可能会产生错误。

Modula-2 定义清楚,支持丰富,具备较好的模块化结构,在教学科研方面有较广泛的应用。虽然该语言的研发应用一直比较缓慢,但近两年在欧洲有所复苏。

Java 语言相对年轻,但有很强的跨平台特性,现在发展势头较为强劲。它的"一次编程，到处可用”的特性使得它在很多领域备受欢迎。随着网络技术和嵌入式技术的不断发展，Java 及嵌入式 Java 的应用也将越来越广泛。

2.2　传统的嵌入式系统设计方法

传统的嵌入式系统设计方法如图 2.4 所示，经过需求分析和总体设计，系统划分为硬件子系统和软件子系统两个独立部分，随后硬件工程师和软件工程师分别对这两部分进行设计、开发、调试和测试，最后软硬件集成，并对集成的系统进行测试。如果系统功能正确，满足所有的性能指标，则整个系统开发结束；否则需要对软、硬件子系统重新进行验证、修改，再集成测试。

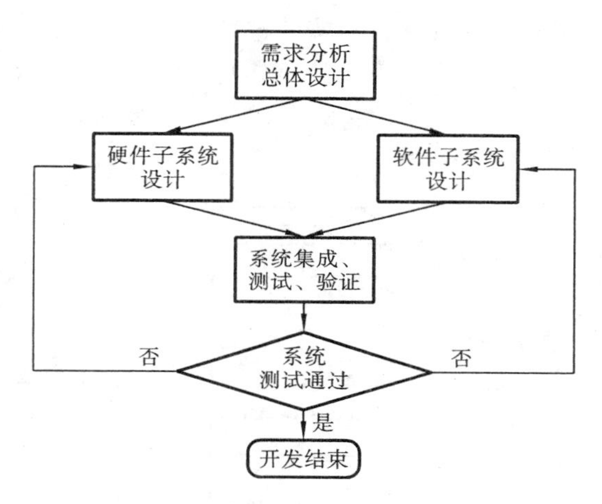

图 2.4　传统的嵌入式系统设计方法

这种方法虽然简单，但存在一些不可避免的缺陷：首先，这种设计方法缺乏统一的软硬件协同表示方法，软硬件划分只能由设计者凭经验完成，无法从系统级验证划分的合理性，且不易发现软硬件之间存在的接口问题；其次，在实际的设计过程中，通常采用“硬件优先的原则”，因为软件的测试必须在硬件全部完成之后才能进行，这样设计周期可能很长；再次，由于硬件设计在粗略估计软件任务需求的情况下进行，缺乏对软件构架和实现机制的清晰了解，硬件设计工作带有一定的盲目性；最后，整个系统的优化由于设计空间的限制，只能改善硬件和软件各自的性能，不可能对系统做出较好的综合优化，得到的最终设计结果很难充分利用软硬件资源。造成这些问题的原因是在设计初期，没有对软硬件进行统一描述，从而无法实现软件和硬件的优化和平衡。

采用这种传统的设计方法实现一个复杂的嵌入式系统，需要有一个高级管理团队来保证每个设计小组之间良好的交流和沟通。否则整个设计过程将在很大程度上依赖于设计者的经验，设计周期长，开发成本高，而且在反复修改验证过程中，常常会在某些方面背离原始设计的要求，不能满足激烈的市场竞争的需要。

2.3 嵌入式系统的软硬件协同设计

随着微电子技术的发展，SoC 成为当前嵌入式系统的主要实现形式之一，面向 SoC 的软硬件协同设计也成为当前最流行的一种嵌入式系统设计方法。与传统的嵌入式系统设计方法不同，软硬件协同设计强调软件与硬件设计的并行性和相互反馈，提高了设计抽象的层次，拓展了设计覆盖的范围。与此同时，软硬件协同设计还强调利用现有资源，即重用构件和 IP 核，缩短系统开发周期，降低系统成本，提高系统性能，保证系统开发质量。

嵌入式系统软硬件协同设计一般从一个给定的系统任务描述着手，通过有效地分析系统任务和所需的资源，采用一系列变换方法并遵循特定的准则自动生成符合系统功能要求的、符合实现代价约束的硬件和软件架构。按照这种思想，在设计过程中始终将待设计的系统硬件和软件同时考虑与权衡，以利于系统的整体性能优化。设计流程总体上可分为几个阶段：系统描述、软硬件划分、接口协同综合、协同仿真与验证、系统集成与实现，如图 2.5 所示。

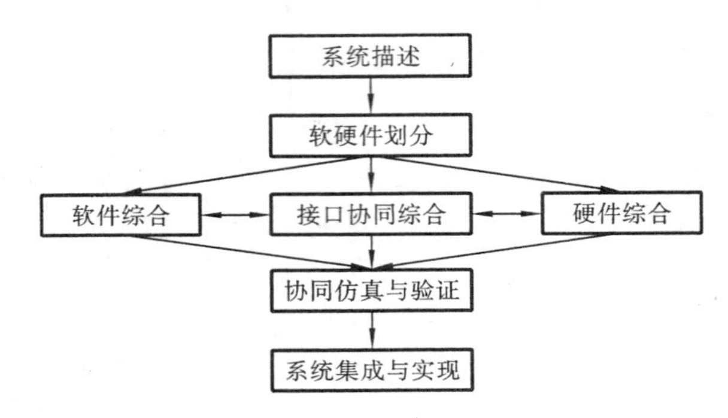

图 2.5 嵌入式系统的软硬件协同设计流程

1. 系统描述

系统描述是采用一种或多种系统级描述语言对所需设计的嵌入式系统的功能和性能进行全面的描述，是建立系统软硬件模型的过程。其目的是在系统级利用某些高级语言描述系统的行为，进行必要的性能分析，以期在设计的开始阶段就能发现系统行为设计中的错误。

系统建模可以由设计者用非正式语言，甚至是自然语言手工完成，但手工完成容易导致系统描述不准确，而选用合适的建模语言将对设计起到事半功倍的效果。UML（Unified Modeling Language）语言是一种功能强大的可视化建模语言。它将模型中的信息用标准图形元素直观地显示，使具有不同技术背景的开发人员和设计师可以较好地交流。

2. 软硬件划分

由于硬件模块的可配置、可编程以及某些软件功能的硬件化、固件化，系统的某些功能既可用软件实现，也可用硬件实现，软硬件的界限已经不是十分明显了。软硬件功能划分就是要确定哪些系统功能由硬件实现，哪些功能由软件实现。尽管从理论上来说，每个应用系统都存在一个适合于该软硬件功能的最佳组合，如何从系统需求出发，依据一定的指导原则和分配算法对软硬件功能进行合理划分，从而使系统的整体性能达到最佳，是软硬件划分的目标所在。

成本函数是进行软硬件划分的依据，成本函数考虑的主要因素有：软件的执行时间、硬件的成本、使用期的功耗、各个模块之间潜在的并发性以及模块的重用性等。软硬件划分的实质就是一个组合优化问题，模型和求解算法的选择是解决软硬件功能划分问题的关键。目前，常用的划分算法有：免疫遗传算法、遗传算法、模拟退火算法、整数线性规划算法、动态规划算法、基因算法、贪婪算法等。这些划分算法在各自的使用环境和特定的应用领域内取得了较好的实验结果，但它们不是通用的划分方法，都只适用于某个具体领域和环境，因此在选择软硬件划分算法时，要根据其使用环境和目标系统的设计目标等具体要求进行选择。至今，仍然没有一个软硬件划分方法明显优于其他方法，主要原因是划分问题的内在复杂性，加上嵌入式系统带来的巨大搜索空间，使问题更难以解决，从系统描述自动生成软硬件代码的自动软硬件划分工具在近期内还不可能实用。

3. 接口协同综合

软硬件协同综合是根据系统描述和软硬件划分的结果，在已有的设计规则和既定的设计目标前提下，决定系统中软件和硬件部分以及其接口的具体实现方法，并将其集成。具体地说，这一过程就是要明确系统将采用哪些硬件模块（如全定制芯片、MCU、DSP、FPGA、存储器、I/O接口部件等）、软件模块（嵌入式操作系统、驱动程序、功能模块等）以及软硬件模块之间的通信方法（如总线、共享存储器、数据通道等）以及这些模块的具体实现方法。

4. 协同仿真与验证

软硬件协同仿真的目的是在硬件生产出来以前，通过仿真（模拟）的手段验证软硬件集成方面的问题。软件模拟和硬件仿真都存在不同层次的抽象，也取得了一定的成绩。例如，SystemC是一个开放源代码的C++建模平台，提供支持门级、RTL级、系统级等各个抽象层次上硬件建模和仿真的C++类库及相应的仿真内核。SystemC支持硬件/软件协同设计，能够描述由硬件和软件组成的复杂系统的结构，支持在C++环境下对硬件、软件和接口的描述。

协同仿真验证是检验系统设计正确性的过程。它对设计结果的正确性进行评估，以避免在系统实现过程中发现问题再进行反复修改。在系统仿真验证的过程中，模拟的工作环境和实际使用环境相差甚远，软硬件之间的相互作用方式及作用效果也就不同，这也难以保证系统在真实环境下工作的可靠性，因此系统仿真的有效性是有限的。

5. 系统集成与实现

最后进行硬件综合、软硬件集成及系统仿真和测试。

相较于传统的嵌入式系统设计方法，软硬件协同设计具有以下特点。

（1）软硬件协同设计方法采用并行设计和协同设计的思想，提高了设计效率，缩短了设计周期。

（2）软硬件协同设计采用统一的工具描述，可合理划分系统软硬件，分配系统功能，在性能、成本、功耗等方面进行权衡折中，获取更优化的设计。

（3）支持多领域专家的协同开发。软硬件协同设计不仅是一种设计技术，同时也是一种新的设计方法和思想，它的核心思想是沟通软件设计和硬件设计，避免系统中关系密切的两部分设计过早独立。

目前，软硬件协同设计领域的研究十分活跃，Berkeley、Princeton等著名大学有专门的研究小组进行相关研究，电子设计领域权威的学术会议DAC上每年都有相当篇幅的论文涉及软硬件协同设计，每年ACM还召开软硬件协同设计的专门会议CODES。主要EDA厂家(Cadence、Synopsys)目前已经推出部分支持软硬件协同设计的工具，并将软硬件协同设计作为下一代的系统级EDA工具的关键技术。

2.4 嵌入式系统的测试技术

嵌入式系统测试具有特殊意义，人们可以容忍PC偶尔死机，但不能接受火箭控制系统出现错误。嵌入式系统的失效可能会导致灾难性的后果，即使是非安全性系统，因为大批量生产将导致严重的经济损失。这就要求对嵌入式系统，包括嵌入式软件进行严格的测试、确认和验证。

嵌入式系统测试也叫交叉测试(cross-test)，它与PC上的软件测试有相似之处。但是在嵌入式系统设计中，像过去的PC发展一样，软件正越来越多地取代硬件，以降低系统实现成本，并且可以获得更大的灵活性，这就需要使用更好的测试方法和工具进行嵌入式实时软件的测试。

2.4.1 嵌入式软件的测试方法

一般来说，软件测试有七个基本阶段，分别为单元或模块测试、集成测试、外部功能测试、回归测试、系统测试、验收测试、安装测试，而嵌入式软件的测试主要按模块测试、集成测试、系统测试、硬件/软件集成测试四个阶段进行，其中硬件/软件集成测试是嵌入式软件所特有的，目的是验证嵌入式软件与其所配套的硬件设备能否正确地交互。

1. 白盒测试与黑盒测试

一般来说，软件测试有白盒测试和黑盒测试两种基本方法，嵌入式软件测试也不例外。

白盒测试或基本代码的测试检查程序的内部设计。根据源代码的组织结构查找软件缺陷，一般要求测试人员对软件的结构和作用有详细的了解，白盒测试与代码覆盖率密切相关，可以在白盒测试的同时计算出测试的代码的覆盖率，保证测试的充分性。把100%的代码都测试到几乎是不可能的，所以要选择最重要的代码进行白盒测试。由于高可靠性要求，嵌入式软件测试与非嵌入式软件测试相比，通常要求有更高的代码覆盖率。对于嵌入式软件，白盒测试一般不必在目标硬件上进行，更为实际的方式是在开发环境中通过硬件仿真进行，所以选取的测试工具应该支持在宿主环境中的测试。

黑盒测试在某些情况下也称为功能测试。这类测试方法根据软件的用途和外部特征查找软件缺陷，不需要了解程序的内部结构。黑盒测试最大的优势在于不依赖代码，而是从实际使用的角度进行测试，黑盒测试可以发现白盒测试发现不了的问题。因为黑盒测试与需求紧密相关，需求规格说明的质量会直接影响测试的结果，黑盒测试只能限制在需求的范围内进行。在进行嵌入式软件黑盒测试时，要把系统的预期用途作为重要依据，根据需求中对负载、定时、性能的要求，判断软件是否满足这些需求规范。为了保证正确测试，还需要检验软硬件之间的接口。嵌入式软件黑盒测试的一个重要方面是极限测试。在使用环境中，通常要求嵌入式软件的失效过程要平稳，所以，黑盒测试不仅要检查软件工作过程，也要检查软件失效过程。

2. 目标环境测试和宿主环境测试

在嵌入式软件测试中，常常要在基于目标的测试和基于宿主的测试之间做出折中。基于目标的测试会消耗较多的经费和时间，而基于宿主的测试代价较小，但毕竟是在模拟环境中进行的。目前的趋势是把更多的测试转移到宿主环境中进行，但是目标环境的复杂性和独特性不可能完全模拟。

在两个环境中可以出现不同的软件缺陷，重要的是目标环境和宿主环境的测试内容有所选择。在宿主环境中，可以进行逻辑或界面的测试，以及与硬件无关的测试。在模拟或宿主环境中的测试消耗时间通常相对较少，用调试工具可以更快地完成调试和测试任务。而与定时问题有关的白盒测试、中断测试、硬件接口测试只能在目标环境中进行。在软件测试周期中，基于目标的测试是在较晚的“硬件/软件集成测试”阶段开始的，如果不更早地在模拟环境中进行白盒测试，而是等到“硬件/软件集成测试”阶段进行全部的白盒测试，将耗费更多的财力和人力。

2.4.2 嵌入式软件的测试工具

用于辅助嵌入式软件测试的工具很多，下面对几类比较有用的有关嵌入式软件的测试工具加以介绍和分析。

1. 内存分析工具

在嵌入式系统中，内存约束通常是有限的。内存分析工具用来处理在动态内存分配中存在的缺陷。在动态内存被错误地分配后，通常难以再现，可能导致的失效难以追踪，使用内存分析工具可以避免这类缺陷进入功能测试阶段。目前有两类内存分析工具——软件的和硬件的。基于软件的内存分析工具可能会对代码的性能造成很大影响，从而严重影响实时操作；基于硬件的内存分析工具价格昂贵，而且只能在工具所限定的运行环境中使用。

2. 性能分析工具

在嵌入式系统中，程序的性能通常是非常重要的。经常会有这样的要求，在特定时间内处理一个中断，或生成具有特定定时要求的一帧。开发人员面临的问题是决定应该对哪一部分代码进行优化来改进性能，常常会花大量的时间去优化那些对性能没有任何影响的代码。性能分析工具会提供有关的数据，说明执行时间是如何消耗的，是什么时候消耗的，以及每个例程所用的时间。根据这些数据，确定哪些例程消耗部分执行时间，从而可以决定如何优化软件，获得更好的时间性能。对于大多数应用来说，大部分执行时间用在相对少量的代码上，费时的代码估计占所有软件总量的5%～20%。性能分析工具不仅能指出哪些例程花费时间，而且与调试工具联合使用可以引导开发人员查看需要优化的特定函数，性能分析工具还可以引导开发人员发现在系统调用中存在的错误以及程序结构上的缺陷。

3. GUI测试工具

很多嵌入式应用带有某种形式的图形用户界面进行交互，有些系统性能测试是根据用户输入响应时间进行的。GUI测试工具可以作为脚本工具在开发环境中运行测试用例，其功能包括对操作的记录和回放、抓取屏幕显示供以后分析和比较、设置和管理测试过程。很多嵌入式设备没有 GUI，但常常可以对嵌入式设备进行插装来运行 GUI 测试脚本，虽然这种方式可能要求对被测代码进行更改，但是节省了功能测试和回归测试的时间。

4. 覆盖分析工具

在进行白盒测试时，可以使用代码覆盖分析工具追踪哪些代码被执行过。分析过程可以通过插装来完成，插装可以是在测试环境中嵌入硬件，也可以是在可执行代码中加入软件，也可以是二者相结合。测试人员对结果数据加以总结，确定哪些代码被执行过，哪些代码被遗漏了。覆盖分析工具一般会提供有关功能覆盖、分支覆盖、条件覆盖的信息。对于嵌入式软件来说，代码覆盖分析工具可能侵入代码的执行，影响实时代码的运行过程。基于硬件的代码覆盖分析工具的侵入程度要小一些，但是价格一般比较昂贵，而且限制被测代码的数量。

2.4.3 嵌入式系统的测试策略

由于嵌入式系统日趋复杂，为提高系统竞争力，产品开发周期日趋缩短，相对地，开发技术日新月异，硬件日益稳定，这样软件故障就尤其突出，软件的重要性逐渐引起人们的重视，越来越多的人认识到嵌入式软件的测试势在必行。

相对一般商用软件的测试，嵌入式软件测试有其自身的特点和测试困难。

由于嵌入式系统的自身特点，如实时性(Real-timing)，内存不丰富，I/O 通道少，开发工具昂贵，并且与硬件紧密相关，CPU 种类繁多等因素。嵌入式软件的开发和测试与一般商用软件的开发和测试策略有着很大的不同，可以说嵌入式软件是最难测试的一种软件。

嵌入式软件测试的各个阶段有着通用的策略。

1. 单元测试

所有单元级测试都可以在主机环境上进行，除非特别指定单元测试直接在目标环境进行。最大化在主机环境进行软件测试的比例，通过尽可能小的目标单元访问所有目标指定的界面。

在主机平台上进行测试，其速度比在目标平台上的快得多，在主机平台完成测试后，可以在目标环境上重复作简单的确认测试。在目标环境上进行确认测试将确定一些未知的、未预料到的问题。例如，目标编译器可能有 bug，但在主机编译器上没有。

2. 集成测试

软件集成也可在主机环境上完成，在主机平台上模拟目标环境运行，当然在目标环境上重复测试是有必要的，在此级别上的确认测试将确定一些环境上的问题，如内存定位和分配上的一些错误。

在主机环境上的集成测试的使用，依赖于目标系统的具体功能。有些嵌入式系统与目标环境耦合得非常紧密，若在主机环境做集成是不切实际的。一个大型软件的开发可以分几个级别集成。低级别的软件集成在主机平台上完成有很大优势，越往后的集成测试越依赖于目标环境。

3. 系统测试和确认测试

所有的系统测试和确认测试必须在目标环境下执行。当然首先在主机上开发和执行系统测试，然后移植到目标环境重复执行是很方便的。对目标系统的依赖性会妨碍将主机环境上的系统测试移植到目标系统上，况且只有少数开发者会卷入系统测试，所以有时放弃在主机环境上执行系统测试可能更方便。

确认测试最终的实施舞台必须在目标环境中，系统的确认必须在真实系统之下测试，而不能在主机环境下模拟。这关系到嵌入式软件的最终使用。

通常在主机环境执行多数的测试，只是在最终确定测试结果和最后的系统测试才移植到目标环境，这样可以避免出现使用目标系统资源的瓶颈，也可以减少使用昂贵资源（如在线仿真器）的费用。另外，若目标系统的硬件由于某种原因不能使用，最后的确认测试可以推迟，直到目标硬件可用，这为嵌入式软件的开发测试提供了弹性。设计软件的可移植性是成功进行交叉测试的先决条件，它通常可以提高软件的质量，并且对软件的维护大有益处。使用有效的交叉测试策略可极大地提高嵌入式软件测试的水平和效率，提高嵌入式软件的质量。

习　题　二

1. 请描述单片机系统和嵌入式处理器系统在开发流程上的异同。
2. 请描述传统的嵌入式系统设计方法，以及它的缺点。
3. 如何选择嵌入式处理器？
4. 如何选择嵌入式操作系统？
5. 请描述软硬件协同设计的基本过程，它与传统的嵌入式系统设计方法有何不同？
6. 请描述嵌入式软件的测试技术？

第3章　嵌入式系统硬件组成

3.1　引言

嵌入式系统有别于一般的计算机处理系统，它不具备像硬盘那样大容量的存储介质，而大多使用EPROM、EEPROM或Flash作为存储介质。嵌入式系统的硬件部分包括处理器/微处理器、存储器及外设器件和I/O端口、图形控制器等。软件部分包括操作系统软件（要求实时和多任务操作）和应用程序编程。应用程序控制着系统的运作和行为；而操作系统控制着应用程序编程与硬件的交互作用。整个系统的体系结构如图3.1所示。

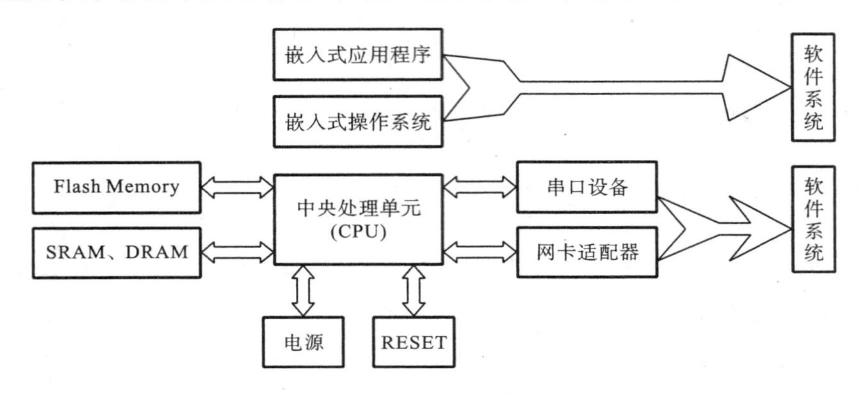

图3.1　嵌入式系统组成

由组成部分来看，嵌入式硬件可以分为处理器核、外部电路和外设与扩展。处理器核是嵌入式系统的核心部件，负责控制整个系统的执行，如时钟分频定时器、中断控制、I/O端口等。外部电路主要包括嵌入式系统所需要的基本存储管理，晶振、复位、电源等控制电路及接口，与处理器核一起构成完整的嵌入式微处理器。外设与扩展位于嵌入式微处理器之外，是嵌入式系统与真实环境交互的接口，能够提供扩展存储、打印等设备的控制电路。在实际应用中，嵌入式系统的硬件配置非常灵活，可以根据具体应用，对外设进行裁剪，对嵌入式微处理器内部模块进行选择。

嵌入式软件结构可以分为四个层次：板级支持包（BSP）、嵌入式实时操作系统、应用编程接口API、嵌入式应用系统。板级支持包是介于嵌入式硬件和上层软件之间的一个底层软件开发包，用来屏蔽下层硬件，可以实现系统引导以及提供设备的驱动接口。嵌入式实时操作系统是对多任务嵌入式系统进行有效管理的核心部分，负责整个系统的任务调度、存储分配、时钟管理、中断管理等事项，也可根据应用需求，为用户提供扩展功能，如图形图像处理、汽车电子等领域的专用扩展服务。应用编程接口可以看成是嵌入式应用编程中间件，能够提供各种编程接口库或组件，从而减轻应用开发者编制嵌入式应用程序的负担。嵌入式应用系统运行于目标机上，如嵌入式文本编辑、游戏等。嵌入式系统具有很大灵活性，可以根据具体的应用，对其进行裁剪和配置，从而实现所要求的功能。

3.2 嵌入式系统微处理器

3.2.1 微处理器

在嵌入式硬件系统中，嵌入式微处理器发挥着核心的作用，主要由微处理器、总线、存储器、输入/输出接口和外部设备组成。嵌入式微处理器拥有丰富的片内资源，而且能够提供扩展接口，即可以根据具体应用扩展外设接口，实现硬件的裁剪。嵌入式微处理器采用两大体系结构，即冯·诺依曼结构和哈佛结构。采用的指令系统有精简指令集系统(RISC)和复杂指令集系统(CISC)。

在体系结构方面，冯·诺依曼结构是将数据和指令存在同一存储器中。存储器负责存储全部的数据和指令，并且根据所给地址对其进行读/写操作。哈佛结构是将程序存储器和数据存储器分开，程序计数器(PC)只指向程序存储器而不指向数据存储器。这样在CPU操作及数据访问中实现了一定的并行性。允许两个存储器有不同的端口，这样能够提供较大的存储器宽度，也能提高数字处理的性能。

在指令系统方面，传统的CISC注重的是强化指令功能，减少程序的指令条数，以达到提高性能的目的。随着计算机技术的发展，需要引入新的、复杂的指令集，为了支持这些新增的指令，计算机的体系结构就会变得很复杂，相对应的硬件实现也会变得复杂得多。对CISC指令集各种指令的使用频率进行分析可以看出，大约有20%的指令会被反复使用，在整个程序中占的比例是80%，然后，剩下的80%指令却不经常使用，在整个程序中也只占有20%。很显然，这种结构是不合理的。于是1979年美国加州大学伯克利分校提出了RISC概念。RISC是将重点放在如何使计算机的结构更加简单合理地提高运算速度，而不是单纯地减少指令。它会优先选取使用频率最高的简单指令，避免复杂指令；固定指令长度，减少指令格式和寻址方式种类；简单化译码指令格式；在单周期内完成指令等。

嵌入式系统，为了提高CPU性能，满足嵌入式系统开发需求，还可以采用流水线、超标量等先进技术。

无论嵌入式处理器的功能如何复杂以及不同，但是在任何行业中，都有规律可循。它们都会牵涉如下几点：

- 处理器内核(内部)；
- 地址总线；
- 数据总线；
- 控制类总线；
- 处理器本身的辅助支持电路，如时钟、复位电路等；
- 片上I/O接口电路。

不过，有些嵌入式微控制器集成了存储器和I/O接口设备，不需要扩展，因此没有地址总线、数据总线、控制总线扩展接口。

3.2.2 嵌入式系统对微处理器的要求

嵌入式系统面向应用的特性使得在嵌入式硬件中发挥核心作用的微处理器功能也各不相同。根据嵌入式系统的应用不同，微处理器可以有以下几类。

1. 嵌入式微处理器

在嵌入式应用中，有的时候需要将微处理器装配在专门设计的印制电路板上，只保留与嵌入式应用密切相关的功能硬件，去除其他的冗余功能部件，并且配上必要的外部扩展电路，从而实现系统体积和功耗的大幅度减小。这种处理器可以归纳为嵌入式微处理器(MPC)范畴。MPC虽然是由通用计算机的CPU演变而来，而且其功能与CPU基本相同，但是在功耗、功能配置、封装形式等方面进行了相应改进，在工作温度、抗电磁干扰、可靠性等方面也进行了增强，从而实现嵌入式应用的特殊要求。目前主流的嵌入式微处理器有ARM、MIPS、PowerPC、X86、68K等系列。

2. 嵌入式微控制器

嵌入式系统最初的表现形式是单片机。单片机就是将整个计算机系统的主要硬件集成到一块片上而形成的。具体而言，单片机是以某一种微处理器的CPU为核心，然后在芯片内集成ROM、EPROM、RAM、总线、总线逻辑、定时器、I/O、Flash等各种必要功能和外设接口而形成的。同时，为了满足不同的应用需求，还会有许多衍生产品，不过，这些产品所使用的CPU是一样的，不同的是存储器和外设的配置及封装。它所体现的特性是能够最大限度地匹配应用需求来实现功能，从而减小功耗和成本，提高可靠性，同时，它的片上外设资源一般比较丰富，很适合于简单控制系统使用。这一类可以归纳为嵌入式微控制器(MCU)。目前主流的MCU有MCS51、P51XA、MCS-251等。

3. 数字信号处理器

随着多媒体应用的深化及嵌入式系统的智能化，应用于多媒体信号处理和各种带有智能逻辑的消费类产品的处理器必须具有能够执行数字信号处理算法，编译效率较高的特性，这一类可以归纳为嵌入式DSP处理器。DSP在系统结构上采用哈佛结构和专用的硬件乘法器；在指令算法上，要能提供快速的离散时间的信号处理指令。这样就能保证DSP能够高效率地运用于信号处理方面。依据DSP的发展过程来看，DSP有两种方式：一种是将数字信号处理单片化，通过EMC改造，增加片上外设，最后称为嵌入式DSP处理器；第二种是在通用单片机或SoC中增加DSP协处理器。目前比较有代表性的DSP产品有TI(Texas Instruments)公司的TMS320系列和Motorola公司的DSP56000系列。

4. 嵌入式片上系统

随着电子设计自动化的发展和超大规模集成电路设计的普及，以及半导体工艺的迅速发展，在一个硅片上实现一个更为复杂系统的时代已经来临，这就形成了片上系统(System on Chip，SoC)。SoC可简单定义为从整个系统的功能和性能出发，用软硬结合的设计和验证方法，利用IP复用及深亚微米技术，将微处理器核、IP核和存储器等集成在单一芯片上。那么各种通用微处理器的CPU以及面向领域的应用功能块可以作为知识产权核，即IPCore放入SoC设计的标准库中，成为VLSI设计中的一种标准器件，供用户在定义系统时直接调用。SoC可以分为通用和专用两类。通用系列有Infineon(Siemens)公司的

TriCore、Motorola公司的M-Core、某些ARM系列器件以及Echelon公司和Motorola公司联合研制的Neuron芯片等。专用类SoC主要有Philips公司的Smart XA等。

3.2.3　嵌入式处理器技术指标

嵌入式处理器的技术指标描述如下。

1. 功能

嵌入式处理器的功能主要取决于处理器所集成的存储器的数量和外部设备接口的种类。集成的外部设备越多，功能越强大，设计硬件系统时需要扩展的器件就越少。所以，在选择嵌入式处理器时要尽量选择集成了所需要的外部设备尽可能多的处理器，同时也要综合考虑成本因素。

2. 字长

字长是指参与运算的数的基本位数，决定了寄存器、运算器和数据总线的位数，从而直接影响硬件的复杂程度。处理器的字长越长就表示它包含的信息量越多，可以表示的数值有效位也越多，计算精度也就越高。处理器一般有1、4、8、16、32、64位等不同的字长。那么字长短的处理器要提供高的计算精度，可以采用多字长的数据结构进行计算即变字长计算的方法来实现。不过，多字长数据需要经过多次传送和计算，所以此时的计算时间要延长。处理器字长还与指令长度有关，字长长的处理器可以有长的指令格式和较强的指令系统功能。

3. 处理速度

处理器执行不同的操作所需要的时间是不同的。早期采用每秒钟执行多少条简单的加法指令来定义，目前普遍采用在单位时间内各类指令的平均执行条数即根据各种指令的使用频率和执行时间来计算。其计算公式为

$$t_g = \sum_{i=1}^{n} p_i t_i$$

其中，n为处理器指令类型数；p_i为第i类指令在程序中使用的频度；t_i为第i类指令的执行时间；t_g为平均指令执行时间，取其倒数就是该处理器的运算速度指标，单位为每秒百万条指令，表示为MIPS。

还有多种指标表示处理器的执行速度。

• MFLOPS每秒百万次浮点运算，此指标用于进行科学计算的处理器。例如，一般工程工作站的指标大于2 MFLOPS。

• 主频又称时钟频率，其单位为MHz。使用脉冲发生器为CPU提供时钟脉冲信号。时钟频率的倒数是时钟周期，即CPU完成某个基本操作的最短时间单位。所以，主频在一定程度上反映了处理器的运算速度。例如，80386的主频为16～50 MHz，80486的主频为25～66 MHz。

• CPI(Cyclers Per Instruction)每条指令周期数，即执行一条指令所需的周期数。当前，在设计RISC芯片时，尽量减少CPI值来提高处理器的运算速度。

需要注意的是，并不是处理器的主频越高，其处理速度越快，有些处理器的处理速度可以达到1 MIPS/MHz，甚至更高，这样的处理器通常采用流水线技术；有些处理器的处理速

度可能只有0.1 MIPS/MHz，这样的处理器通常比较简单，有时称为单片机。

4. 工作温度

从工作温度方面考虑，嵌入式处理器通常可以分为民用、工业用、军用、航天等几个温度级别。一般地，民用的温度范围是0～70 ℃，工业用的温度范围是－40～85 ℃，军用的温度范围是－55～125 ℃，航天的温度范围更宽。选择嵌入式处理器时需要根据产品的应用选择相应的处理器芯片。

5. 功耗

嵌入式处理器通常给出几个功耗指标，如工作功耗、待机功耗等。许多嵌入式处理器还提出功耗与工作频率之间的关系，表示为W/Hz，在其他条件相同的情况下，嵌入式处理器的功耗与频率之间的关系近似一条理想的直线；还有些处理器提出电源电压与功耗之间的关系，这便于设计工程师选择。

6. 寻址能力

嵌入式处理器的寻址能力取决于处理器地址线的数目，其处理能力与寻址能力有一定的关系，处理能力强的处理器其地址线数目相对较多，反之则相对较少。8位处理器的寻址能力通常是64 KB，16位处理器的寻址能力如80186系列是1 MB，32位处理器的寻址能力通常是4 GB。

寻址能力对于嵌入式微控制器来说，其意义不大，因为嵌入式微控制器通常集成了程序存储器和数据存储器，一般不能进行扩展。

7. 平均故障间隔时间

平均故障间隔时间(Mean Time Between Failures，MTBF)是指在相当长的运行时间内，机器工作时间除以运行期间内故障次数。它是一个统计值，用来表示嵌入式系统的可靠性。MTBF值越大，表示可靠性越高。

8. 性能价格比

性能价格比用来衡量处理器产品的综合性指标。性能主要是指处理器的处理速度、主存储器的容量和存取周期、I/O设备配置情况、计算机的可靠性等；价格则指技术系统的售价。性能价格比都是用专门的公式来计算的。计算机的性能价格比的值越高，则表示该计算机越受欢迎。

9. 工艺

工艺指标分为半导体工艺和设计工艺两个方面。目前大多数的嵌入式处理器采用MOS工艺。另外，大多数的嵌入式处理器是静态设计的，即它的电路组成没有动态电路，因此它的工作主频可以低至0即直流；高达最高工作频率之间的任何频率。工作在直流时，只消耗微小的电流，这样设计者就可以根据功耗的要求选择嵌入式处理器的工作频率。

10. 电磁兼容性指标

通常所说的电磁兼容性指标是指系统级的电磁兼容性指标，它取决于器件的选择、电路的设计、工艺、设备的外壳等。不过，嵌入式处理器本身也具有电磁兼容性特性。嵌入式处理器本身的电磁兼容性指标主要由半导体厂商的工艺水平决定。现在，嵌入式处理器的设计和制造通常是由不同的公司合作完成的。设计公司只完成设计工作，半导体制造商完成流片和封装、测试工作。所以，选择嵌入式处理器时，需要调研芯片是由哪个公司集成的。

要评价嵌入式处理器的性能，不能专门强调某一方面的性能指标，还要看整个处理器系统的综合性能，如整个系统的硬件、软件配置情况，包括指令系统的功能、外部设备配置情况、操作系统的功能、程序设计语言，以及其他支撑软件和必要的应用软件等。

3.2.4　嵌入式处理器选择原则

目前，嵌入式处理器的种类非常多，不仅不同的行业使用不同种类和体系的嵌入式处理器，而且同一行业也使用不同种类和性能的处理器。从这点就可以看出，嵌入式系统的硬件设计工作是非常复杂的，而且要求硬件设计人员在极短的时间内完成硬件设计，并将产品推向市场。另一方面，对于嵌入式系统的设计来说，其设计人员首先应满足客户的需求。也就是说，用户需要什么，设计就应该是什么样的；需要什么产品，就要设计什么产品；并不是设计人员熟悉什么，就使用什么样的处理器，即在嵌入式系统研发工程的开始，需要从几百种处理器中选择出最优的用于硬件的设计。芯片选择是一个很棘手的工作，因为选择芯片不当可能带来很大的经济损失。

嵌入式系统通常是为专门执行某项任务而设计和开发的，其功能范围狭窄。设计时需要进行高度优化，从而选择适合的处理器成为完成设计的重要任务。嵌入式处理器的选择是针对各种嵌入式设备的需求进行的，各个半导体芯片厂商也都投入了很大的力量研发和生产适用于这些设备的 CPU 及协处理器芯片。针对每一类应用来说，开发者对处理器选择又是多种多样的，掌上电脑就是一例，如表 3.1 所示。

表 3.1　部分掌上电脑处理器一览表

厂家型号	处理器	速度/MHz
卡西欧 Cassiopeia E-100 系列	MIPS-based NEC VR4121	131
康柏 Aero 2100 系列	MIPS-based NEC VR4111	70
菲利浦 Nino 500 系列	MIPS-based Toshiba PR31700	75
惠普 Jornada 400 系列	Hitachi SH-3 7709a	100/133
3Com Palmpilot™ 系列	Motorola Dragonball 68VZ328	33
苹果 MessagePad 2000/2100	Intel StrongARM SA-110	160
康柏 iPAQ H3650	Intel StrongARM SA-110	206

与全球 PC 市场不同的是，没有一种微处理器公司可以主导嵌入式处理器市场，仅以 32 位的 CPU 而言，就有 100 种以上嵌入式处理器。由于嵌入式系统设计的差异性极大，因此选择是多样化的。设计者在选择处理器时可以考虑从如下两个方面入手。

(1) 选择哪一类处理单元，要根据具体的设计应用，在通用处理器、嵌入式微控制器、嵌入式微处理器、嵌入式 DSP 以及可编程器件之间作出选择。

(2) 选择哪个厂家的产品，即选择处理器的制造商。

具体的选择原则描述如下。

1. 低成本

对成本要求严格的项目一般选择畅销的、高集成度的部件，那么就应选择一家能保证在足够长的时间段内持续不断地供应处理器产品并能提供军品级处理器的厂商。

2. 低功耗

对于功耗受限制的嵌入式系统来说，必须限制使用过多的外扩器件（如 RAM、ROM、I/O接口等）。应考虑选择低功耗、高集成度的处理器，如果处理器的时钟频率可程控，那么就能够进一步降低功耗。从软件设计的观点来看，如果功耗成为压倒性的系统约束，那么由此就会影响软件开发工具的选择，有可能要求用汇编语言来编写软件，以提高软件的运行效率。

3. 恰当的处理能力

处理器必须能在规定的时间内完成所有任务，不同的嵌入式系统对处理器的性能要求不尽相同，从能处理单一的数字信号、处理数字/模拟信号到 DSP 应用等。所以，对于许多需用处理器的嵌入式系统设计来说，目标不在于挑选速度最快的处理器，而在于选取能够完成作业的处理器和 I/O 子系统。MIPS 和 Dhrystone 测试基准并不是普遍适用的，一般可采用 EEMBC（EDN EmbMicroprocessor Benchmark Consortium，EDN 嵌入式系统微处理器测试基准协会），测试基准由特定的工业测试组成，其 1.0 版有 46 个测试，可以分成 5 个应用套件。

4. 技术指标

当前，许多嵌入式处理器都集成了外部设备的功能，从而减少了芯片的数量，这样自然就降低了整个系统的开发费用。开发人员首先考虑的是，能否不加过多的粘贴逻辑（Glue Logic）就可以将系统要求的一些硬件连接到处理器上，其次是考虑该处理器的一些支持芯片，如 DMA 控制器、内存管理器、中断控制器、串行设备、时钟等的配套。

5. 调查市场上已有的 CPU 供应商

有些公司如 Motorola、Intel、AMD 很有名气，而一些小的公司，如 QED，虽然名气很小，但是也生产出很优秀的微处理器。另外一些公司，如 ARM、MIPS 等，只设计而不生产 CPU，它们把生产权授予世界各地的半导体制造商。所以要对市场上 CPU 供应商以及它们之间的相互依赖关系弄清楚，对市场上的不同种类的处理器的基本信息，如生产厂商、性能等有基本了解。ARM 是近年来在嵌入式系统有影响力的微处理器设计公司，它的设计非常适合于小型电源供电的嵌入式系统。

6. 合适的嵌入式操作系统

微处理器的选择还依赖于是否有合适的嵌入式操作系统。对于 32 位微处理器，选择嵌入式操作系统作为操作系统比较好。在商业嵌入式操作系统中调试实时软件时，一般使用与所采用的嵌入式操作系统兼容的开发工具，最好采用嵌入式操作系统开发商提供的解决方案。那么在选用嵌入式操作系统时需要考虑的问题有如下一些。

（1）支持的编程语言和处理器的类型。嵌入式操作系统必须支持选用的编程语言和处理器，其内核提供的系统进程（函数）、API 及其他组件、设备驱动程序及 BSP 要满足系统功能要求。

（2）可靠性和安全性。要确认所选择的嵌入式操作系统已通过认证并已被证明是可靠和安全的。

(3) 性能。嵌入式操作系统的可扩展性、可剪裁性及所占用的系统资源(CPU、存储器、定时器、中断等)。

(4) 嵌入式操作系统能以源代码、目标代码或库函数方式提供。只要开发人员确信嵌入式操作系统提供方式,开发商的代码天衣无缝、能满足应用产品的需求,并有高质量的开发工具与之配合工作,那么可以不需要源代码。

(5) 信誉和技术支持。要有充分的信誉、及时和有效的技术支持。

(6) 集成解决方案。嵌入式操作系统开发商提供的集成解决方案是最佳的开发手段。

(7) 与开发工具的兼容性。嵌入式操作系统必须与选用的开发工具兼容,如与在线仿真器、编译系统、代码开发工具等兼容。

(8) 授权方式。如何取得使用权及价格。

7. 与原有产品的兼容

随着电子技术和计算机技术的发展,对于同一系列的处理器来说,性能较低的处理器会被性能较高的取代,但并不是完全取代。这就是说,新推出的处理器将会继续保持与旧代码、旧系统体系结构的兼容性。在选择处理器时,主要决定因素不是最高的性价比,而是要求可以利用已有的软件、开发工具及在此系列上积累的丰富经验。Intel 公司的 X86 系统就是最好的例子。今天最高性能的奔腾处理器仍能执行在古老的 IBM PC 上,使用的还是 8086 处理器的目标代码。

8. 编程语言的限制

编程语言的选择是非常重要的,但有时开发人员却别无选择,这是因为有些工业部门对特定编程语言有着强烈的偏好。如果项目要求在原有程序的基础上进行再开发,要么继续使用原先的编程语言,要么使用支持与原有编程语言混合编程的编译器和连接器。

9. 上市时间

开发工程师一般会认为设计性能出众、特性丰富的产品就会在市场上大获成功,从而低估上市时间的重要性。事实上,上市时间是产品成败非常关键的因素。如果由于所选择的处理器致使上市时间延期,也就意味着处理器选择失败。

10. 处理器供应商是否提供开发板

许多处理器供应商可以为用户提供开发板来进行软件的先期研发和方案的验证。图 3.2 所示是 Cirrus Logic 公司为 EP7211 处理器提供的开发板。该开发板基于 74 MHz 的

图 3.2　Cirrus Logic 公司的 EP7211 开发板

EP7211,配备了16 MB的Flash、16 MB的DRAM、带背光和触摸屏的640×240灰度LCD、83键键盘、麦克风输入、扬声器输出、2个标准的串口、1个IRDA红外口、1个SPI/Microwire接口、1个10 Mb/s以太网接口、1个PCMCIA typeⅡ插槽等,并提供了完整的JTAG和ICE支持。

根据嵌入式处理器选择原则,综合考虑,从而完成嵌入式系统设计中选择处理器的重要任务。

3.2.5 典型的嵌入式处理器

嵌入式处理器是嵌入式系统的核心,是控制、辅助系统运行的硬件单元。范围极其广阔,从最初的4位处理器,目前仍在大规模应用的8位单片机,到最新的受到广泛青睐的32位、64位嵌入式处理器。典型的嵌入式处理器如图3.3所示。

图3.3 典型的嵌入式处理器

3.2.5.1 ARM处理器

1. ARM处理器的出现

20世纪80年代,半导体行业产业链刚刚出现分工,设计企业与生产企业分离,比较好的解决方法是创办没有生产线的公司,如Cirrus Logic。

苹果电脑、Acom电脑集团和VLSI Technology于1990年11月共同创立了ARM(Advanced RISC Machines)电子公司。ARM起初只针对GPS、音乐播放装置和游戏机等进行设计。随着移动通信行业的发展,给ARM带来巨大的发展前景。20世纪90年代初,美国TI(德州仪器)公司与诺基亚合作,将模拟蜂窝电话改变为数字蜂窝电话。但是模拟手机内部采用的是16位CPU技术,其处理能力有限,所以需要改进CPU技术。TI认为:项目从头立项,再进行研发到投产,成功率只有25%;如果购买技术后再进行设计,研发成功率能够达到70%,这种做法风险低,开发速度也快。与此同时,ARM正在为其设计紧凑、功耗低的32位微处理器技术寻找市场。于是TI采用ARM的授权技术,实现了手机从模拟技术向数字技术的转变。

ARM并不生产或设计芯片,他们以高效的IP(Intellectual Property)内核为产品,出售芯片设计技术给世界上许多著名的半导体、软件和OEM厂商。目前,几十家大的半导体公司都使用ARM公司的授权,如Intel、Philips等一系列知名公司。IP核是没有任何物理意义的硬件或软件，购买了 IP 核的设计公司可以在 ARM 技术的基础上添加自己的设计并推出芯片产品。图 3.4 显示了 ARM 与芯片生产商及嵌入式产品制造商的关系。采用 ARM 技术知识产权(IP)核的微处理器即 ARM 微处理器，已经广泛运用于工业控制、消费类电子产品、通信系统、网络系统、无线系统等各类产品市场，同时也正在逐步渗入到生活的各个方面。

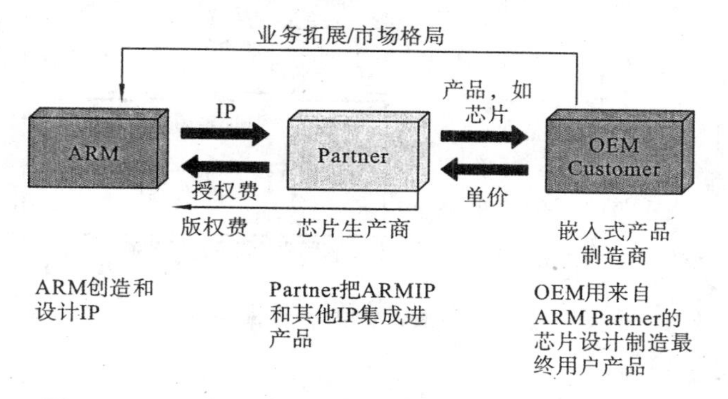

图 3.4　ARM 与芯片生产商及嵌入式产品制造商的关系

基于 ARM 体系结构的处理器，除了具有相同的 ARM 体系结构以外，每一个系列的 ARM 微处理器都有各自的特点和应用领域。目前包括下面几个系列。

(1) ABM7 系列包括四种类型的内核，即 ARM7TDMI、ARM7TDMI-S、ARM720T、ARM7EJ-S。ARM7TMDI 是目前使用最广泛的 32 位嵌入式 RISC 处理器。

(2) ARM9 系列包括 ARM920T、ARM922T 和 ARM940T，此系列微处理器能够在高性能和低功耗特性方面提供最佳的性能。

(3) ARM9E 系列包含 ARM926EJ-S、ARM946E-S 和 ARM966E-S。ABM9E 系列微处理器属于综合处理器，使用单一的处理器内核来提供微控制器、DSP、Java 应用系统的解决方案，可以极大减小芯片的占用面积和系统的复杂程度。

(4) ARM10E 系列包含 ARMl02E、ARMl022E 和 ARMl026EJ-S。ARMl0E 系列微处理器具有高性能、低功耗的特点。

(5) SecurCore 系列包含 SecurCore SC100、SecurCore SCll0、SecurCore SC200 和 SecurCore SC210。SecurCore 系列微处理器专为安全需要而设计，能够提供完善的 32 位 RISC 技术的安全解决方案。

(6) Intel 的 XscaIe 处理器是基于 ARMv5TE 体系结构的解决方案，是一款性能全、性价比高、功耗低的处理器。

其中，ARM7、ARM9、ARM9E 和 ARM10E 为 4 个通用处理器系列，每个系列都能够根据具体应用领域的需求来提供一套相对独特的性能。SecurCore 系列专门运用于安全要求较高的领域。图 3.5 显示了各版本的性能扩充特性。ARM 微处理器的内核结构丰富，多达十几种，相应的生产厂家多达几十个，内部功能配置组合是千变万化的。

ARM 处理器由许多 ARM 的半导体合作伙伴制造。每个 ARM 处理器的核心都是定义完好的指令集体系结构，都可以确保 ARM 处理器开发的软件能够不做改变就能运行在多个制造者的器件上。ARM 核通过不断地扩充其性能而形成众多的 ARM 系列处理器，其

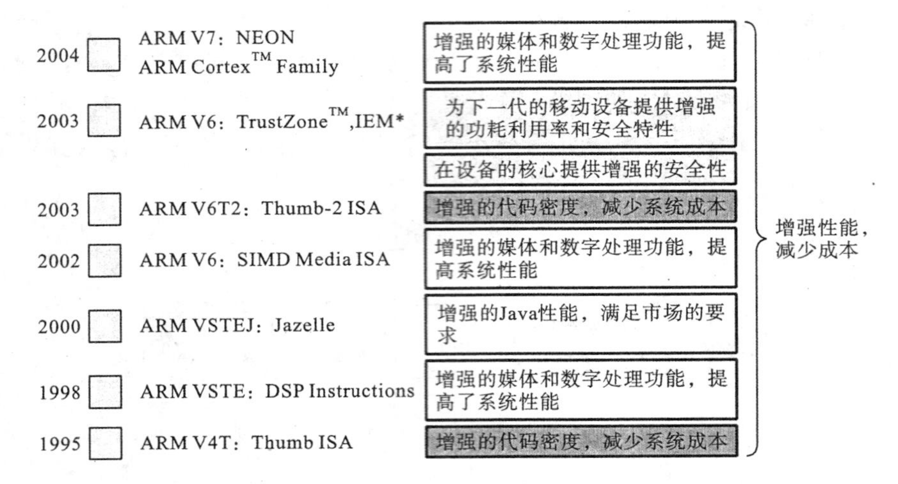

图 3.5　ARM RISC 内核体系结构

扩充标志如表 3.2 所示。

表 3.2　核扩充标志

特　征	说　明	后　缀
Jazelle	ARM7、ARM9 和 ARM10 系列有	J
DSP	ARM9E、ARM10 和 ARM7EJ 核有	E
Thumb	现所有 ARM 核集成的部分	T
SoftCore	以可综合器件推出	S

2. ARM 处理器体系结构

1）ARM 内核的命名规则

现如今，所有 ARM 处理器版本内核都在使用，能够覆盖很宽的应用需求，自然形成种类繁多的产品。其实，从内核命名的后缀字母就可大致了解其性能特性，图 3.6 显示了 ARM 内核的命名规则。

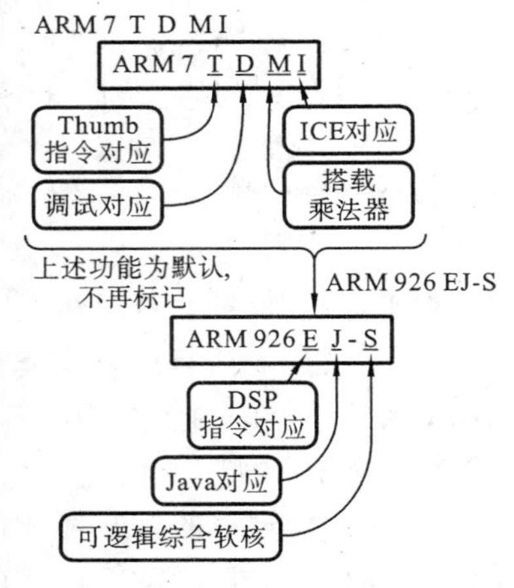

图 3.6　ARM 内核命名规则

如 ARM7TDMI，依据内核命名规则，其后缀含义为：

T 支持 16 位压缩指令集 Thumb；

M 内嵌硬件乘法器（32×32→64 或者 32×32＋64→64）；

D 对调试的支持（Debug）；

I 嵌入的 ICE（In Circuit Emulation）仿真器，支持上断点和调试点。

到 ARM 926 EJ-S 时期，上述后缀作为默认不再列出，新的后缀及其含义为：

E DSP 指令支持；

J Java 指令支持；

人之一 Gordon Moore 就预见了处理器的发展趋势，提出了“摩尔定律”——芯片的晶体管数量每1年半左右增长1倍，性能也相应提升。依据摩尔定律，芯片上集成的晶体管数越来越多，但是尺寸的缩小必将有一个极限，所以在这个方面只能依赖于半导体工艺、原材料方面的突破来提高处理器的频率。另一方面，随着处理器的频率的不断提高，进入“G”时代以后，频率对于提高处理器综合性能的影响似乎不如从前了，同时，频率的提高还会带来功耗散热、成本的控制等众多问题。就现状而言，Intel 公司经过多年的发展推出了频率高达3.8 GHz的处理器，但是推出4 GHz 处理器的计划却没有消息；与 Intel 公司旗鼓相当的AMD 推出的处理器的频率超过了2 GHz，但是很难跨越3 GHz 这道门槛。也就是说，处理器的时钟频率不可能无限制提高，半导体工艺是否会有革命性的进展还是芯片技术发展中一个预测的问题。在这种情况之下，多处理器概念就成为提高处理性能的可行方法。由美国斯坦福大学提出的片上多核处理器(Chi Multi-Processor，CMP)将多个计算内核集成在一个处理器芯片中，从而提高计算能力。在 RISC 处理器领域，双核心甚至多核心技术其实都早已实现，不过，2005 年4月18日，Intel 全球同步首发基于双核技术的桌面产品 Intel Pentium D 处理器，这才正式宣告 X86 处理器多核心时代来临。随后 AMD 推出了专用于服务器和工作站的双核处理器 Opteron，还有专用于台式机的 Athlon 64 X2 双核系列产品。同样，多核技术的发展在嵌入式领域也得到了体现。

嵌入式最大的特点是面向应用，在设计方面首先要考虑的两大问题是：实时性和软硬件协调设计。所以，在讨论嵌入式的时候，都是围绕这两个方面来展开的。对于传统的嵌入式系统来说，它是基于单片机的。20 世纪 70 年代末，随着微处理器的发展，汽车、家电、工业机器人、通信装置等产品通过内嵌实时电子装置获得了更佳的使用性能。到了 80 年代早期，出现了实时嵌入式应用软件。正是由于实时嵌入式应用领域及覆盖范围如此之大，同时，不同层次上的应用需求也在不断增加，实时多任务操作系统(RTOS)才能逐渐发展成熟。在这种背景之下，多处理器技术也在蓬勃发展。硬件、软件的共同发展使得嵌入式展现出了前所未有的新面貌。

2. 多处理器常用架构

就目前来看，实时嵌入式系统(RTOS)成为国际嵌入式系统的主流，同时，这种系统也开始对多机多任务提供支持。

多处理器系统常用的架构可以分为 SMP(Symmetric Multi Processing)即对称多处理器和 AMP(Asymmetric Multi Processing)即非对称多处理器。

对称多处理器(SMP)是指在一个计算机上汇集了一组处理器(多 CPU)，各 CPU 之间共享内存子系统及总线结构。虽然同时使用多个 CPU，但是从管理的整体角度来看，它们的工作方式还是相对独立的。多个处理器运行的是操作系统的单一复本，但是共享内存和计算机上的其他资源，可以平等地访问内存、I/O 和外部中断。系统将任务队列对称地分布于多个 CPU 之上，从而可以极大地提高整个系统的数据处理能力。随着用户应用水平的不断提高，单个处理器确实已经很难满足实际应用的需求，因此各厂商纷纷采用对称多处理器系统的解决方案。这种方案简单地说就是让几个 CPU 同时工作，交替运行，从而提高处理器的工作频率，提高整机的性能，其结构如图 3.21 所示。在当前很多 SMP 系统中，处理器都是通过共享总线来存取数据的。在另一个方面，随着加入的 CPU 数目的增加，对总线

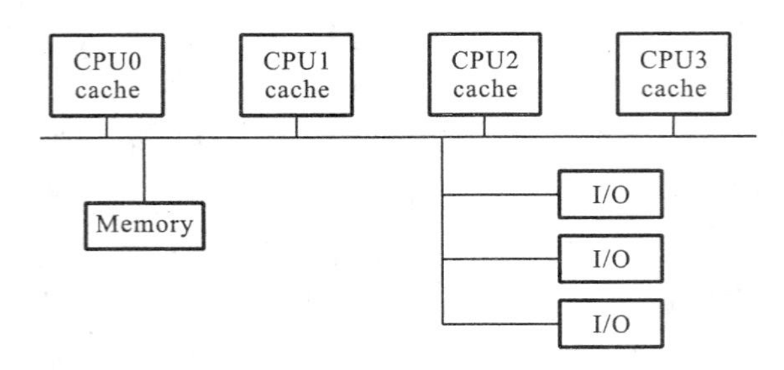

图 3.21　对称多处理器架构图

的访问就会变得频繁，从而会造成总线瓶颈问题。为了更好地使用对称多处理器结构，可以在处理器、处理器总线以及主板方面投入更多的资源和时间来进行设计，从而使得 SMP 技术能够支持更多的中央处理器。

非对称多处理器系统(AMP)是由主、从处理器组成的，主处理器是系统的核心，能运行操作系统，从处理器用来完成用户定义的指定功能。也就是说，与操作系统有关的操作如系统调用、I/O 控制、任务调度等都由主处理器来完成，而从处理器则完成指定的用户任务，因此，在这种架构中，资源和任务是由不同的微处理器进行管理的。正是由于各个微处理器的资源和任务不一样，它们的工作负载自然不一样，就有可能出现一个处理器负载很重，而另一个处理器可能会处于空闲状态的现象，这与对称多处理器系统中的负载平衡是很不一样的。同时，AMP 系统的容错性很差，会出现一个处理器发生故障则整个系统都无法正常工作的状况。但是，在嵌入式领域里，非对称多处理器硬件构成的系统却具有广泛的应用前景，如 SoC、DSP 等。由于目前业界支持嵌入式非对称多处理器结构的操作系统尚无成熟的、低成本产品，滞后的软件系统制约了硬件的飞速发展，从而导致这种架构的多处理器系统应用还是很少。

3.3.2　多处理器结构需要考虑的几个方面

在嵌入式领域里，由多处理器硬件构成的系统越来越具有广阔的应用前景，但是，软件设计的滞后使得嵌入式系统不能很好地发挥其多处理器硬件构成的优势。因此，为了达到软硬件协同工作，充分发挥多核优势，软件设计也变得备受关注了。

1. 操作系统

嵌入式最早是基于单片机的，随着嵌入式应用的不断扩大以及性能需求的逐步提高，出现了多处理器硬件架构，相应的，嵌入式操作系统(EOS)也由原来的基于单机环境转向了对多处理器的支持。发展到现在，在众多复杂的嵌入式操作系统中，PSOS、VxWorks、QNX、Nucleus Plus、RTEMS 等都能支持多处理器架构。各种 EOS 具有不同的特性，对多处理器架构支持的方式也不一样，但是有一个很明显的共同点，即它们都是作为一个独立、可剪裁的模块来支持多处理器架构的。那么 EOS 是如何实现对多处理器架构进行支持的呢？其实，要支持多处理器架构，就必须对 EOS 作一定的修改，如信息、信号、信号量、事件、任务、区域和分区等模块，都必须添加相应的支持多处理器系统的功能。那么对于一个为嵌入式应用提供高性能环境的实时内核而言，它应该要具有如下特点：支持多任务；支持同构或异构多处理器系统；支持事件驱动、基于优先级、占先的调度算法；具有可选的实时调度算法；

支持任务间的通信和同步；支持动态存储器分配；具有高级别用户配置能力。同时，在某些EOS中，如RTEMS将所有服务建立在对象机制之上，如线程、信号灯、消息队列都是对象的一个子类，相关的所有操作也都是针对对象的。与面向对象技术很相似，不同的对象拥有相对应的一些操作。为了给应用程序软件提供一个处理器节点之间边界透明的目标系统的逻辑形式，对于应用系统开发者来说，可以将任务、消息队列、事件、信号、信号量和存储器块等相类似的模块指定为全局对象，而不用去关心对象和任务处在哪个物理位置上。对于EOS，它会自动确定被访问的对象或任务是在哪一个处理器上，并且执行相对应的操作。也就是说，硬件和软件在整个系统上可以看成是逻辑上的一个单一系统。总的来说，嵌入式操作系统只在系统级对多处理器架构进行支持，不过，这些底层的系统调用提供了多处理编程手段，可以让开发者像在单处理系统环境下一样开发多处理器系统。同时，开发人员在应用程序中要关注如何让各个处理器之间协调地完成并行计算、并行处理。

2. 嵌入式操作系统

从单机系统发展到支持多处理器架构，在这过程中，相关的技术也在发生着变化，同时也带来了一些新的问题，如节点间通信方式、任务调度策略、Cache一致性问题、系统的异构性问题等。

1）节点间通信方式

节点间通信一般可分为基于共享内存的访问方式和基于消息传递的访问方式两种。

基于共享内存的访问方式是指各个处理器通过共享的存储器进行通信，通过一个中间层可以将数据包放在共享内存空间，即各个处理器通过中间层与共享的存储器联系。在设计中间层时牵涉两个问题：访问共享内存的互斥性和如何将数据包放在合适的存储器位置。前一问题是指多个处理器共同访问内存中的数据时，不能同时去读/写同一数据，可以考虑对共享的内存采用锁机制。同时，考虑到系统的实时性，要尽量降低锁定的时间。后一问题是指通知接收节点，数据包将存放在共享内存的适当位置。可以通过异步信号的方式，通知接收节点有数据到达，然后接收节点通过中间层提供的服务来接收数据，从而可以将数据包放在合适的存储器位置上。

基于消息传递的访问方式是指各个处理器通过连接介质（如局域网）进行通信，中间层跨过通信介质将数据包发送到目的节点。此时需要考虑的问题是：连接介质的选择和数据包到达通知。通信连接的介质在网络中有很多选择，这种选择对中间层有很大影响，如通信连接的带宽对中间层的最大通过信息量影响就很明显。如果采用光纤作为通信连接的介质，那么就会给通信带来网络延迟小、传输质量有保障、速度可高达每秒上千兆的优势。对于后一个问题，在硬件支持的情况下，可以通过在目标节点上产生一个中断来说明有数据包到达，然后通过中间层提供的服务来接收数据包。

2）任务调度策略

操作系统中的任务调度策略从整体上可以分为静态调度策略和动态调度策略。

静态调度策略是指在系统运行前，获取完整的任务依赖关系信息，得到静态分配方案，在运行过程中，系统根据静态分配方案将任务分配到相应节点。但是，通过理论分析，用来求最优调度方案的静态算法属于NP-Complete问题，因此，在实际中往往采用求次优解的算法。同时，在多处理器架构的系统中，各处理器上的任务负载是动态产生的，不可能作出准确的预测,所以,静态调度方法多用于理论研究和辅助工具。

动态调度方法与静态调度方法不同,它是在应用程序运行过程中实现调度策略的,通过分析多处理器系统的实时任务的负载信息,动态地调度任务,并将任务负载均衡地分配在各个处理器上,从而可以消除系统中负载分布的不均匀性。同时,由于系统中的任务信息是动态产生的,所以,在运行过程中,某个处理器上的任务负载就可能突发性地增加或减少,那么在这种情况下,动态调度方法应能够及时地将负载过重的处理器上的多余任务分配到轻载的处理器上。虽然动态调度方法简单,能够实现实时控制,但增加了系统的额外开销。

3) Cache 一致性问题

为了协调处理器和存储器速度不匹配问题,可以引入 Cache 层。Cache 已经成为提高系统性能的一种常用方法,在多处理器架构的系统中也得到很多应用。但是,它也带来了问题:处理器系统中的私有 Cache 会引起 Cache 中的内容相互之间以及与共享存储器之间数据互不相同的问题,即 Cache 一致性问题。根据分析,出现数据不一致性问题的原因有三个:共享可写的数据、进程迁移和 I/O 传输。为了解决 Cache 不一致性问题,提出了两种协议机制:监听协议和基于目录的协议。不同的协议适合于不同的系统结构。在采用基于总线互连结构的多处理器系统中,由于存储器系统正在进行的活动都能由系统中每个处理器觉察到,当进行的某个活动破坏了 Cache 一致性时,它的控制器就会采取相应的措施来使得相关的拷贝无效或更新。监听协议的原理就与之相符合。对于不采用总线互连结构的系统,它是不能对存储器系统的活动进行监听的,监听协议自然不适合这种系统,那么可以采用基于目录的方法来解决 Cache 一致性问题。关于协议的具体解析可以参考其他书籍。

4) 系统的异构性问题

在多处理器架构的系统中,必须面对异构问题。在不同的处理器中,它们使用的是不同的数据表示方法,即组成一个数据实体的字节次序。如 Little endian 处理器是将最低有效字节放在低位地址,而 Big endian 处理器是将最高有效字节放在低位地址。那么当这两种处理器共享数据结构时就需要将数据转换成公共的格式。所以在设计处理器与存储器之间的中间层时就需要作出特殊的考虑。可以在本地使用本地的 endian 格式,至于 endian 的转换可以交由中间层或者接收方来处理。

就现状而言,多处理器系统虽然不像单处理器系统应用广泛,但是在计算机界还是比较受关注的。随着嵌入式应用的不断扩大,支持多处理器架构的嵌入式系统必然拥有广阔的前景。

3.3.3 多核编程应用

多核结构正处于蓬勃发展的阶段,对于具有软硬件协同设计特性的嵌入式系统而言,软件设计的滞后使得嵌入式系统并没有发挥多核结构的优势。不仅如此,在桌面和服务器市场上,相类似的问题也越来越明显。所以,为了充分发挥多核优势,必须更多地关注软件设计。而以往的串行编程模式就必须逐渐向并行编程模式转变。本小节将详细介绍多核编程应用。

1. 多核编程环境

在当前多核计算机上,比较流行的多核编程环境即并行编程环境主要有三类:消息传递、共享存储和数据并行。三类并行编程环境都有各自的特征,如表 3.3 所示。

表 3.3　并行编程环境主要特征一览表

特　征	消息传递	共享存储	数据并行
典型代表	MPI,PVM	OpenMP	HPF
可移植性	所有主流并行计算机	SMP,DSM	SMP,DSM,MPP
并行粒度	进程级大粒度	线程级细粒度	进程级细粒度
并行操作方式	异步	异步	松散同步
数据存储模式	分布式存储	共享存储	共享存储
数据分配方式	显式	隐式	半隐式
学习入门难度	较难	容易	偏易
可扩展性	好	较差	一般

从表 3.3 中可以看出：

(1) 共享存储并行编程基于线程级细粒度并行，仅被 SMP 和 DSM 并行计算机所支持，可移植性不如消息传递并行编程，但是，由于它们支持数据的共享存储，所以并行编程的难度较小，不过，在一般情况下，当处理器个数较多时，其并行性能明显不如消息传递编程；

(2) 消息传递并行编程基于大粒度的进程级并行，具有最好的可扩展性，几乎被所有当前流行的各类并行计算机所支持，不过，消息传递并行编程只能支持进程间的分布式存储模式，即各个进程只能直接访问其局部内存空间，而对其他进程的局部内存空间的访问只能通过消息传递来实现，所以，学习和使用消息传递并行编程的难度均大于共享存储和数据并行这两种编程模式。

共享存储编程方式由于其可移植性好，学习入门容易，所以对于初学者来说，是学习多核编程的有效选择。下面就以其典型代表 OpenMP 来进行描述。

2. OpenMP 编程

1997 年，由 Silicon Graphics 领导的工业协会推出了 OpenMP，这是一个与 Fortran 77 和 C 语言绑定的非正式并行编程接口，其结构审议委员会(Architecture Review Board, ARB)即将推出 OpenMP 3.0 版本。OpenMP 具有良好的可移植性，能支持多种编程语言，包括 Fortran 77、Fortran 90、Fortran 95 以及 C/C++。OpenMP 也能够运用于多种平台上，包括大多数的 Unix 系统及 Windows NT 系统。OpenMP 不同于通过消息传递进行并行编程的模型，它是为共享内存多处理器的系统结构设计的并行编程方法，共享内存多处理器的系统结构实际是多个处理器共享同一个内存设备，而且是使用相同的内存编址空间。

OpenMP 的编程模型是以线程为基础的，其功能通过两种形式的支持来实现：编译指导语句和运行时库函数，并且可以通过环境变量的方式灵活控制程序的运行。

编译指导语句的含义是在编译器编译程序的时候，会识别特定的注释，而这些特定的注释就包含 OpenMP 程序的一些语义。例如，在程序中，用 # pragma omp parallel 来标志一段并行程序块。如果某个编译器无法识别这种类似的语义，那么此编译器会将这些特定的注释当做普通的注释而被忽略。用户在将串行程序改编成并行程序时，可以充分利用这种性质，从而保持串行源代码部分不变，减轻编程的工作量。

运行时库函数最初是用来设置和获取执行环境相关的信息，其中也包含一系列用于同步的 API。在相应的源文件中加入 OpenMP 头文件(omp.h)，就可以使用运行时库函数所包含的函数。运行时库函数在不同的平台上由不同的格式提供支持，如在 Windows 平台通过动态链接库，在 Unix 平台上会同时提供动态链接库和静态链接库。

编译指导语句能够将串行程序和并行程序包含在同一个源文件中，可以减少维护的负担，其优势体现在编译的阶段。运行时库函数能支持对并行环境的改变和优化，从而可以给应用程序开发者足够的灵活性来控制运行时的程序运行状况，其优势体现在运行阶段。要想提高程序运行的性能，应用程序开发者就需要掌握并灵活运用这两种方法。

OpenMP 采用 Fork-Join 执行形式。主线程运行到并行区时会产生一组子线程。程序支持嵌套运行，即子线程又可产生新的一组子线程。主线程和派生线程共同工作。当并行区域结束执行时，派生线程退出或者挂起，控制流程回到单独的主线程中。图 3.22 直观地反映了共享内存多线程应用程序的 Fork-Join 模型。

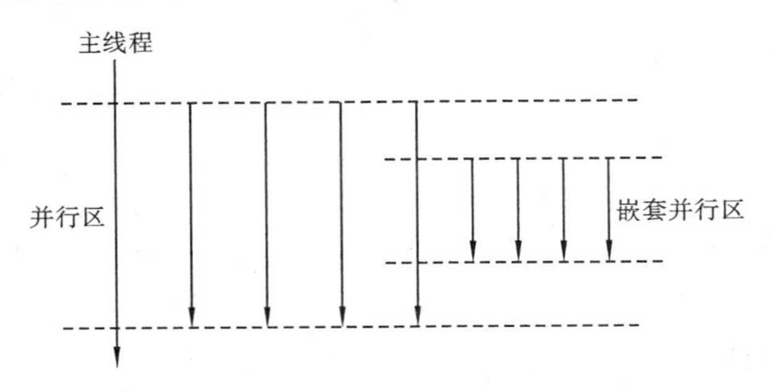

图 3.22　OpenMP 应用程序运行时的 Fork-Join 模型

OpenMP 的功能实现由编译指导语句与运行时库函数提供支持，并通过环境变量灵活控制程序运行。从一般意义上来看，使用多线程技术能够显著提高程序运行性能。但是，也会使得应用程序行为变得更加复杂，如何协调线程的并行执行以及线程间的相互通信等，都是串行程序并行化需要考虑的问题。

3. 并行程序性能探讨

在多核编程环境及其工具都具备的情况下，即可以实现多核编程，那么如何评测多处理器并行程序的性能，从而发现影响性能的因素呢？根据当前比较流行的选用方法，采用并行程序执行时间来评测性能，此时间可以通过调用函数获得。运用 Intel 所提供的性能分析工具可以更加详细地分析程序性能。影响性能因素分析如下。

(1) OpenMP 本身程序运行的开销。使用 OpenMP 来获得应用程序多线程并行化能力不是凭空而来的，需要一定的程序库的支持。为维护程序运行，OpenMP 本身也要提供运行程序的开销，如运行时库函数的支持。实际上，并不是所有的代码需要并行化，也许在很多情况下，并行化之后的运行效率反而比不上串行执行的效率。所以，只有并行执行代码段负担足够大，而引入的 OpenMP 本身的开销又足够小，才可以引入并行化来加速程序的执行。

(2) 负载均衡。当有多个线程在运行时，由于有很多同步点即线程只有在同步点进行同步之后才能够继续执行下面的代码，这可能会出现如下的情况：由于每个线程之间的负载不均衡，有的线程所承受的负担沉重，可能会执行很长的时间才结束，而有的线程则会因为没事可做而处于空闲状态。这自然会给程序并行带来问题。所以，在使用 OpenMP 进行并行程序编码的时候，要注意使线程之间的负载大致均衡，即能够让多个线程在大致相同的时间内完成，从而提高程序运行的效率。

(3) 存储容量。纵观 CPU 与存储器的发展状况可知：CPU 的执行速度与访存速度是很不匹配的，为了缓解这种矛盾，就出现了缓存技术。这种技术在程序运行过程中，缓存会存储最近刚刚访问过的数据和代码以及这些数据与代码相邻的数据和代码。这种技巧是基于程序的局部性。所以，在编写程序的时候，需要考虑到高速缓存的作用，有意地运用这种局部性可提高高速缓存的效率。

(4) 线程同步开销。多线程程序在执行时相对串行程序而言有个明显的特点：线程之间需要同步。也就是说，为了使程序能按正确的逻辑运行，需要在程序中加入同步(Barrier)，如对于同一数据的读/写操作。多线程在执行时的同步必然会带来同步开销，当然，有的同步开销是不可避免的，但在很多情况下，不合适的同步机制或者算法会带来运行效率的急剧下降。对于穷举搜索的程序设计方法——回溯、分支界限以及动态规划来说，OpenMP 所提供的同步语句要实现这些方法所花费的同步开销是很大的，所以在使用多线程进行应用程序开发的时候需要注意这一点。考虑同步的必要性，消除不必要的同步，或者调整同步的顺序，就可减小同步开销，提升程序的并行执行效率。

3.4　嵌入式系统的存储器

嵌入式系统的存储子系统与通用计算机的存储子系统的功能并无明显的区别，这决定了嵌入式系统的存储子系统的设计指标和方法也可以采用通用计算机的方法，尤其是嵌入通用计算机的大型嵌入式系统更是如此。

嵌入式系统的存储子系统可以有各种类型的存储器，图 3.23 给出了一个系统中可能出现的存储器形式，它们是：在一个微控制器中存储临时数据和堆栈的内部寄存器；微控制器的内部 ROM/PROM/EPROM；存储临时数据和堆栈的外部 RAM(在大多数系统中)；内部高速缓存(某些微处理器)；存放处理结果(如周期性的系统状态和数码相机的图像、歌曲，或

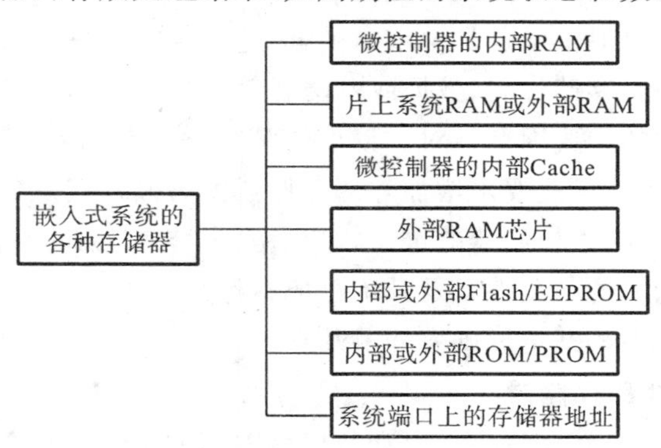

图 3.23　系统中各种形式的存储器

者经过适当压缩的语音)的非易失存储器 EEPROM 或者 Flash;保存嵌入式软件(在几乎所有基于微控制器的系统中)的外部 ROM 或者 PROM;端口的 RAM 内存缓冲区;高速缓存(在超标量微处理器中)。以上各种存储器并不是每个嵌入式系统所必须具备的,应该根据系统的性能要求和处理器的功能来决定。

表 3.4 列出了嵌入式系统中各存储器的功能。ROM、PROM 或者 EPROM 中嵌入了系统专用的嵌入式软件。

表 3.4　嵌入式系统中存储器的功能

所需要的存储器	功　　能
ROM 或 EPROM	用于存储应用程序,处理器从中取指令代码。存储用来进行系统引导和初始化的代码、初始的输入数据和字符串。存储 RTOS 的代码。存储指向不同服务例程的指针(地址)
RAM(内部 RAM 或外部 RAM)和用于缓冲区的 RAM	在程序运行时存储变量和堆栈,例如,在语音和图像应用中用来存储输入和输出缓冲区
EEPROM 或 Flash	存储非易失性的处理结果
高速缓存(Cache)	在外部存储器之前存储指令和数据的备份,在快速处理时用来保存临时结果

嵌入式系统可以将引导程序、初始化数据、初始屏幕显示字符串或者系统的初始状态、各种任务程序、ISR 和内核等程序数据保存在微控制器内部的 ROM 或 PROM 中。系统中的 RAM 用来保存程序运行时的临时数据,如变量和堆栈的临时值。高速缓存提前存储来自外部存储器的指令和数据副本,并在快速处理过程中临时保存结果。系统还具有存放非易失性结果的闪存。

嵌入式系统的软件通常存于 ROM 或者 RAM 中,因此并不像通用计算机一样需要辅助存储器。

3.4.1　嵌入式系统存储器的选择原则

存储器的类型将决定整个嵌入式系统的性能,因此如何选择存储器是一个非常重要的问题。无论系统是采用电池供电还是由市电供电,应用需求将决定存储器的类型(易失性或非易失性)以及使用目的(存储代码、数据或者两者兼有)。另外,在选择过程中,存储器的尺寸和成本也是需要考虑的重要因素。对于较小的系统,微控制器自带的存储器就有可能满足系统要求,而较大的系统可能要求增加外部存储器。为嵌入式系统选择存储器类型时,需要考虑一些设计参数,包括微控制器的选择、电压范围、电池寿命、读/写速度、存储器尺寸、存储器的特性、擦除/写入的耐久性以及系统总成本等。

选择存储器时应遵循的基本原则有如下几点。

1. 内部存储器与外部存储器

一般情况下,当确定了存储程序代码和数据所需要的存储空间之后,设计工程师将决定是采用内部存储器还是外部存储器。通常情况下,内部存储器的性价比最高,但灵活性最低，因此设计工程师必须确定对存储的需求将来是否会增长，以及是否有某种途径可以升级到代码空间更大的微控制器。基于成本考虑，人们通常选择能满足应用要求的存储器容量最小的微控制器，因此在预测代码规模的时候要必须特别小心，因为代码规模增大可能要求更换微控制器。

目前市场上存在各种规模的外部存储器，可以很容易地通过增加存储器来适应代码规模的增加。有时这意味着以封装尺寸相同但容量更大的存储器替代现有的存储器，或者在总线上增加存储器。即使微控制器带有内部存储器，也可以通过增加外部串行 EEPROM 或闪存来满足系统对非易失性存储器的需求。

2. 引导存储器

在较大的微控制器系统或基于处理器的系统中，设计工程师可以利用引导代码进行初始化。应用本身通常决定了是否需要引导代码，以及是否需要专门的引导存储器。例如，如果没有外部的寻址总线或串行引导接口，通常使用内部存储器，而不需要专门的引导器件。但在一些没有内部程序存储器的系统中，初始化是操作代码的一部分，因此所有代码都将驻留在同一个外部程序存储器中。某些微控制器既有内部存储器也有外部寻址总线，在这种情况下，引导代码将驻留在内部存储器中，而操作代码在外部存储器中。这可能是最安全的方法，因为改变操作代码时不会出现意外地修改引导代码的错误。在所有情况下，引导存储器都必须是非易失性存储器。

3. 配置存储器

对于现场可编程门阵列(FPGA)或 SoC，人们使用存储器来存储配置信息。这种存储器必须是非易失性 EPROM、EEPROM 或闪存。大多数情况下，FPGA 采用 SPI 接口，但一些较老的器件仍采用 FPGA 串行接口。串行 EEPROM 或闪存器件最为常用，EPROM 较少使用。

4. 程序存储器

所有带处理器的系统都采用程序存储器，但设计工程师必须决定这个存储器是位于处理器内部还是外部。在做出了这个决策之后，设计工程师才能进一步确定存储器的容量和类型。当然有的时候，微控制器既有内部程序存储器也有外部寻址总线，此时设计工程师可以选择使用它们当中的任何一个，或者两者都使用。这就是为什么某个应用选择最佳存储器的问题，常常由于微控制器的选择变得复杂起来，以及为什么改变存储器的规模也将导致改变微控制器的选择的原因。

如果微控制器既利用内部存储器也利用外部存储器，则内部存储器通常被用来存储不常改变的代码，而外部存储器用于存储更新比较频繁的代码和数据。设计工程师也需要考虑存储器是否将被在线重新编程或用新的可编程器件替代。对于需要重编程功能的应用，人们通常选用带有内部闪存的微控制器，但带有内部 OTP 或 ROM 和外部闪存或 EEPROM 的微控制器也满足这个要求。为降低成本，外部闪存可用来存储代码和数据，但在存储数据时必须小心避免意外修改代码。

在大多数嵌入式系统中，人们利用闪存存储程序以便在线升级固件。代码稳定的较老的应用系统仍可以使用 ROM 和 OTP 存储器，但由于闪存的通用性，越来越多的应用系统正转向使用闪存。

5. 数据存储器

与程序存储器类似，数据存储器可以位于微控制器内部，或者是外部器件，但这两种情况存在一些差别。有时微控制器内部包含易失性的 SRAM 和非易失性的 EEPROM 两种数据存储器，但有时不包含内部 EEPROM，在这种情况下，当需要存储大量数据时，设计工程师可以选择外部的串行 EEPROM 或串行闪存器件。当然，也可以使用并行 EEPROM 或闪存，但通常它们只被用做程序存储器。

当需要外部高速数据存储器时，通常选择并行 SRAM 并使用外部串行 EEPROM 器件来满足对非易失性存储器的要求。一些设计还将闪存用做程序存储器，但保留一个扇区作为数据存储区。这种方法可以降低成本、空间并提供非易失性数据存储器。

针对非易失性存储器要求，串行 EEPROM 器件支持 I^2C、SPI 或微线(Microwire)通信总线，而串行闪存通常使用 SPI 总线。由于写入速度很快且带有 I^2C 和 SPI 串行接口，FRAM 在一些系统中得到应用。

6. 易失性和非易失性存储器

易失性存储器在断电后将丢失数据，而非易失性存储器在断电后仍可保持数据。设计工程师有时将易失性存储器与后备电池一起使用，使其表现犹如非易失性器件，但这可能比简单地使用非易失性存储器更加昂贵。然而，对要求存储器容量非常大的系统而言，带有后备电池的 DRAM 可能是满足设计要求且性价比很高的一种方法。

在有连续能量供给的系统中，易失性或非易失性存储器都可以使用，但必须基于断电的可能性做出最终决策。如果存储器中的信息可以在电力恢复时从另一个信源中恢复出来，则可以使用易失性存储器。

选择易失性存储器与电池一起使用的另一个原因是速度。尽管非易失存储器件可以在断电时保持数据，但写入数据(一个字节、页或扇区)的时间较长。

7. 串行存储器和并行存储器

在定义了应用系统之后，微控制器的选择是决定选择串行或并行存储器的一个因素。对于较大的应用系统，微控制器通常没有足够大的内部存储器，这时必须使用外部存储器，因为外部寻址总线通常是并行的，外部的程序存储器和数据存储器也将是并行的。

较小的应用系统通常使用带有内部存储器但没有外部地址总线的微控制器。如果需要额外的数据存储器，外部串行存储器件是最佳选择。大多数情况下，这个额外的外部数据存储器是非易失性的。

根据不同的设计，引导存储器可以是串行也可以是并行的。如果微控制器没有内部存储器，并行的非易失性存储器对大多数应用系统而言是正确的选择。但对一些高速应用，可以使用外部的非易失性串行存储器来引导微控制器，并允许主代码存储在内部或外部高速 SRAM 中。

8. EEPROM 与闪存

存储器技术的成熟使得 RAM 和 ROM 之间的界限变得很模糊，如今有一些类型的存储器(如 EEPROM 和闪存)组合了两者的特性。这些器件像 RAM 一样进行读/写，并像 ROM 一样在断电时保持数据，它们都可电擦除且可编程，但各自有它们优缺点。

从软件角度看，独立的 EEPROM 和闪存是类似的，两者主要差别是 EEPROM 可以逐字节地修改,而闪存只支持扇区擦除以及对被擦除单元的字、页或扇区进行编程。对闪存的重新编程还需要使用SRAM,因此它要求更长的时间内有更多的器件在工作,从而需要消耗更多的电池能量。设计工程师也必须确认在修改数据时有足够容量的SRAM可用。

存储器密度是决定选择串行EEPROM或者闪存的另一个因素。市场上目前可用的独立串行EEPROM器件的容量在128 KB或以下,独立闪存器件的容量在32 KB或以上。

如果把多个器件级联在一起,可以用串行EEPROM实现高于128 KB的容量。很高的擦除/写入耐久性要求促使设计工程师选择EEPROM,因为典型的串行EEPROM可擦除/写入100万次。闪存一般可擦除/写入1万次,只有少数几种器件能达到10万次。

今天,大多数闪存器件的电压范围为2.7~3.6V。如果不要求字节寻址能力或很高的擦除/写入耐久性,在这个电压范围内的应用系统采用闪存,可以使成本相对较低。

9. EEPROM与FRAM

EEPROM和FRAM的设计参数类似,但FRAM的可读/写次数非常高且写入速度较快。然而通常情况下,用户仍会选择EEPROM而不是FRAM,其主要原因是成本(FRAM较为昂贵)、质量水平和供货情况。设计工程师常常使用成本较低的串行EEPROM,除非耐久性或速度是强制性的系统要求。

DRAM和SRAM都是易失性存储器,尽管这两种类型的存储器都可以用做程序存储器和数据存储器,但SRAM主要用于数据存储器。DRAM与SRAM之间的主要差别是数据存储的寿命。只要不断电,SRAM就能保持其数据,但DRAM只有极短的数据寿命,通常为4 ms左右。

与SRAM相比,DRAM似乎是毫无用处的,但位于微控制器内部的DRAM控制器使DRAM的性能表现与SRAM一样。DRAM控制器在数据消失之前周期性地刷新所存储的数据,所以存储器的内容可以根据需要保持长时间。由于比特成本低,DRAM通常用做程序存储器,所以有庞大存储要求的应用可以从DRAM获益。它的最大缺点是速度慢,但计算机系统可使用高速SRAM作为高速缓冲存储器来弥补DRAM的速度缺陷。

表3.5总结了本文提到的各类存储器的特性。需要注意的是,不同类型的存储器的适合情况不同,每种类型都有自己的优点和弱点,所以逐项比较并非总能得到有意义的结果。

表3.5 各类存储器的主要特性

存储器类型	易失性	可编程性	擦除规模	最大擦除次数	价格(每位)	速度
SRAM	Yes	Yes	字节	无限	高	快
DRAM	Yes	Yes	字节	无限	中等	
屏蔽ROM	No	No	不能擦除	0	低	快
OTP ROM	No	No	不能擦除	0	低	快
PROM	No	一次,使用设备编程器	不能擦除	0	中等	快

续表

存储器类型	易失性	可编程性	擦除规模	最大擦除次数	价格(每位)	速度
EPROM	No	Yes,使用设备编程器	整块芯片	有限	中等	快
EEPROM	No	Yes	字节	100万	高	读出快 写入/擦除慢
Flash	No	Yes	扇区	10K/100K	中等	读出快 写入/擦除慢
FRAM	No	Yes	字节	无限	非常高	快
NVRAM	No	Yes	字节	无限	高	快

尽管我们几乎可以使用任何类型的存储器来满足嵌入式系统的要求，但终端应用和总成本要求通常是影响我们做出决策的主要因素。有时，把几个类型的存储器结合起来使用能更好地满足应用系统的要求。例如，一些 PDA 设计同时使用易失性存储器和非易失性存储器作为程序存储器和数据存储器。把永久的程序保存在非易失性 ROM 中，而把由用户下载的程序和数据存储在有电池支持的易失性 DRAM 中。不管选择哪种存储器类型，在确定将被用于最终应用系统的存储器之前，设计工程师必须仔细折中考虑各种设计因素。

3.4.2 示例

当软件设计者编写好程序，并且 ROM 映像已经准备好之后，系统的硬件设计者所面临的问题就是应该选择哪些类型的存储器设备，每种设备的大小为多少。首先要建立一个类似于表 3.6 的设计表，选择具有所需要特征和音量的存储器设备。通过下面的示例，就可以知道这些问题是如何解决的。只有当编码完成，并给出适当的描述后，才能确定实际需要的存储器。ROM 映像大小和各个段、数据集合和数据结构的 RAM 分配可以由软件设计者提供。然而，下面的案例给出了一种事先估计所需要的存储器类型和容量的方法。需要记住，可以使用的存储器容量只能是 2^n（n 为正整数），如 1 KB、4 KB、16 KB、32 KB、64 KB、128 KB、258 KB、512 KB、1 MB 等，因此，当需要 92 KB 的存储器时，应该选择 128 KB 的设备。

【例 3.1】 巧克力自动售货机系统。

(1) 需要 EEPROM 来存储时间和日期，还需要 EEPROM 来存储机器状态、现金收取通道、硬币找零通道中每一种硬币的数量，因此微控制器中只要 128 字节的 EEPROM 就足够了。

(2) 嵌入式软件可以保存到微控制器中 4 KB 的 ROM 内。只有几个变量和堆栈需要 RAM，128 B 的内部 RAM 就足够了。

(3) 当使用微控制器的时候，不需要外部存储器设备。

表3.6 5个示例系统所需要的存储器设备

需要的存储器	案例1:巧克力自动售卖机	案例2:数据采集系统	案例3:多通道快速加密和解密系统	案例4:移动电话系统	案例1:数码相机系统
使用的处理器	微控制器	微控制器	微处理器系统	基于微处理器+DSP的多处理器系统	微处理器
内部ROM或EPROM	4 KB	8 KB	—	—	—
内部EEPROM	128 B	128 B	—	—	—
内部RAM	128 B	512 B	—	—	—
ROM或EPROM	不需要	不需要	64 KB	1 MB	64 KB
EEPROM或闪存	不需要	128 KB	512 KB	16 KB	256 KB
RAM设备	不需要	4 KB~8 KB	64 KB	1 MB	1 MB
参数化的分布式RAM	不需要	不需要	IO缓冲区需要,每个通道4 KB	—	—
参数化的块RAM	不需要	不需要	—	MAC单元、拨号IO单元需要	—

【例3.2】 数据采集系统。

假设有16个通道,在一个通道中,每分钟存储4 B的数据。

(1) 有一些字节需要保存在闪存中。假设结果需要在闪存中保存一天,然后打印出来或者传送到计算机中,则一天需要92 KB。此时选用128 KB的闪存就足够了。

(2) 嵌入式软件可以保存到微控制器中8 KB的ROM内。

(3) 只有变量需要存储在RAM中,只需要一个堆栈用来存储子程序调用的返回地址。512 B的内部RAM就足够了。

(4) 为了将A/D转换器转换结果以适当的形式保存,需要进行中间计算。还要考虑单元转换功能,需要大小为4 KB~8 KB的RAM。

因此,系统需要一个具有8 KB的EPROM和512 B的RAM的微控制器,还需要128 B的外部闪存(或者5 V的EEPROM)和4 KB~8 KB的外部RAM。

【例3.3】 多通道快速加密和解密收发器系统。

考虑一个多通道系统,每个通道都有加密的输入,这些输入是需要发送给其他系统的中继数据。

(1) 需要EEPROM来配置端口并存储其状态。假设有16个通道,每个通道16个字节,则512 KB的EEPROM就足够了。

(2) 加密和解密算法可以存储在64 KB的ROM中。

(3) 在高速缓存处理算法之前,需要多通道数据缓冲区,因此需要1 MB的RAM。

(4) 每一个通道需要4 KB的IO缓冲区。如果每个通道都使用参数化的分布式

RAM,系统性能将会提高。

因此,系统需要如下的存储器系统:64 KB 的 ROM、512 KB 的 EEPROM、1 MB 的 RAM 和每个通道 4 KB 的参数化分布式 RAM。

【例 3.4】 移动电话系统。

(1) 由于处理音频的压缩和解压缩、加密和解加密算法、DSP 处理算法的需要,ROM 映像会比较大,假如大小为 1 MB。如果 ROM 映像是以压缩的形式存储的,则引导程序还要首先运行一个解压程序。解压程序和数据首先保存到 RAM 中,应用程序会从这里开始运行。这些系统中的 ROM 显然比较大,可以按照压缩参数来缩减 ROM 的需求。

(2) 还需要较大的 RAM。可以是 1 MB,用来存储解压的程序和数据,以及用做数据缓冲区。

(3) 用来保存打入的重要电话的电话号码,存储器可以是 16 KB 的 EEPROM。使用 EEPROM 的原因是当数据发生变化时,需要逐个字节进行变化,可以用一个 16 KB 的闪存来记录信息。

(4) 在 MAC 子单元或者其他的子单元中使用参数化的块 RAM 会提高系统的性能。

因此,系统需要如下的存储器设备:1 MB 的 ROM、16 KB 的 EEPROM、16 KB 的闪存、1 MB 的 RAM 和某些子单元的块 RAM。

【例 3.5】 数码相机系统。

假设是一个低分辨率的黑白数码相机系统,需要记录 gif 的压缩格式(图像格式)。

假设一个图像具有 144×176 像素的 Quarter-GIF(四分之一通用媒体格式),那么每个图像就需要存储 25 344 个像素。假设将图像以系数 8 压缩,则每一个图像就需要占用 3 KB 的空间。对于 64 个图像,需要 0.2 MB 的闪存,256 KB 的闪存就足够了。

因此,一个 64 线对数字黑白相机系统需要下列的存储器设备:64 KB 的 ROM、256 KB 的闪存和 1 MB 的 RAM。

由以上的例子可知,简单的系统,如巧克力自动售卖机,不需要外部存储器设备,设计者可以选择微控制器,因为微控制器上有系统需要的片上存储器。数据采集系统需要 EEPROM 或者闪存。移动电话系统需要大于 1 MB 的 RAM 设备和大于 32 KB 的 EEPROM 或者闪存设备。图像系统需要很大的闪存。

3.5 嵌入式系统的外部设备和 I/O 接口

在嵌入式系统中,各种外部设备,如输入设备键盘、触摸屏,输出设备 LED、LCD,它们通过各种输入/输出接口与嵌入式处理器连接。常见的输入/输出接口类型有总线接口 I^2C、I^2S、CAN、以太网,并行接口,串行接口 RS-232、IEEE1394、USB,以及红外线、蓝牙、IEEE802.11、GPRS、CDMA。而如此众多的接口,或者可以使用芯片内部总线把它们集成在嵌入式处理器内部,或者可以应用各种扩展方法在处理器外部以接口芯片的形式出现。本章将介绍各种基本的输入/输出设备的结构,然后介绍 I/O 接口和总线的工作原理,最后是 I/O 接口的数据交换方式:DMA 方式、查询方式和中断方式,这对于编制嵌入式系统软件,如各类驱动程序及理解整个系统的运行是必需的。

3.5.1　外部设备

3.5.1.1　输入设备

1. 小型键盘

键盘是一种常见的输入设备。在嵌入式系统中，一般采用小型键盘。例如，对于收款机系统，简单的几个数字按键和功能按键组成的小型键盘就可以完成所需的命令输入。

图 3.24 所示是一个小型键盘和键盘控制器的工作原理示意图。16 个按键输入分别接到键盘控制器的 4 条行输出 X_0～X_3 和 4 条列输入 Y_0～Y_3 上，构成矩阵键盘，以节省占用的控制器 I/O 端口资源。

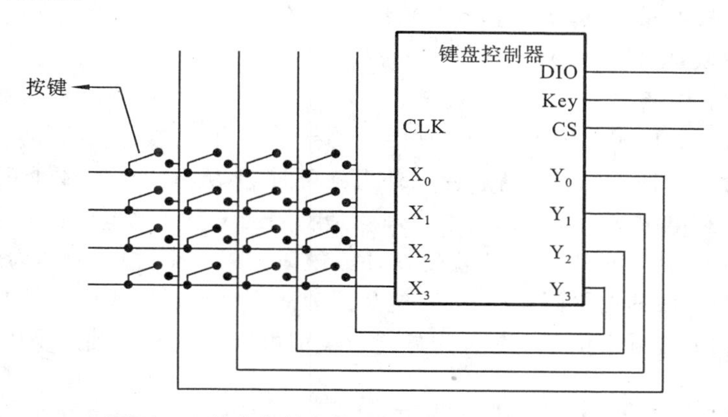

图 3.24　键盘与键盘控制器电路工作原理示意图

矩阵键盘的按键按下时的工作原理为：当键盘按键按下时，某一行与某一列的输入电路之间形成通路，因此可由输入的引脚信号变化得知哪一个按键被按下，按键的值将存储在键盘控制器中的寄存器中，一般由键盘控制器内部自动完成按键的输入扫描、译码和去抖动处理；当键盘控制器检测到矩阵键盘中有按键被按下时，键盘控制器的 Key 引脚将由低电平变为高电平，并一直保持到按键值被读取为止；嵌入式处理器从 Key 引脚得知目前有按键被按下时，将键盘控制器的 CS 引脚设为低电平，这样存储在键盘控制器的寄存器中的按键值将从键盘控制器的 DIO 引脚依次输出给嵌入式处理器，当所有按键数值传送完毕后，Key 重新变为低电平。

键盘控制器可以通过两种方式通知嵌入式处理器有按键被按下的消息：一种是由处理器每隔一段时间检测键盘控制器的 Key 引脚是否为高电平，若是高电平则表示有键被按下，这种输入检测方式称为轮询(Polling)；另一种是中断(Interrupt)方式，由 Key 引脚直接发出中断请求信号给处理器，处理器因为中断信号触发得知目前有按键被按下。

2. 触摸屏

传统的用户输入设备(如鼠标、标准键盘等)体积大，不符合可携式嵌入设备所强调的轻薄短小特性要求。通过在液晶屏上叠加一片触摸屏，用户可在液晶屏上用触控笔或手指头直接点选按键或输入文字，因此触摸屏在嵌入式系统中已经得到广泛应用。

1) *触摸屏的种类与工作原理*

触摸屏按其工作原理分为电容式、电阻式、表面声波式和 XGT 式等。最早出现的是电容式触摸屏，较新的技术是 XGT 式触摸屏。目前在触摸屏的市场上，主要产品是电阻式，市场份额大概是 72%，其余的为 XGT 式，市场份额大概是 20%。

以下介绍每一类触摸屏的原理和特点。

（1）电容式触摸屏。

它利用人体的电流感应进行工作。用户触摸屏幕时，由于人体电场，用户和触摸屏表面形成一个耦合电容，对应高频电流而言，电容是直接导体，于是手指从接触点吸走很小的电流。这个电流会从触摸屏的四个角上的电极中流出，并且流经这 4 个电极的电流与手指到四角的距离成正比，控制器通过对这 4 个电流比例的精确计算，得出触摸点的位置。

电容式触摸屏的特点是：对大多数环境污染物有抵抗力；人体成为电流回路的一部分，因而漂移现象比较严重；人体戴手套后不起作用；需经常校正；不适用于金属机柜；外界存在电感或磁感的时候，触摸屏失灵。

（2）电阻式触摸屏。

如图 3.25 所示，电阻式触摸屏拥有两层透明导电薄膜，薄膜间保持一定间隔的距离，且上层薄膜具有可伸缩性。当上层薄膜受到外力施压时，上层薄膜会触碰到下层薄膜，这样造成上、下电极导通，电阻式触摸屏的基本原理就是利用二维空间的电压计去测量面板上不同位置的电平差，由此决定面板哪个位置受到外力施压。以一个方向 X 轴为例，两极的电平差会因为 X 轴在薄膜的位置而有所不同，这是因为薄膜电阻所造成的；得知其电平差之后，就可以确定 X 轴上的哪个位置受到外力施压。类似可以计算出 Y 轴的受压位置。

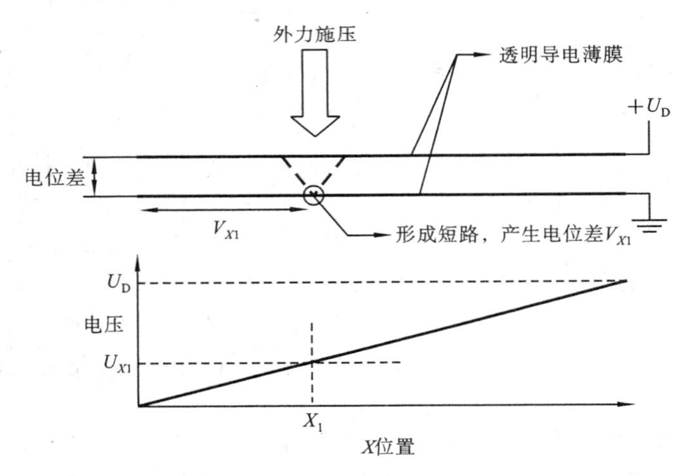

图 3.25　电阻式触摸屏工作原理示意图

在电阻式触摸屏中，以 4 线电阻式（Turbo 4）和 6 线电阻式（Turbo 6）比较常见。这是因为 4 线电阻式触摸屏的低价格及吞吐量大等因素，常用于 PDA 等嵌入式系统中。由于 6 线电阻式的可靠性大概是 4 线电阻式的 6 倍多，因此 6 线电阻式触摸屏也逐渐被采用。

电阻式触摸屏的特点是：高解析度，高速传输反应；表面硬度处理，减少擦伤、刮伤及防化学处理；具有光面及雾面处理；一次校正，稳定性高，永不漂移。

（3）表面声波式触摸屏。

表面声波式触摸屏利用声波在物体的表面进行传输，当有物体触摸到表面时，阻碍声波

的传输，换能器侦测到这个变化，反映给计算机，进而进行鼠标的模拟。其特点是：高清晰度，透光性好；高度耐久，抗刮伤性良好；一次校正永不漂移；表面声波式需要经常维护，适合于办公室、机关单位及环境比较清洁的场所。灰尘、油污甚至饮料的液体沾污屏的表面，都会阻塞触摸屏表面的导波槽，使声波不能正常反射，或使波形改变而控制器无法正常识别，从而影响触摸屏的正常使用，因此用户需严格注意环境卫生，必须经常擦抹屏的表面以保持屏面的光洁，并定期作一次全面彻底擦除。

(4) XGT 式触摸屏。

XGT(Extreme Glass Technology)式触摸屏的技术，采用纯玻璃面板，比透明导电薄膜的透光率提高了 15%左右。使用 XGT 时，将电压连到玻璃基板的四个角落，此时玻璃基板会产生一个电场。在输入数据时，用特殊的有线触控笔去触控输入，其他实体触碰不会有反应，触控笔所触碰的位置可以通过电场的变化得知。

XGT 结合了电阻式和表面声波式触摸屏的优点，它的平均使用寿命大概是前类产品的 100 倍，并具有防水、防火、防尘、防刮、抗菌等优点，可以应用在高温、低温及环境恶劣的状况下使用，因此被视为当前最具潜力的触摸屏技术。

2) 触摸屏与 LCD 的配合

一般触摸屏将触摸时的 X、Y 方向的电压值传到 A/D 转换口，经过 A/D 转换后的 X、Y 值仅是对当前触摸点的电压值的 A/D 转换值，但它不具有实用价值，因为这个值的大小不但与触摸屏的分辨率有关。而且与触摸屏与 LCD 贴合的情况有关。以 4 线电阻式触摸屏为例：每次按压后，将产生($X+$、$Y+$、$X-$、$Y-$)，它们经过 A/D 转换后得到相应的值；LCD 分辨率与触摸屏的分辨率一般不同，坐标系也不一样，因此，如果想得到在 LCD 坐标系中的触摸屏位置值，还需要在程序中进行转换。

3.5.1.2 输出设备

1. LED

半导体发光部件被广泛应用于各种电子仪器和电子设备中，可作为电源指示灯、电平指示、工作状态显示或微光源之用。例如，红外发光管常被用于电视机、录像机等的遥控器中，红绿双色发光管用于指示 PC 或笔记本电脑中的硬盘工作状态。

半导体发光器件包括发光二极管(Light-Emitting-Diode，LED)、数码管、符号管、米字管及点阵显示屏(简称矩阵管)等。其中，数码管、符号管、米字管及点阵显示屏中的每个发光单元均是一个发光二极管。

1) 发光二极管

发光二极管是由Ⅲ-Ⅳ族化合物(如砷化镓、磷化镓、磷砷化镓)等半导体制成，其核心是一个 PN 结；因此它具有一般 PN 结的正向导通、反向截止/击穿的特性。同时，它还具有发光特性，在正向电压下，电子由 N 区注入 P 区，空穴由 P 区注入 N 区，进入对方区域的少数载流子(少子)一部分与多数载流子(多子)复合而发光。它具有耗电少、成本低、配置简单灵活、安装方便、耐振动和寿命长等优点。

LED 有多种分类方法：按发光管发光颜色，LED 可分为红色、橙色、绿色、蓝色等，有的发光二极管中包含两种或三种颜色；根据发光二极管出光处是否掺散射剂、有色还是无色，上述各种颜色的发光二极管还可分成有色透明、无色透明、有色散射和无色散射 4 种类型；按发光管出光面特征，LED 分为圆灯、方灯、矩形、面发光管、侧向管、表面安装用微型管等；按发光角度分布，LED 分为高指向型、标准型和散射型 3 种；按发光二极管的结构，LED 分为全环氧包封、金属底座环氧封装、陶瓷底座环氧封装及玻璃封装等。由于发光二极管的颜色、尺寸、形状、发光强度及透明情况等不同，所以在使用发光二极管时可根据实际需要进行恰当的选择。

2）数码管

基本的数码管是由七段条状发光二极管芯片按图 3.26(a)所示“日”字形排列而成的，可实现数字 0～9、部分字母和小数点的显示。

各发光段电极的连接方式分有共阳极和共阴极两种。所谓共阴方式是指各段发光管的阴极是公共的，而阳极是互相隔离的，如图 3.26(b)所示；所谓共阳方式是指各段发光管的阳极公共的，而阴极是互相隔离的，如图 3.26(c)所示。一般共阴极接法不需外接电阻，而共阳极接法中发光二极管必须外接电阻。

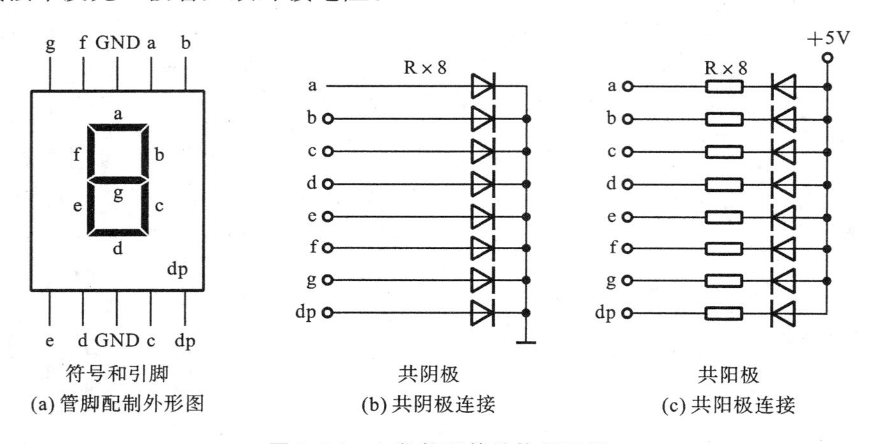

(a) 管脚配制外形图　(b) 共阴极连接　(c) 共阳极连接

图 3.26　七段数码管结构原理图

以共阴极数码管为例，当数码管中的某个发光二极管阳极加上高电平时，对应的二极管点亮。因此要显示某字形，就应该使该字形的相应段的二极管点亮，即通过送出不同电平组合代表的数据字来控制数码管中不同 LED 的亮暗显示，此数据称为字符的段码。数字 0、1、2、…、9 以及字符 A、B、C、D、E、F 和 DP(小数点)的段码如表 3.7 所示。

表 3.7　共阴极七段 LED 显示字形编码表

显示字符	共阴极段选码	显示字符	共阴极段选码
0	3FH	9	6FH
1	06H	A	77H
2	5BH	B	7CH
3	4FH	C	39H
4	66H	D	5EH
5	6DH	E	79H

续表

显示字符	共阴极段选码	显示字符	共阴极段选码
6	7DH	F	71H
7	07H	DP(小数点)	80H
8	7FH	熄灭	00H

说明:共阴极 LED,被选中的段为高电平有效,熄灭的段码为 00H;

共阳极 LED,被选中的段为低电平有效,熄灭的段码为 FFH。

控制数码管驱动级的控制电路(也称为驱动电路)有静态式和动态式两类。静态驱动是指每个数码管各用一个并口驱动。当多个数码管需要同时显示时,为简化电路,降低成本,采用动态驱动方式,即对所有数码管使用一个专门的并口进行驱动,各数码管分时轮流选通受控显示。当轮询扫描速度足够快时,利用人眼的视觉暂留现象,显示的数字将不会产生闪烁现象,显示效果与静态驱动基本相同;不过这种驱动方式的数码管接口电路中不宜接太多的数码管,一般在 8 个以内,个数较多时,应采取措施增加驱动能力,以提高显示亮度。

3) 米字管、符号管

米字管可以显示包括英文字母在内的多种符号,符号管主要用来显示+、-或±号等。米字管、符号管的结构原理与七段数码管类似,因此驱动方式也基本相同,只是字符的编码方式与七段数码管不同。

4) 点阵显示屏

若干独立的发光二极管封为点阵形式构成点阵显示屏,如图 3.27 所示,每个发光二极管 LED 排列在阵列中行列线的各交点处,微处理器通过总线操作完成对点阵显示屏中每个 LED 的亮、暗控制。

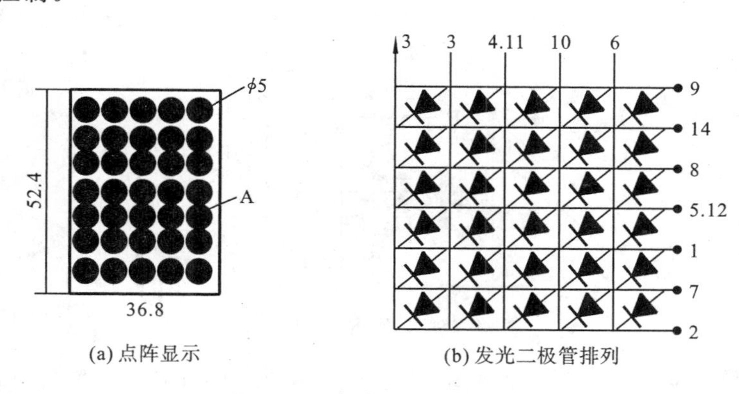

图 3.27　点阵显示屏原理图

点阵显示屏不仅可以显示数字,也可以显示所有西文字母和符号。如果将多块组合,可以构成大屏幕显示屏,用于汉字、图形、图表等的显示。因此,点阵显示屏被广泛用于机场、车站、码头、银行、广场、道路关口及其他许多公共场所的指示、说明、广告等场合,成为目前一个时代的特征。

2. LCD

传统的显示输出设备大多是采用 CRT(阴极射线管)显示器,这种显示器体积大。这是因为，CRT 是利用内部的阴极射线管中的电子枪发射电子，撞击显示区域的磷光物质而发光；由于这种发光原理，在电子枪与磷光物质间需要很长的距离，才能够将所发射的电子正确地偏移到显示区域，所以阴极射线管显示器的体积都会很大，而且也很笨重。此外，CRT 还有辐射的问题。

现在的嵌入式系统一般采用液晶屏幕显示器(Liquid Crystal Display，LCD)作为数据输出显示设备。LCD 显示器较 CRT 显示器具有许多优点，包括 LCD 屏幕的体积小、重量轻以及低辐射。其显示原理是利用液晶的特性来处理显示的效果：液晶是一种介于固态与液态之间的物质，它具备固态晶体的光学特性，同时也具有液态物质的流动特性；当光线穿透液晶物质时，光线会因为液晶物质内部的结构而改变光线的行径，当液晶被送上电压后，液晶的内部结构会产生扭曲，穿过液晶物质的光线也会因此被改变原本行径的角度；液晶屏幕显示器上具有一大堆的液晶物质阵列，每一个图案像素用一个液晶单元表示，当一个像素需要改变显示状态时，就需对这个液晶单元施以电压，它就会对于背光所发射穿透液晶单元的光线做显示角度的改变，因而可以控制所显示的光线明暗。

LCD 屏幕的结构如图 3.28 所示，它包括背光板、偏光板、液晶数组和彩色滤光膜等。首先背光板作为光源产生器，产生光线；光线通过偏光板之后，光线的一部分会根据偏光板方向性而被过滤掉；剩余的光线通过第一块偏光板后会经过液晶阵列，液晶阵列会根据 LCD 控制器所给予的不同电压将改变内部的液晶结构，光线会根据这些改变后的液晶结构而改变行进方向；剩余能够通过液晶阵列的光线经过彩色滤光膜后，显示出所指定的三原色色彩 RGB。最后一块偏光板与第一块偏光板呈 90°垂直，其作用在于，若是将这两块偏光板叠合起来，所有照射在这两块偏光板的光线都会被遮挡下来，但是在两块偏光板中间的光线经过液晶数组对光线角度的改变后，原本该挡下来的直行光线会因为角度的改变而通过第二块偏光板，这样就可以将不需要显示的光线巧妙地挡住，不会显示在液晶屏幕上。

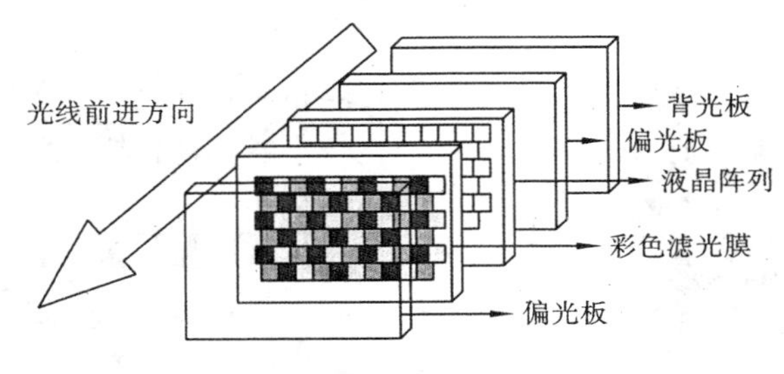

图 3.28 LCD 结构原理图

目前 LCD 显示器主要包括两种类型：一种是主动式 LCD；另一种是被动式 LCD。这两种 LCD 显示器的差异在于被动式 LCD 显示器的控制电压组件设计在面板的四周，所以被动式 LCD 显示器的反应时间较慢，而且光线输出量较少，这样会造成显示动态影像与一般显示器效果差距很大，而且可视角度较窄，容易出现残影的现象。而主动式 LCD 显示器则是在每个液晶单元内植入控制电压的组件，如此可以增加光输出量，也可以提高反应速度，提供鲜艳的色彩与较好的动态影像；主动式 LCD 显示器的制造成本较高，而且尺寸越大，液晶面板的优良率就越低。所以目前比较高档的嵌入式系统才会采用主动式 LCD 显示器，如彩色的个人数字助理或是信息家电等，一般的嵌入式系统从成本和实用性角度考虑，大多采用被动式LCD显示器，如普通的移动电话等产品。

3.5.1.3　扩充设备

由于目前的嵌入式系统功能越来越强大，若是需要一个内置大容量内存、调制解调器、多媒体播放设备或者是数码相机等的嵌入式系统，成本一定很高，所占体积也很大，而且没有什么变动的可伸缩性，所以现在高级的嵌入式系统都会预留扩充的接口，作为日后用户有特别需求时，可以直接购买符合扩充接口规格的设备，直接接上嵌入式系统使用。

如果不同的嵌入式系统所采用的扩充接口是同一种规格，彼此之间则可以互相交换数据，比如PDA所使用的扩充存储卡，可以和某些规格的数码相机扩充接口通用，而常见的PDA扩充接口有PCMCIA、CF、SD、MS四种，以下分别简要介绍。

1. PCMCIA扩充设备

1989年，PCMCIA(Personal Computer Memory Card International Association)为了开发出省电、体积小并且扩充性高的一个卡片型扩充设备所设立，目前会员数已经超过300个。PCMCIA卡常被嵌入式系统当做对外的扩充设备，如笔记本电脑、个人数字助理、数码相机及机顶盒等。在1991年，PCMCIA推出了第一个PCMCIA存储卡。它具有68 pin的接头，后来PCMCIA为了应对多媒体和高速网络传输的应用，制订了另外两项PCMCIA新规范：一项是CardBus；另一项是Zoomed Video。市面上的产品很多，如100 Mb的以太网卡及Mpeg的解压缩卡。此外，还制订了3.3 V的标准使得PCMCIA卡更省电。

2. CF扩充设备

CF(Compact Flash)扩充设备是由SanDisk公司在1994年推出的一种扩充设备接口，并在1995年成立了CFA协会(Compact Flash Association)来推动这项标准。在CF扩充设备的规格内容中，有两种规格：一种是CF TypeⅠ；另一种CF TypeⅡ。TypeⅠ的卡厚度为3 mm，可在两种规格扩充槽中使用；TypeⅡ的卡厚度为5 mm，只能在TypeⅡ的扩充槽中使用。

目前，CF扩充设备最常见的是CF存储卡，常见的规格有32 MB、128 MB及256 MB等。一般而言，CF采用Flash的方式存储数据，而IBM推出的叫MicroDrive的CF扩充存储设备采用马达转动的硬盘来读取数据，可达到1 GB以上的容量。

CF也可以支持I/O设备，常见的CF I/O设备有CF数据卡、CF串口连接卡、CF数码相机、CF扫描卡等。目前，CF数据卡大多采用56 Kb/s传输速率的规格，用户带着具有CF插槽的Pocket PC，到外地旅游或是出差时，想要上网，可以不用带着笨重的笔记本电脑，只需要一个CF数据卡，将CF数据卡插进Pocket PC的CF插槽中，再将电话线接上CF数据卡上，就可以使用Pocket PC连上Internet，收发E-mail或是上网查数据。

3. SD扩充设备

SD(Secure Digital)是松下电器(Panasonic)、SanDisk及东芝(Toshiba)所倡导的协议，目前有一个法人互助团体SD Association在进行SD卡的相关授权业务，只有加入SD Association才可以在产品上使用SD卡的规格及授权，并且可以参与讨论制订各种规格以符合市场需求。目前已经有超过160家公司加入了SD协会，并且积极地研发各种SD扩充设备。

SD记忆卡只有一枚邮票大小，可是其容量却不小，目前常见的容量有64 MB和128 MB，SD卡加入了写保护，在卡上有一个特定的开关，可以防止数据写入，它还符合SDMI(Secure Digital Music Initiative)网上音乐保护标准，可以做版权保护的功能。另外，SD扩充设备还支持I/O设备(SDIO)，如SD数码相机卡、SD无线网卡、SD蓝牙卡等。

4. MS扩充设备

SONY公司在1998年推出MS(Memory Stick)扩充卡，主要是使用SONY公司所生产的数码相机、PDA及其他嵌入式系统的扩充设备。MS相关的规格有很多种，目前常见的规格有Memory Stick、Memory Stick Pro、Memory Stick Duo、Magic Gat MS等，主要的差别在于外观、内存容量以及著作版权保护等级。

MS扩充设备支持I/O设备，如MS数码相机卡、MS GPRS卡、MS蓝牙卡和MS GPS卡等应用。MS扩充卡也支持SDMI著作权保护技术，所以也具备保护著作权的功能。

3.5.1.4 便携式嵌入式系统的电源

许多嵌入式系统强调它的可移植性，力求外观的小型化，重量的轻质化以及电源使用的延长化，如一台移动电话或个人数字助理。目前体积较大或者重量过重的可携式机种几乎都已经遭到淘汰了，比较流行的机种都是朝着体积小、好携带的外观设计发展。在要求小型体积及轻便的情况下，便携式嵌入式系统的电源供应设备就很重要了，不管镍氢电池或锂电池，它们的重量都很大，但想要有较多的蓄电量，就必须使用比较大型的电池，这样会造成便携式嵌入系统搭载上电池后，会变得又大又笨重。

1. 智能型电源管理设备

一个具备低功率消耗、要求轻便的外观设计的嵌入式系统，它的待机时间及电池使用寿命是目前许多消费者在选购相关产品时会考虑的重点。就移动电话的设计而言，它的低功率消耗设计，除了必须考虑它自己的无线射频发射与接收设备设计，还有混合信号处理电路的设计，因此电路板上的电路力求简短外，还必须考虑各个数字组件的耗电。目前有许多数字组件操作电压已由5 V降至3.3 V，具有更低的功率消耗，不过使用这些低操作电压的数字组件时候，还需要考虑高负载的电路驱动能力问题，以及所产生的电路噪声问题，这些问题都会造成系统的不稳定。

便携式嵌入系统采用智能型电源管理设备，检测系统真正需要使用电源的时间，若是系统需要用到电源的时候，智能型电源管理设备会将电源打开，其余不需要使用到电源的时候，它会将电源开关关闭，以确保电源不会浪费在无谓的等待时间。

另外还有更为复杂的混合电压设计，就是针对各个不同的组件所需要提供的最低操作电压，给予不同的电压驱动，可以使功率消耗分配更有效率。如微处理器部分，大多只要求2.5 V就可以驱动，在输入/输出控制组件则需要3.3 V左右，因此在设计这一类产品时，必须考虑到电源整流器、电源控制器以及电源监控IC等的合适组件，用于驱动电路及监控系统。

2. 智能型电池系统

过去的电池通常只提供电源供应，而没有提供电池本身的相关信息。例如，没有提供剩余电量及电压等的消息，这对于用户来说很不方便，当所使用的系统电池电量突然用完，而系统正在处理重要数据时突然断电，会造成数据的流失或系统的损毁。

这样就有了智能型电池系统(Smart Battery System)规格的出现，它是由 Intel 公司和 Duracell 公司所开发出来的一种电池规格。符合智能型电池系统规格的电池除了供电的电源接头外，还具有两个信号接头，可以通过电池系统管理总线(System Management Bus)与系统沟通，让系统知道目前电池所剩余的电力。系统通过电池系统管理总线在得知目前电力不足时，可以要求用户更换新电池或是对电池充电。另外，当充电器对电池充满电后，系统可通知用户停止充电器对电池充电，以免电池被持续过量充电而造成损坏。

3.5.2　常见输入/输出接口类型

3.5.2.1　总线接口：I²C、I²S、CAN、以太网

1. I²C

I²C(Inter-Integrated Circuit)通过串行数据线(Serial Data Line，SDL)及串行时钟线(Serial Clock Line，SCL)两根导线连接嵌入式处理器和外设 IC 器件。这种总线接口成本低廉，容易使用，并且通信速度尚可接受，数据传输的速度一般为 100 Kb/s，最高可达到 400 Kb/s。支持 I²C 的总线接口设备有微控制器、A/D 转换器、D/A 转换器、存储器、LED 驱动器、实时时钟等。

采用 I²C 总线标准的 I²C 器件，其内部不仅具有 I²C 接口电路，而且实现了将内部各单元电路按功能划分为若干相对独立的模块，通过软件寻址实现片选(模块选择)，减少了器件片选线的连接。CPU 不仅能通过指令将某个功能单元接入和脱离总线，还可以对功能单元的工作状态进行检测，从而实现对硬件系统进行简单灵活的扩展与控制。

传统的单片机串行接口的发送和接收一般都各用一条线，如 MCS51 系列的 TXD 和 RXD，而 I²C 中的 SDL 和 SCL 均为双向 I/O 线，I²C 总线根据器件的功能通过软件程序使其工作于发送和接收方式。当某个器件向总线发送消息时，它就是发送器(也称为主器件)，而当从总线上接收信息时，则成为接收器(也称为从器件)。主器件用于启动总线传送数据并产生时钟以启动传送的器件，此时任何被寻址的器件均被认为是从器件。I²C 总线的控制完全由挂接在总线上的主器件送出的地址和数据决定。在该总线上，既没有中心机，也没有优先级。

总线上可能挂接有多个器件，有时会发生两个或多个主器件同时想占用总线的情况。例如，多个单片机组成的系统中，可能在某一时刻有两个单片机要同时向总线发送数据，这种情况称为总线竞争。I²C 总线具有多主控制能力，可以对发生在 SDL 线上的总线竞争进行仲裁。其仲裁原则为：当多个主器件同时想占用总线时，如果某个主器件发送高电平，而另一个主器件发送低电平，则发送电平与此时 SDL 总线电平不符的那个器件将自动关闭其输出线。总线竞争的仲裁是在两个层次上进行的：首先是地址位的比较，如果主器件寻址同一个从器件，则进入数据位的比较，从而确保了竞争仲裁的可靠性。由于是利用 I²C 总线上的信息进行仲裁，因此不会造成信息的丢失。

I²C 总线的一次典型工作流程如下。

(1) 开始：信号表明传输开始。

(2) 地址:主设备发送地址信息,包含7位从设备地址和1位指示位(表明读/写或数据流的方向)。

(3) 数据:根据指示位,数据在主设备和从设备之间传输;数据一般以8位传输,具体传输的数据量没有限制;接收器上用1位的ACK(回答信号)表明1个字节已收到;传输可以被终止或重新开始。

(4) 停止:信号结束传输。

2. I^2S

I^2S(Inter-IC Sound)是一种串行总线接口标准,由SONY和Philips公司等电子巨头共同推出,主要应用于数字音频处理设备,如便携CD机、数字音频处理器等。

I^2S将音频数据与时钟信号分离,避免由时钟带来的抖动问题,系统中不再需要消除抖动的器件。I^2S总线仅处理音频数据,对其他信号(如控制信号等)单独传送。基于减少引脚数目和布线数的目的,I^2S总线只由3根串行线组成,即分时复用的数据通道线(Serial Data,SD)、字选择线(Word Select,WS)和时钟线(Continuous Serial Clock,CSK)。

I^2S总线接口的基本时序如图3.29所示。WS信号线指示左通道或右通道的数据将被传输,SD信号线按高有效位MSB到低有效位LSB的顺序传送字长的音频数据。MSB总在WS切换后的第一个时钟发送。如果数据长度不匹配,那么接收器和发送器将对其自动截取或填充。

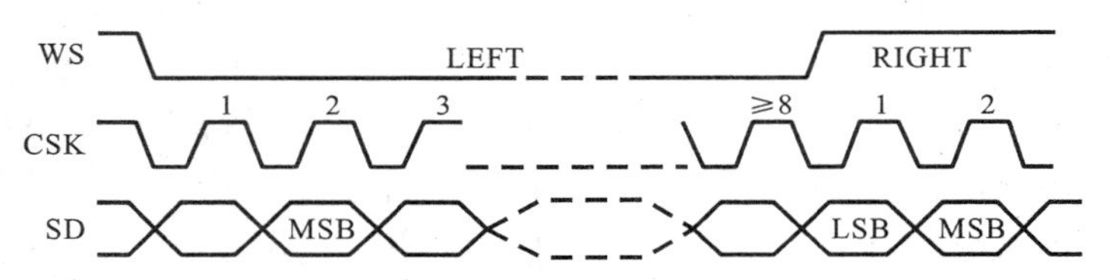

图3.29 I^2S总线接口的基本时序

3. CAN

CAN(Controller Area Network)是一种实时数据传输应用的串行通信协议,最初由德国的Bosch公司所发展,作为让汽车中不同的电子组件互相沟通之用,由于这种通信协议的稳定性不错,所以常被嵌入式系统用到电子组件间数据传递的应用上。

CAN的数据传输速率最高可到达1 Mb/s,并且具备错误检测的功能。在硬件线路结构上,一般采用双绞线作为数据传输总线。每一个连到CAN总线的电子组件称为节点(Node),各自拥有自己的传送与接收电路,作为数据输入/输出之用。

CAN总线的原理主要是:节点在数据传送时,设置为两种模式,分别是显性模式(Dominant)和隐性模式(Recessive),在逻辑上分别代表0和1;当总线没有任何数据传输时,是隐性状态(Recessive Level),这个时候连接在总线上的任何节点都可以发送数据,当某一节点发送数据时,总线会处在显性状态(Dominant Level),数据以包的方式传送;如图3.30所示,在包中仲裁字段内定义了数据发送的目的地,在控制字段内定义数据的长度,其中ACK字段用来确定数据是否被正确地接收,发送端会在ACK字段中设置一个隐性位(Recessive Bit),逻辑上为1,当接收端的节点发现数据传输有错误时,会将ACK字段设置为显性位,逻辑上为0,当发送端得知ACK字段被改为0时,就知道数据发送错误,必须重

起始位 Start	仲裁域 Arbitration field	控制域 Control field	数据域 Data field	CRC域 CRC field	ACK域 Acknowledge field	结束位 End

图 3.30　CAN 总线数据包

新传送数据。

如果总线同时有两笔数据要传送，总线会根据仲裁位中的识别 ID 比较优先级，决定哪笔数据先发送。

CAN 总线在数据连接上，是采用点对点(Peer to Peer)的方式，如果连接在总线中的某个电子组件发生问题，无法进行数据沟通，则其他连接在总线上的电子组件仍然可以继续执行数据传输的工作，总线不会因此而全面瘫痪。

4. 以太网

以太网(Ethernet)是目前局域网中最通用的一种通信总线标准，组建于 20 世纪 70 年代早期。在以太网中，所有通信节点被连接在一条电缆上，采用 CSMA/CD(载波监听/冲突检测)的访问方法和竞争机制；在星型或总线型配置结构中，集线器/交换机/网桥通过电缆使得各通信节点彼此之间相互连接。

以太网通信协议遵循 IEEE 802.3 系列标准规范，具体如下。

IEEE 802.3：定义十兆以太网(10Base Ethernet，通信速率为 10 Mb/s)通信标准。

IEEE 802.3u：定义快速以太网(Fast Ethernet，通信速率为 100 Mb/s)通信标准。

IEEE 802.3z：定义吉比特以太网(Gigabit Ethernet，通信速率为 1000 Mb/s)通信标准。

IEEE 802.3ae：定义十吉比特以太网(10 Gb Ethernet，通信速率为 10 000 Mb/s)通信标准。

以 IEEE 802.3 标准为例，该标准定义了十兆以太网的 4 种通信介质标准。

(1) 10Base5：通常称为“粗以太网(Thick Ethernet)”电缆；802.3 标准建议为黄色，每隔 2.5 m 一个标志，标明分接头插入处，连接处通常采用插入式分接头，将其触针小心地插入到同轴电缆的内芯；名称 10Base5 表示的意思是，工作速率为 10 Mb/s，采用基带信号，最大支持段长为 500 m，每段节点数为 100 个。

(2) 10Base2：称为“细以太网(Thin Ethernet)”电缆，与“粗以太网”相对，并且很容易弯曲；其接头处采用工业标准的 BNC 连接器组成 T 形插座，使用灵活，可靠性高；“细以太网”电缆价格低廉，安装方便，但是使用范围只有 200 m，并且每个电缆段内节点数为 30 个。

(3) 10Base-T：由于寻找电缆故障麻烦，导致一种新的连接方式的产生，即所有站点均连接到一个中心集线器(Hub)上，通常这些连线是电话公司的双绞线，这种方式称为 10Base-T，其每段节点数为 1 024 个；这种结构使增添或移去节点变得十分简单，并且很容易检测到电缆故障；10Base-T 的缺点是，其电缆的最大有效长度为距集线器 100 m，即使是高质量的双绞线(5 类线)，最大长度可能也只有 150 m，此外大集线器的价格也较高；尽管如此，由于易于维护，10Base-T 还是应用得越来越广泛。

(4) 10Base-F：802.3 中可用的第四种电缆连接方式是 10Base-F，它采用光纤介质，这种方式的连接器和终止器的费用十分昂贵，但却有极好的抗干扰性，因此常用于办公大楼或相距较远的集线器间的连接，电缆的最大有效长度为距集线器 2 000 m，每段节点数为1 024个。

3.5.2.2 并行接口

两个电子设备在数据传输时，通过由多条数据线所组成的总线，一次可以同时传送多个位的数据，这就是采用并行协议的传送方式。典型的并行协议的应用是微机系统的打印机接口，称为打印机的并行端口（Parallel Port，简称并口），并口将数据以一次多个位的方式通过并行传输线，传送到打印机进行数据的译码，之后打印出来。

并行接口具有传输数据量大、速度快、控制简单的优点，但其数据传输总线的长度受到一定限制，因为长度过长时，电子线路间将产生电容效应，且抗干扰能力差，影响数据传输的正确率。相对而言，I^2C、I^2S、USB、IEEE1394 等串行外设接口具有线路简单、抗干扰能力强的优点，但控制也相对复杂。

3.5.2.3 串行接口：RS-232、IEEE1394、USB

1. RS-232

RS-232 是由电子工业协会（Electronic Indurstries Association，EIA）所制订的一个点对点的串行异步通信标准，包括机械特性规范和电气特性规范。RS-232 物理接口包括DB-9 和 DB-25 两种形式，图 3.31 给出了 DB-9 针式接口示例和 DB-25 针式接口示例，表 3.8 给出了 DB-9 的各引脚定义。RS-232 通信信号电平为±5～15 V，采用负逻辑，即－15～－5 V表示“1”，＋5～＋15 V 表示“0”，这不同于数字电路的 0～3 V 或 0～5 V，因此以RS-232的方式进行通信时，源信号需要进行电平转换。比特率用来决定位传送与接收的速度，RS-232常用的比特率为 2 400～19 200 b/s，数据传输时 RS-232 的双方电子设备必须事先设置好比特率，才可以顺利完成数据的收发工作。

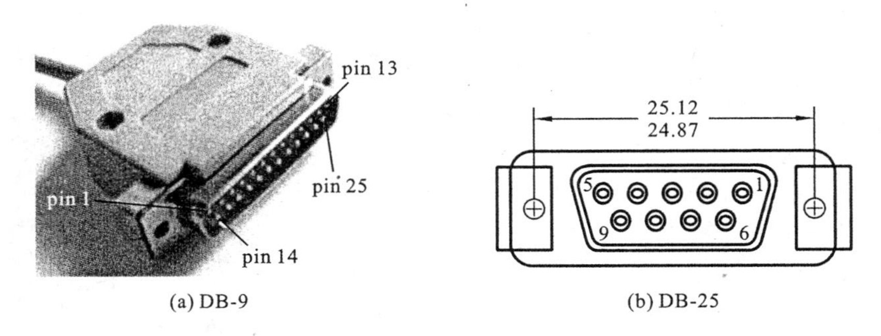

(a) DB-9 (b) DB-25

图 3.31 RS-232 物理接口形式

表 3.8 RS-232 端口 DB-9 引脚定义

引 脚 号	引脚名称（描述）	输入/输出
1	DCD(Data carrier detect)	Input
2	RxD(Receive data)	Input
3	TxD(Transmit data)	Output
4	DTR(Data terminal ready)	Output

续表

引 脚 号	引脚名称(描述)	输入/输出
5	GND(Ground-)	—
6	DSR(Data set ready)	Input
7	RTS(Request to send)	Output
8	CTS(Clear to send)	Input
9	RI(Incomming call)	Input

RS-232 的控制传输的部分称为 UART(Universal Asynchronous Receiver/Transmitter)接口。目前有许多不同厂家实现 RS-232 传输的 UART 芯片,包含接收器和发送器:接收器会持续不断监控 Rx(Receive)引脚,检查是否有数据的起始位,通常信号由高电平转变为低电平表示为起始位;在检测到起始位后,接收器对 Rx 引脚以设置的比特率进行信号采样,将接收到的信号存入寄存器中;数据接收完毕后,通知其他需要数据的电子组件将 UART 芯片中的数据由寄存器取出。常见的 UART 芯片如国家半导体公司的 16650 系列,最高比特率可以达到 1 152 Kb/s,拥有 64 B 的接收寄存器。

基于 RS-232 使用的普及性,许多嵌入式处理器已内置了 UART 功能模块,开发人员只要利用为处理器提供的指令集设置通信比特率、流量控制方式、奇偶校验位等到相应寄存器中,即可方便地实现 RS-232 的通信功能。

2. USB

通用串行总线(Universal Serial Bus,USB)是由 COMPAQ、Intel、Microsoft、NEC 等厂商共同制定的一种通用的外部设备总线规范,公布于 1996 年。迄今为止,USB 经历了 1.0、1.1 和 2.0 三个标准。

为何要使用 USB 呢? PC 有限的 I/O 插槽无法满足日益增加的外设需要,不具备专业知识的普通用户难以选择合适的资源和完成复杂的安装工作。因此,简化外设扩充方法,使之方便易行便成为各个 PC 厂家面临的重大研究课题。在这种背景下,Microsoft 公司于 1994 年提出了即插即用(Plug & Play)方案,这一技术解决了用户选择资源的困难,由系统自动设置,但新外设的安装仍然相当麻烦,而且外设扩充数量的问题也没有得到解决。因此,在 1996 年召开的面向 PC 硬件技术工作者会议上,Compaq、Intel 和 Microsoft 三家厂商提出了设备插架(Device Bay)概念。USB 就是设备插架的一种规范。在 USB 方式下,所有的外设都在机箱外连接,连接外设不必再打开机箱;允许外设热插拔,而不必关闭主机电源;USB 采用"级联"方式,即每个 USB 设备用一个 USB 插头连接到一个外设的 USB 插座上,而其本身又提供一个 USB 插座供下一个 USB 外设连接使用,通过这种类似菊花链式的连接,一个 USB 控制器可以连接多达 127 个外设,而每个外设间的距离(线缆长度)可达 5 m;USB 能够智能识别 USB 链上外设的插入和拆卸。因此,USB 为 PC 的外设扩充提供了一个很好的解决方案,目前 USB 总线接口在各类嵌入式系统中得到了越来越广泛的应用。

USB 的主要特性如下。

速度快。速度快是 USB 最突出的特点之一,USB1.1 接口最高的传输速率可以达到 12 Mb/s,而 USB2.0 最高传输速率达到 480 Mb/s。

使用方便。使用 USB 接口可以带电插拔各种硬件，不用担心硬件是否会因此损坏；它还支持多个不同设备的级连，一个 USB 接口最多可以连接 127 个 USB 设备；USB 设备也不会产生 IRQ（中断号，操作系统的资源之一）冲突的问题，因为它会单独使用自己的保留中断，所以不会额外占用计算机有限的资源。

自取电。使用串口等其他设备都需要独立电源，USB 设备不再需要用单独的供电系统，其接口内置了取电装置，可以向低压设备提供 5 V 电源。

USB 的主要结构包括 5 个部分：控制器、控制器驱动程序、USB 芯片驱动程序、USB 设备和 USB 设备驱动程序。其中：控制器接收和执行由系统向 USB 发出的各种命令；控制器驱动程序向控制器发送各种命令和向系统回馈各种信息；USB 芯片驱动程序使操作系统能够对 USB 进行支持；USB 设备是各种与 PC 的 USB 接口相连的设备；USB 设备驱动程序是使操作系统驱动 USB 设备的程序。

USB 共有如下 4 种传输方式。

- 实时传输方式：该方式有固定的传输速率，双方 USB 设备必须先协议好一个固定的数据传输速率，适合应用于多媒体影音设备的数据传输。
- 中断传输方式：由于 USB 不支持硬件的中断方式，所以 USB 所提供的中断传输方式实质是一种周期性检查，检查设备是否有数据传输，该方式适用于 USB 接口的键盘、鼠标或者是摇杆。
- 批量传输方式：这种传输方式没有固定的传输速率，适用于需传输大批量数据的场合，如打印机、扫描仪等设备。
- 控制传输方式：控制传输是一种双向的数据传输模式，包含 3 种控制类型，分别是读取、写入及无数据控制；数据在传输时，控制器会以 CRC（循环冗余校验码）做数据正确性的检查，当数据传输错误且无法复原时，数据将被重传。

常见的 USB 的连接器有两种，如图 3.32 所示。A 类连接器主要应用于 USB 设备将数据传输到主设备（Host）的场合，此时 A 类连接器的插头将连接至主设备的 A 连接器的插座中；B 类连接器主要应用于主设备将数据传输到 USB 设备（Client）的场合，此时 B 类连接器的插头将连至 USB 设备的 B 类连接器的插座中。

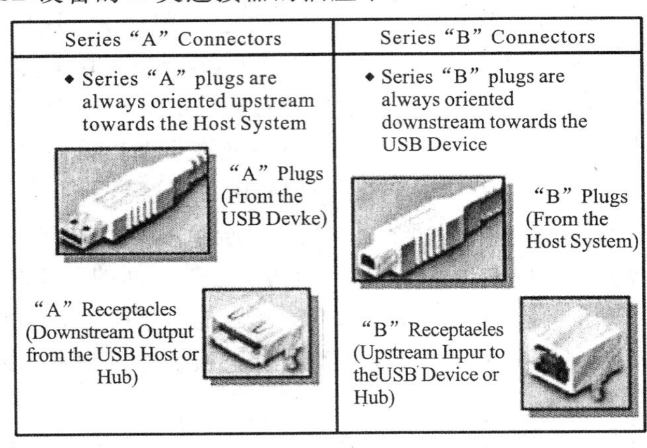

图 3.32　USB 连接器常见种类

3. IEEE 1394

IEEE 1394 总线是一种高速串行总线，亦称为火线(Firewire)，由苹果公司研制，目前最高速度可达到 400 Mb/s。

IEEE 1394 与 USB 具有一些共同点，包括：两者都是一种通用外设接口；两者都可以快速传输大量数据；两者都能连接多个不同设备；两者都支持热插拔；两者都可以不用外部电源。

同时，IEEE 1394 与 USB 之间又有很大不同，主要如下。

传输速率不同。USB1.1 的传输速率只有 12 Mb/s，USB2.0 最高传输速率达到 480 Mb/s，一般用于连接键盘、鼠标和话筒等低速设备；IEEE 1394 目前为 400 Mb/s，将要推出 1 Gb/s 的 IEEE 1394 技术，因此可以用来连接数码相机、扫描仪和信息家电等需要高速率的设备。

连接方式不同。USB 采用主从连接方式，并且需要 Hub(集线器)来实现互连，整个网络中最多可连接 127 台设备；IEEE 1394 采用多主连接方式，不需要 Hub，可以用网桥连接多个 IEEE 1394 网络，也就是说在用 IEEE 1394 实现 63 台 IEEE 1394 设备之后还可以用网桥将其他的 IEEE 1394 网络连接起来，达到无限制连接。

智能化不同。USB 以 Hub 来判断连接设备的增减；IEEE 1394 网络可以在其设备进行增减时自动重设网络。

3.5.2.4　无线接入技术：红外线、蓝牙、GPRS、IEEE 802.11、CDMA

有线通信的优点是数据传输可靠性较高，但需要铺设较多明线。有些领域由于条件所限，难以铺设线路，或者某些应用本身具有移动的特性，这时就需要通过无线通信来解决。许多嵌入式系统带有无线通信接口，以下介绍常见的无线协议，包括红外线、蓝牙、GPRS、IEEE 802.11。

1. 红外线

红外线收发模块主要由 3 部分组成，包括一个红外线发光二极管、一个硅晶 PIN 光检二极管和一个控制电路。其中红外线发光二极管是发射红外线波的单元，所发射的红外线波长在 0.85～0.90 μm 之间，硅晶 PIN 光检二极管是接收红外线信号的单元，可将接收到的信号传送到控制电路中，再到嵌入式系统微处理器作数据处理或者数据存储。

红外线收发模块的现有标准 IrDA1.0 发表于 1994 年，IrDA 即红外线数据协会(Infrared Data Association，IrDA)的意思，它采用波长 0.85～0.90 μm 的红外线传输，传输速率为 115.2 Kb/s，有效距离在 1 m 之内，发射接收角度在 30°之内；1995 年发表的 FIR 1.1标准，传输速率达到 4 Mb/s，在 1999 年发表的 VFIR 标准，传输速率可达 16 Mb/s，有效距离达到 8 m。IrDA 各个标准如表 3.9 所示。

表 3.9　红外线 IrDA 标准表(数据来源：红外线数据协会)

	IrDA 1.0	IrDA 1.1	IrDA 1.2	IrDA 1.3
传输距离/m	1		0.2(low power to low power) 0.3(low power to standard)	

续表

	IrDA 1.0	IrDA 1.1	IrDA 1.2	IrDA 1.3
传输速率	最高 115.2 Kb/s	最高 4 Mb/s	最高 115.2 Kb/s	最高 4 Mb/s
传输角度/(°)	±15	±15	±15	±15

2. 蓝牙

早在 1994 年，瑞典的爱立信公司便已经着手构想以无线电波来连接计算机与电话等各种周边装置，决定建立一套室内的短距离无线通信的开放标准，并以中世纪丹麦国王 Harold 的外号“蓝牙”(bluetooth)为其命名。自从爱立信提出该技术这个构想后，由于该技术具有许多优异的特性，立刻获得许多厂商的支持。1998 年 2 月，爱立信、诺基亚、英特尔、东芝和 IBM 公司共同发表声明组成一个 SIG(Special Interest Group，特别利益集团)小组，共同推动蓝牙 SIG 协会的成立。

1998 年 5 月，蓝牙 SIG 协会分别在英国伦敦、加州盛荷西及日本东京公开宣布该协会正式成立，并欢迎全世界的相关厂商加入该协会。此后，蓝牙标准确实也获得极大的反响，各厂商纷纷加入该协会并投入蓝牙技术开发的行列。

蓝牙模块是一个无线通信的标准协议，提供无线数据传输功能，如蓝牙耳机，或者个人数字助理、打印机、移动电话、上网机等，当用户想要将个人数字助理中的数据打印出来时，可以通过个人数字助理的蓝牙模块，将数据无线传输到另外一台拥有蓝牙模块的打印机中打印出来，所以，只要接上蓝牙模块，嵌入式系统就可以畅游在无线的数据传输世界里。

蓝牙模块的无线通信频率在 2.4 GHz 以内，也就是在 ISM 频带内，所谓 ISM (Industrial Scientific Medical)无线频带，即为一个不需要额外向管理单位提出申请的无线电通信频带，其频带频率范围在 2.402～2.480 GHz，蓝牙模块所发射的信号，可以在很多无线噪声的环境下仍然保持它的准确性，并将数据正确地传输到蓝牙接收模块中进行数据处理。

蓝牙模块主要由 3 个部分组成，分别是无线传输收发单元、基频处理单元和数据传输接口，如图 3.33 所示。

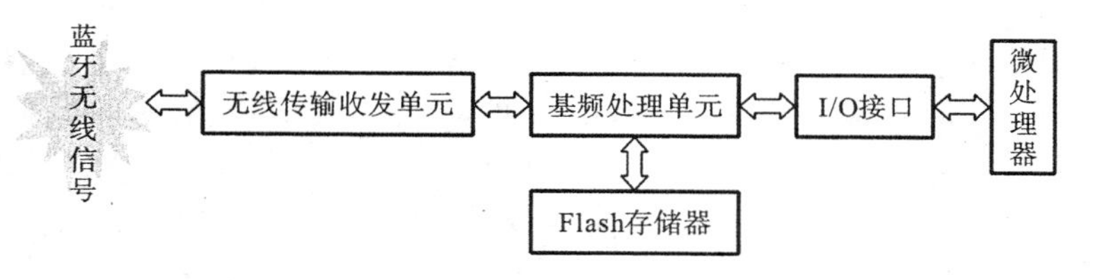

图 3.33 蓝牙模块架构图

蓝牙无线信号经无线传输收发单元接收后，会将信号数据传送到基频处理单元，进行无线信号处理的工作，处理好的数字信号通过数据传输接口，传送到微处理器中进行数字数据的处理工作。

目前蓝牙模块的价钱仍居高不下，主要因为蓝牙模块的制作过程中需要采用低温陶瓷基版(LTTC)，其价格很高，所以蓝牙模块的价格比红外线收发模块要贵上 1 倍以上，目前蓝牙模块并不普及，不过它的优异性能可以提供许多便利性的应用，也许将来会广泛应用在不同产品上。表3.10对蓝牙模块和红外线收发模块的特点作了一些比较。

表3.10　蓝牙模块和红外线收发模块的比较

	蓝牙模块	红外线收发模块
传输距离/m	10	1
传输特性	可以在任何角度作传输操作	只能在特定角度范围内作直接的传输操作
安全机制	具有完整安全机制	安全性低
移动性	可以在嵌入式系统移动时做传输操作	需要在静止状态下做传输操作
传输速率/(Mb/s)	1	4
价格	40元以上	8～16元

3. IEEE 802.11

电子电气工程师协会(IEEE)在1997年提出一个无线局域网(WLAN)的通信标准，称为IEEE 802.11，该标准是为了让各个厂商的无线局域网设备彼此兼容并且稳定地进行无线传输而设计的。1999年又提出IEEE 802.11a和802.11b两个无线传输协议：前者是设置在5.8 GHz的频带中进行无线传输的，带宽(相当于速率)为54 Mb/s；后者是设置在2.4 GHz的频带中进行传输的，带宽为11 Mb/s，且802.11b具有基本的加密机制(Wired Equivalent Privacy Mechanism)，可以用来确保数据传输的安全性，以防止一般数据被他人获取，并且保护数据传输的完整性。目前市场上有许多802.11b的产品已经推出，用户可以将PCMCIA接口的802.11b无线网卡插在具有PCMCIA扩充槽的笔记本电脑或个人数字助理上，许多厂商的笔记本电脑都内置了802.11b，如果在300 m范围有无线桥接器(Wireless Access Points)，就可以连接上网进行E-mail的收发或者浏览网页等。

2003年6月，IEEE 802.11g正式作为技术标准发布，1个月后，WiFi(Wireless Fidelity，无线保真)联盟认证了第一批采用802.11g标准的产品。802.11g可以看做是802.11b的高速版，但为了实现54 Mb/s的传输速率，采用了与802.11b不同的OFDM(正交频分复用)调制方式，可支持54 Mb/s的传输速率。

总体而言，IEEE 802.11无线网络是一种短距离无线通信标准，一般只在家庭范围内使用，避免了接线的麻烦；最多是以大功率无线桥接器实现小区内覆盖，要在整个城市或者更大范围实现覆盖，但成本太高。目前，IEEE 802.11系列无线网络主要还是针对小范围内的无线接入而设置的，例如，在一些条件好的机场、酒店、餐厅和商铺已开始提供该项无线接入服务。

4. GPRS、CDMA以及3G通信*

广域网移动通信通常可分为三代：第一代是模拟的无线网络；第二代是数字通信，包括GSM、CDMA等；第三代是分组型的移动业务，称为3G。GPRS(General Packet Radio System，通用分组无线业务)是介于第二代和第三代之间的一种技术，通常称为2.5 G。称之为2.5 G是恰当的，因为GPRS是一个混合体，采用TDMA方式传输语音，采用分组的方式传输数据，遵循欧洲电信协会 GSM 系统中有关分组数据所规定的标准，提供 115.2 Kb/s 的空中接口传输速率。扮演从现有 GSM 网络向第三代移动通信演变的过渡角色。

CDMA(Code Division Multiple Access，码分多址)是一种扩展频谱多址数据通信技术。1993 年 3 月，美国 TIA(通信工业协会)通过了 CDMA 空中接口标准 IS-95，使 CDMA 成为与 TDMA 并驾齐驱的第二代数字蜂窝移动通信系统。现在，以 IS-95 为代表的窄带 CDMA 已经进入比较成熟的商业化使用阶段，美国、日本、韩国、泰国、菲律宾、澳大利亚等国家和我国的中国联通公司先后采用了 CDMA 技术，建立了窄带 CDMA 数字蜂窝移动通信网络系统。

3G(3rd Generation)的中文含义是第三代数字通信。1995 年问世的第一代数字手机只能进行语音通话；1996—1997 年出现的第二代数字手机增加了接收数据的功能，如接受电子邮件或网页；第三代与前两代的主要区别是传输声音和数据的速度有所提升，它能够处理图像、音乐、视频流等多种媒体形式，提供包括网页浏览、电话会议、电子商务等多种信息服务。3G 数据传输速率要求在低速或静止状态下能够达到 2 Mb/s，在高速车载环境下达到 384 Kb/s，因此能够更好地满足用户的各种通信需求。

3G、WLAN、红外线、蓝牙都是无线数据通信的热门技术，也是嵌入式系统产品的常用无线通信技术。表 3.11 对这四种技术进行了简单比较。

表 3.11　几种无线接入技术的比较

技术指标	3G	WLAN	红外线	蓝牙
频带(费用)	需要运营许可证，投资巨大	无须许可证	无须许可证	无须许可证
适用地域范围	国家域	50～100 m	1～20 m	5～10 m
带宽/(Mb/s)	最高达到 2	11～54	4	1～2
主要业务	话音/数据	主要为数据	数据	话音/数据
系统费用	很高	较低	较低	较低
频率技术	码分多址	跳频	脉冲相位调制	跳频

3.5.3　I/O 接口原理

3.5.3.1　嵌入式最小系统的扩展

1. 嵌入式最小系统

嵌入式最小系统是指基于以某处理器为核心，可以运转起来的最简单的硬件设施，即是指用最少的元件组成可以工作的系统。因为在基于处理器的系统中，处理器的功能是很多的，对于各种嵌入式处理器的外部模块有很多，但是最简单的系统在运行中并不需要每一个模块都工作。

在嵌入式处理器中，最简单的系统包括以下单元。

处理器：对于任何一个计算机系统，处理器是整个系统的核心，整个系统是靠处理器的指令工作起来的。

内存：一个嵌入式系统的运行，其指令必须放入一定的存储空间内，运行的时候也需要空间存储临时数据，因此内存是必不可少的。在嵌入式系统中，一般的内存包括可以固化代码的 Flash 和可以随机读/写的 RAM。

时钟：处理器的运行是需要时钟周期的，一般来说，处理器在一个或几个时钟周期内执行一条指令。时钟单元的核心是晶振，它可以提供一定的频率，处理器在使用该频率的时候可能还需要倍频处理。

电源和复位：电源是为处理器提供能源的部件，在嵌入式系统中一般使用直流电源；复位电路连接处理器的引脚，实现通过外部电平让处理器复位的目的。

实际上，以上几个部分都是相关的。对于任何一个计算机系统，其最基本的运行都由处理器执行指令。如上所述，处理器运行即意味着处理器在每一个时钟周期从内存中取出指令，译码、执行。

由于处理器需要运行，因此电源供电是必需的；由于处理器需要根据时钟周期一步一步取出指令，因此处理器需要有一个基本的时钟；处理器的指令需要存入内存中，因此内存也是必不可少的。

图 3.34 所示为 MSC51 系列单片机最小系统的一个示例。

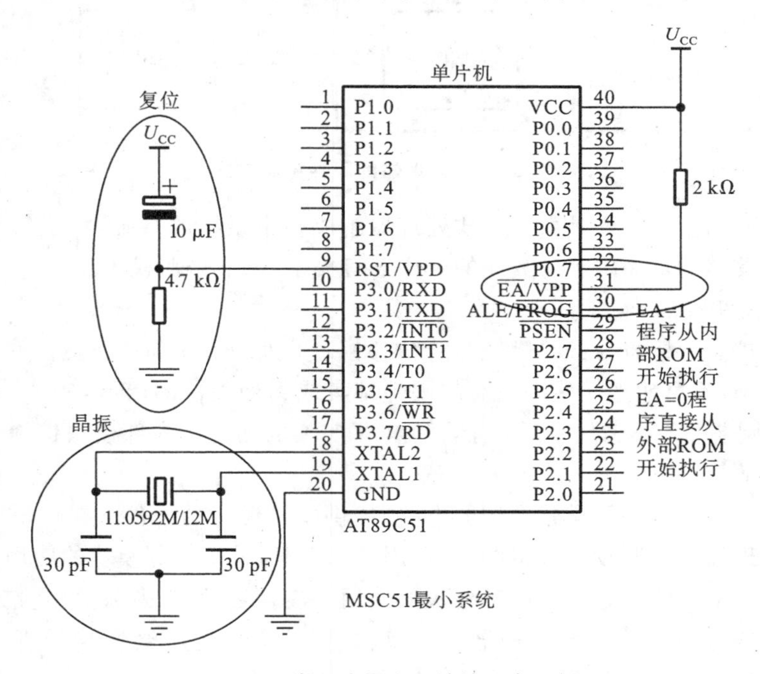

图 3.34　嵌入式最小系统的一个示例

2. 嵌入式系统的硬件扩展

在嵌入式系统中，处理器是整个系统的核心。嵌入式处理器一般集成了很多外部器件，但是由于应用要求的差别，人们往往不会把系统的所有功能都集成在处理器芯片的内部。因此，还需要在最小系统的基础上扩展必要的外部芯片，以形成整个系统的硬件基础。

这里介绍以嵌入式处理器为核心，扩展成整个硬件系统中的基本原则和概念。虽然主要以ARM处理器的硬件扩展为例，但ARM处理器在硬件上的扩展与任何一种单片机的扩展并没有区别。从本质上说，处理器进行硬件扩展的特点与CPU的体系结构关系不大，但是与处理器的集成度有一定关系。

1）外部硬件的扩展方式

嵌入式处理器基本的外部硬件扩展包括三种类型：内部模块扩展、总线扩展、GPIO扩展，几种扩展方式如图3.35所示。

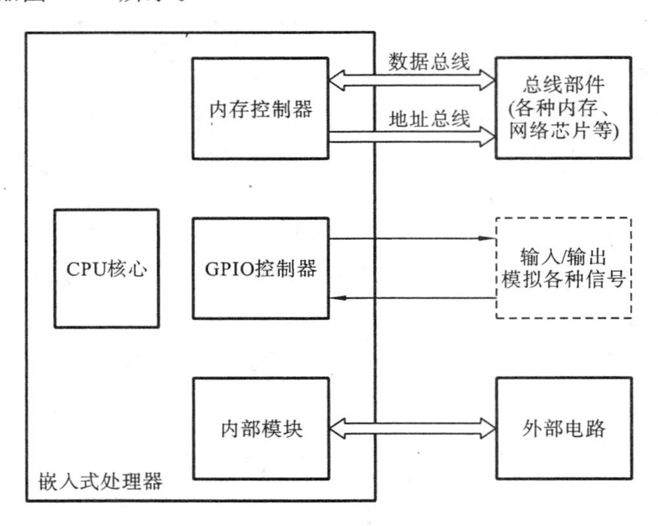

图3.35　处理器的硬件扩展方式

这三种类型的硬件扩展是由嵌入式处理器组成整个系统的基础，一般每种处理器都需要这些扩展。具体的扩展内容与具体的处理器有关系，以下分别叙述。

(1) 内部模块扩展。

内部模块扩展的概念为：通过增加外部电路，完成处理器内部模块提供的功能。由于处理器设计的限制，不可能把模块中所有的硬件都集成到处理器的内部，例如，处理器时钟模块不可能集成晶振，UART模块不可能集成电平转换的功能。内部模块扩展的方式就是完成这部分硬件的扩展。

内部模块扩展一般只是搭建外部的电路，提供硬件运行的条件。在逻辑上外部扩展的硬件和整个处理器的控制没有直接的关系，因此，处理器某个内部模块的使用方法一般不会受外部电路设计的影响。处理器内部模块的使用其实就是读/写内部模块的功能寄存器，这种外部扩展电路因为不会改变处理器的寄存器，因此它们也不会影响处理器内部模块的使用。

(2) 总线扩展。

总线扩展的含义是：利用处理器的外部总线控制器（又称为内存控制器），扩展内存类芯片。对于拥有外部总线的处理器，其外部总线一般都包括：地址总线、数据总线、控制信号和片选信号线。

利用总线扩展，可以为处理器扩展根据总线读/写的外部内存。这些内存包括ROM、NOR Flash、SRAM、SDRAM、NAND Flash等内存模块。在它们之中，地址总线和数据总线都是必需的,控制信号根据内存不同而有差别。一般来说,某种处理器支持SDRAM的含义就是该处理器可以提供SDRAM所需要的控制信号。

片选信号(芯片选择信号,也叫芯片使能信号)也是扩展中的一个很重要的环节。扩展内存的时候,很可能同时扩展多个内存芯片。将处理器片选信号连接芯片的片选信号,就可以方便地为各个芯片分配不同的地址空间。在读/写操作时,处理器自动选通对应的片选信号,则片选信号有效的那些芯片就会起作用,而其他芯片都无效。此类信号其实不是总线扩展所必需的,如果没有片选信号,可以通过地址总线+译码器实现片选的功能,或者直接使用地址总线片选(当然这样会浪费地址空间)。

总线扩展不仅仅用于内存芯片,也可以用于网络芯片、USB、A/D转换器和D/A转换器、LCM等类似内存的芯片。扩展后,这些芯片的使用方式与内存芯片类似,都是通过地址来进行读/写操作。

(3) GPIO扩展。

GPIO是每个处理器都具有的功能部件。GPIO扩展是非常灵活的,因为每一引脚都是可以编程的,理论上这种引脚可以通过程序完成任何一种功能。

① 输出。

当使用输出功能的时候,需要将GPIO引脚设置为输出(output)模式,程序通过写GPIO的相关寄存器,改变GPIO引脚的状态,就可控制外部的信号。

输出的典型应用是控制LED,即利用一个GPIO引脚连接一个LED。控制GPIO引脚的高低电平就可以控制LED的亮灭。

② 输入。

当使用输入功能的时候,需要将GPIO引脚设置为输入(input)模式,程序通过读GPIO的相关寄存器,获知GPIO引脚的状态,就可得到外部输入的信息。

输入的典型应用是按键输入,可以通过程序查询的方式,获取按键的状态,从而获取外部输入的指示和命令。在获取按键状态的时候可能需要消除抖动。

③ 矩阵键盘。

N×N矩阵键盘是一种广泛使用的输入方式,其扩展的特点是可以利用GPIO的2×N个引脚,使用N^2个按键。N×N矩阵键盘使用的多种扫描方式都可以获取类似的功能,也可以通过GPIO和中断协同完成该功能。

④ 总线信号模拟。

某些处理器没有外部总线信号(指地址总线和数据总线)。在这种情况下,如果确实需要使用内存,可以利用GPIO模拟总线信号。

在模拟总线信号的时候,GPIO需要同时考虑地址总线和数据总线,地址总线是单向输出的,数据总线包含输出和输入的功能。在内存类的芯片中,一般GPIO可以用于NOR Flash和SRAM信号的模拟,NAND Flash本身可以不用总线信号扩展,而SDRAM的控制信号非常复杂,基本上不可能用GPIO模拟。

⑤ 通信信号模拟。

有的处理器需要使用某种总线,但是内部不具有这个模块。在这种情况下,通过GPIO可以模拟一些简单的时序,如SPI、IIC等。

(4) 综合扩展。

在某些情况下,处理器硬件的扩展有可能使用综合扩展,也就是说,扩展一个功能模块可能不只使用一种扩展方式。综合扩展包括以下几个方面的内容。

① 总线扩展部件与GPIO。某些连接总线的模块还具有其他的控制引脚,这些引脚并不能通过地址总线和数据总线连接。因此,要使模块的功能完善,还需要使用可编程引脚(GPIO)。

② 内部模块与GPIO。内部模块的电路引出后,有的时候功能还是不够完善,同样需要GPIO的协助。

③ 总线扩展部件与中断源。在一些总线扩展芯片中可以使用中断,将芯片相关引脚与处理器的外部中断引脚相连,外部芯片可以触发处理器的中断,提供更高的性能。

④ 模块的扩展复用。在系统的一些模块中,可能使用共同的外部芯片。

除此之外,在整个ARM处理器的整体硬件设计中,一般还包括以下几个内容:地址空间合理分配、中断源分配、板级规划。这些内容相对基本硬件的扩展比较复杂,是在系统基本功能完成的基础上提供更优化的设计。完成这部分设计不但需要一定的硬件设计经验,还必须了解整个系统的运作。

2) 常用外围芯片类型

嵌入式系统中常用芯片主要的扩展方式是通过处理器的外部总线进行扩展,某些芯片也可以通过可编程引脚(即GPIO)进行扩展。

经常用来扩展的模块(芯片)有以下几种。

(1) 内存类,包括SRAM、NOR Flash、SDRAM、NAND Flash。

(2) 通信类,包括网络芯片、USB芯片、CAN总线芯片、IIC接口芯片。

(3) 其他类,包括A/D转换器和D/A转换器、传感器、LCD/LCM。

以下举例介绍。

(1) 内存类芯片。

虽然处理器集成度很高,但嵌入式系统在处理器之外的扩展,尤其对高端的处理器,必须通过外部扩展内存,才能达到系统内存使用的要求。

内存类芯片使用得比较广泛,一般具有外部总线的控制器需要使用内存类的扩展芯片扩展。目前嵌入式系统中常用内存芯片的特点如表3.12所示。

表3.12 常用内存扩展芯片

内存芯片种类	读/写方式	扩展方式	功能和特点	价格
SRAM	线性读/写	地址数据总线	运行代码 可读/写数据 速度很快	贵
NOR Flash	线性读 根据时序写	地址数据总线	固化代码和数据 运行代码 只读数据	较贵

续表

内存芯片种类	读/写方式	扩展方式	功能和特点	价格
SDRAM	线性读/写	特殊内存控制器的支持	运行代码 可读/写数据	便宜
NAND Flash	根据时序读/写	GPIO或者普通总线方式	大规模可读/写数据 不能线性访问	便宜

(2) 网络芯片。

网络是目前PC世界中最为流行的一种技术。使用TCP/IP协议族可以让众多的主机实现互联。在嵌入式系统领域,引入网络芯片可以提供与通用计算机系统中类似的网络功能。在嵌入式系统使用网络需要两个条件:第一是需要有嵌入式的网络协议栈(软件);第二就是需要有网络接口芯片(硬件基础)。

网络接口芯片提供了嵌入式系统网络的硬件载体。目前,在PC系统中,增加网络功能往往需要使用网络适配器(俗称网卡)连接在系统的PCI总线上;在嵌入式系统中,网络芯片的连接没有这样复杂,往往是将网络芯片连接到处理器的外部总线上。

常用的网络芯片有很多,与NE2000兼容的网络芯片是其中最流行的一种。Realtek公司的RTL8019AS是一种NE2000兼容的网络芯片,具有远程DMA接口、本地DMA接口、MAC(介质访问控制)逻辑、数据编码解码逻辑和其他端口。

远程DMA接口是指处理器对内部的读/写总线,即ISA总线的接口部分。处理器的收/发数据只需要对远程DMA操作。

本地DMA是RTL8019AS与网络连接的通道,完成控制器与网线之间的数据交换。

MAC(介质访问控制)逻辑完成以下功能:当处理器在网络上发送数据的时候,先将一帧的数据(即一块数据)通过远程DMA送到RTL8019AS的发送缓冲区中,然后通过传送命令,当RTL8019AS完成一帧数据的发送后,再进行下一帧的发送。RTL8019AS接收到的数据通过MAC比较、CRC校验后,由FIFO存储到接收缓冲区。收满一帧的数据后,以中断或寄存器标志的方式通知主处理器。FIFO逻辑对于收/发数据作16 B的缓冲,以减少对本地DMA请求的频率。

RTL8019AS内部有两块SRAM:一块为16 KB,作为发送/接收的缓冲区;另一块为32B,作为系统的输入/输出端口。

RTL8019AS内部的输入/输出端口的地址为0x00~0x1F。

地址0x00~0x0F为寄存器的地址,分为4页。

地址0x10~0x17为远程DMA的端口,一般只使用一个即可。

地址0x18~0x1F为RTL8019AS的复位端口,共8个地址,只使用一个即可。

(3) USB芯片。

通用串行总线(Universal Serial Bus,简称USB)是一种非常实用的通信接口。目前USB已经发展成为一种事实标准,用来解决PC与外部设备的连接问题。目前在PC系统中,USB接口的使用非常广泛,一般是由PC提供USB主机接口,用于诸多USB设备。

USB是一种方便、快捷的接口,可用于为计算机工作站连接一些小配件。根据USB规范的定义，鼠标、键盘、音频播放和录音设备、照相机、大容量存储设备以及许多其他设备均可以通过 USB 接口，以高达 480 Mb/s 的速率连接到一台主计算机上。协议制定者对 USB 上运行的这种复杂的主从式协议给出了详细的说明，这就保证了所有这些设备之间具备互操作性和兼容性。例如，该协议规定，USB 设备只有在被询问时才可以回答，并且 USB 主机会根据所连接的 USB 设备类型的不同，采用某些特定的格式，在某些特定的时间段从不同的设备获取数据。

USB 在嵌入式系统中有两种典型的应用：一种是使用嵌入式系统作为 USB 设备端，这样嵌入式系统可以像 U 盘、打印机一样和 PC 系统通信；另一种是将嵌入式系统作为 USB 主机，这样嵌入式系统就可以像 PC 一样使用 USB 设备。两个嵌入式系统也可以分别使用 USB 主机和设备接口实现互连。图 3.36 说明了 USB 接口在嵌入式系统中的这几种使用方式。

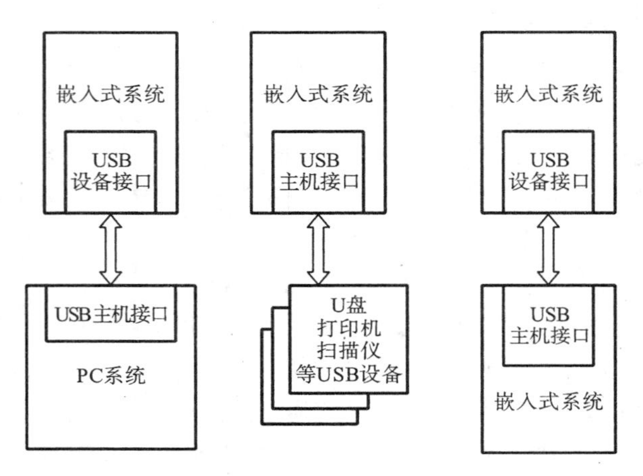

图 3.36　USB 在嵌入式系统中的使用

在嵌入式系统中需要使用特定的 USB 芯片才能实现 USB 通信的功能。不少嵌入式处理器芯片中内置了 USB 控制器，可以直接使用 USB 功能。对于没有 USB 控制器的嵌入式芯片，外接 USB 控制器是一种通用的手段。

3.5.3.2　I/O 接口结构、功能及寻址

1. I/O 接口的基本结构

I/O 接口电路与嵌入式处理器之间通过内部总线交换信息。图 3.37 所示是 I/O 接口电路基本结构。

由于接口是位于 CPU 与外设之间的用于控制微机系统与外设，或者外设与系统设备之间的数据交换和通信的硬件电路。I/O 接口的设计必须注意解决好两个基本问题：一个是 I/O 接口如何通过微机的系统总线（DB、AB、CB）与 CPU 的连接，以便使 CPU 能够识别多个不同外设的问题，即 CPU 如何寻址外设的问题；另一个是 I/O 接口如何与外设连接，以便使 CPU 能够与外设进行数据信息、状态信息和控制信息交换的问题，即 CPU 如何与外设连接的问题。

I/O 设备不同，其接口电路也不相同，CPU 与 I/O 设备需传送的信号也不同。归纳起

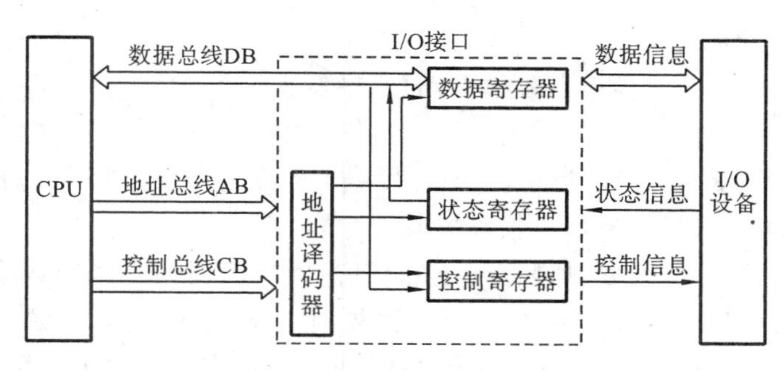

图 3.37　I/O 接口电路基本结构

来，I/O 设备与 CPU 之间交换的信息有数据、状态及控制信号。

(1) 数据信息。根据不同的应用对象，数据信息可分为数字量、模拟量和开关量。

① 数字量：由键盘、CRT、打印机及磁盘等 I/O 设备与 CPU 交换的信息，是以二进制代码形式表示的数或以 ASCII 码表示的数或字符。

② 模拟量：模拟量是随时间变化而变化的连续量，如温度、压力、电流、位移等。当计算机用于控制系统时，大量的现场信息经过传感器把非电量转换成电量，并经过放大处理得到模拟电压或电流。这些模拟量必须先经过 A/D 转换器转换后才能输入计算机；计算机输出的控制信号也必须先经过 D/A 转换器，把数字量转换成模拟量才能去控制执行机构。

③ 开关量：由两个状态组成的量，如开关的断开和闭合，机器的运转与停止，阀门的打开与关闭等。这些开关量用 1 位二进制数即可表示，故对于字长为 8 位(或 16 位)的计算机，一次可输入或输出 8 个(或 16 个)开关量。

(2) 状态信号。状态信号是反映外设或接口电路当前工作状态的联络信号。CPU 通过对外设状态信号的读取，可得知其工作状态。如输入设备的数据是否准备好，输出是否空闲，若输出设备正在输出信息，则用 BUSY 信号通知 CPU 以便暂停数据的传输。因此，状态信号是 CPU 与 I/O 外设正确进行数据交换的重要条件。

(3) 控制信号。控制信号是 CPU 用来控制 I/O 设备(包括 I/O 接口)工作的各种命令信息，最常见的如 CPU 发出的读/写信号等。

需要指出的是，数据信息、控制信息和状态信息这三者的含义各不相同，应分别传送，但实际传送中，都是用输入/输出指令在系统数据线上传送的。也就是说，把状态信息和控制信息当成一种特殊的数据信息通过数据总线在 CPU 与 I/O 接口之间传送。此时状态信息作为一种输入数据，控制信息作为一种输出数据。

因此，不同的外设对应的接口是不同的，但不论哪种接口，传送的都是上述 3 类信息，都必须具有以下基本部件：数据寄存器、状态寄存器、控制寄存器和内部定时与控制逻辑等。

在 I/O 接口中，数据寄存器用于寄存 CPU 与外设之间传输的数据信息，对数据信息的传输起缓冲的作用；状态寄存器用于寄存外设向 CPU 发出的状态信息，以便于 CPU 查询，使 CPU 能够了解外设的当前工作状态；控制寄存器用于寄存 CPU 向外设发出的控制信息，控制信息可以决定 I/O 接口的工作方式，可以启动或停止外设的工作等。CPU 可借助于地址译码器识别。

2. I/O 接口的功能

接口是两个部件之间的连接点或边界，通过接口把 CPU 与外设连接在一起。因此，接口电路要面对 CPU 和外设两个方面，一般来说，I/O 接口应具有以下功能。

(1) 数据缓冲和锁存功能。为了协调高速主机与低速外设间的速度不匹配，避免数据的丢失，接口电路中一般都设有数据锁存器或缓冲器。

在输出接口中，一般都要安排锁存环节(如锁存器)，以便锁存输出数据，使较慢的外设有足够的时间进行处理，而 CPU 和总线可以去忙自己的其他工作；在输入接口中，一般要安排缓冲隔离环节(如三态门)，只有当 CPU 选通时，才允许某个选定的输入设备将数据送到系统总线，此时其他的输入设备与数据总线隔离。

(2) 信号转换功能。外设所需要的控制信号和它所能提供的状态信号往往与微机的总线信号不兼容，外设的电平和 CPU 规定的 0、1 电平不一致，因此，需要信号的转换。信号转换包括 CPU 的信号与外设的信号在逻辑上、时序配合上以及电平匹配上的转换，这些是接口电路应完成的重要任务。

(3) 数据格式变换功能。CPU 处理的数据均是 8 位、16 位或 32 位的并行二进制数据，而外设的数据位宽度不一定与 CPU 总线保持一致，如串行通信设备只能处理串行数据。这时，接口电路应具有相应的数据变换功能。

(4) 接收和执行 CPU 命令的功能。一般 CPU 对外设的控制命令是以代码形式发送到接口电路的控制寄存器中的，再由接口电路对命令代码进行识别和分析，并产生若干与所连外设相适应的控制信号，并传送到 I/O 设备，使其产生相应的具体操作。

(5) 设备选择功能。微机系统中一般接有多台外设，一种外设又往往要与 CPU 交换几种信息，因而一个外设接口中通常包含若干个端口，而 CPU 在同一时间内只能与一个端口交换信息，这时就要借助接口电路的地址译码电路对外设进行选择。只有被选中的设备或部件才能与 CPU 进行数据交换。

(6) 中断管理功能。当外设需要及时得到 CPU 服务时，特别是在出现故障应得到 CPU 立即处理时，就要求在接口中设有中断控制器或优先级管理电路，使 CPU 能处理有关的中断事务。中断管理功能不仅使微机系统对外具有实时响应功能，又使 CPU 与外设并行工作，提高 CPU 的工作效率。

对一个具体的接口电路来说，不一定要求它具备上述全部功能，不同的外设有不同的用途，其接口功能和内部结构是不同的。

接口电路应根据所连的外设功能进行设计，因此种类繁多，按功能可分为三类：

(1) 与主机配套的接口，如中断控制、DMA 控制、总线裁决、存储管理等；

(2) 专用外设接口，如软盘控制、硬盘控制、显示器控制、键盘控制等；

(3) 通用 I/O 控制，如定时器、并行 I/O 接口、串行 I/O 接口等。

3. I/O 接口芯片的寻址

在嵌入式系统中，有多个 I/O 接口芯片，并且每个接口芯片内部又有若干个寄存器，CPU 识别接口芯片中的寄存器是通过唯一地分配其一个地址实现的。但是，由于受到接口芯片引脚的限制，芯片中寄存器的地址并不仅仅靠地址线确定，有时还要靠标志位、访问顺序等辅助地址来确定。但是，在本小节中讨论的 I/O 接口芯片寻址只涉及芯片的地址线。

嵌入式系统中的I/O接口芯片与存储器通常是共享总线的，即它们的地址信号线、数据信号线和读/写控制信号线等，是连接在同一束总线上的。因而，目前在嵌入式系统设计中，对I/O接口芯片进行寻址常采用两种方法：存储器映像法和I/O地址法。

1）存储器映像法

存储器映像法，也叫I/O地址空间的统一编址法，即I/O地址空间与主存地址空间合在一起编址，处理器不存在独立的I/O地址空间。大多数嵌入式处理器采用了统一编址法。其设计思想是将I/O接口芯片和存储器芯片做相同的处理，即CPU对它们的读/写操作没什么差别，I/O接口被当做存储器的一部分，占用存储器地址空间的一部分。对I/O接口芯片内的寄存器读/写操作无需特殊的指令，用存储器的数据传送指令即可，其结构示意图如图3.38所示。图中I/O接口芯片和存储器各占用存储器地址空间的一部分，通过地址译码器来分配。

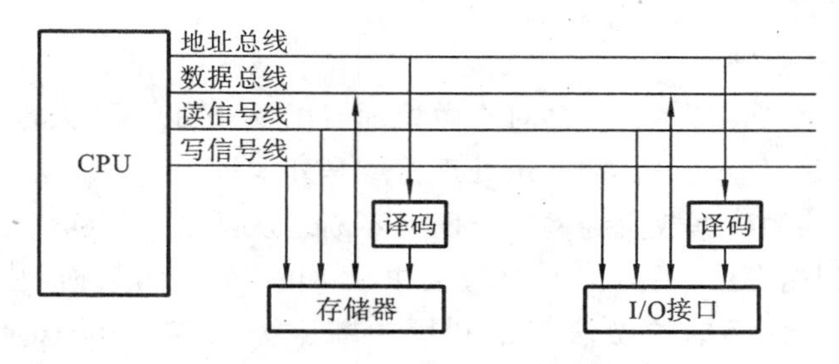

图3.38 存储器映像法结构

2）I/O地址法

I/O地址法，也叫I/O地址空间的独立编址法，即存储器地址空间和I/O端口地址空间分别编址，互不干涉。Intel公司的X86系列处理器采用的就是这种编址方法。其设计思想是：将I/O接口芯片和存储器芯片做不相同的处理，在总线中用控制信号线来区分两者，达到使I/O接口芯片地址空间与存储器地址空间分离的作用。这种方法需要特殊的指令来控制I/O接口芯片内寄存器的读/写操作，如IN指令和OUT指令。I/O地址法结构示意图如图3.39所示。图中MERQ/IORQ L信号线用来分离I/O接口芯片地址空间与存储器地址空间。例如，当MERQ/IORQ L信号线为“1”时，地址总线上的地址是存储器地址；当MERQ/IORQ L信号线为“0”时，地址总线上的地址是I/O接口芯片地址。

I/O地址法和存储器映像法相比较有如下特点。

（1）I/O地址法需要CPU具有一条控制信号线，来分离I/O接口芯片地址空间与存储

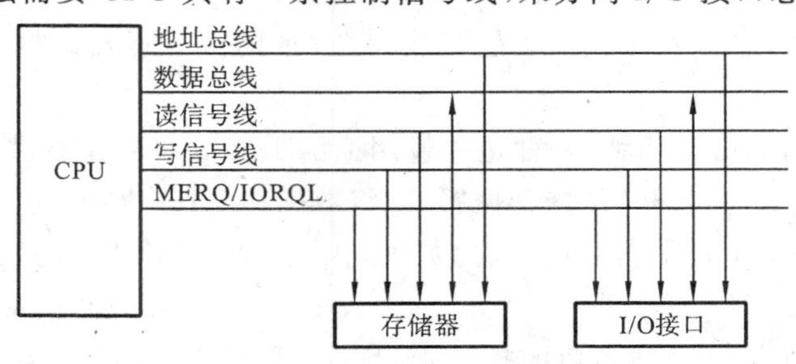

图3.39 I/O地址法结构

器地址空间，并且需要独立的输入/输出指令来读/写 I/O 接口芯片内部的寄存器。存储器映像法则不需要。

(2) I/O 地址法中 I/O 接口芯片不占用存储器的地址空间，而存储器映像法中 I/O 接口芯片需占用存储器的地址空间。

3.5.3.3 数据交换方式

1. 直接内存访问(DMA)

直接内存访问(Direct Memory Access，DMA)对于系统性能的改进上，扮演着一个非常重要的角色。对微处理器核心而言，通过总线到内存或外围移动数据是一件非常耗时的操作，而且微处理器的重点在于“计算”数据，而非“移动”数据，就如同一位土木工程师的工作重点在于计算建筑材料的用量，而非亲自去搬砖头。因此，DMA 就像是一位秘书，帮微处理器处理大量的数据移动的工作。

1) 直接内存访问原理

系统中几乎所有数据存在内存中，对于微处理器以及外围来说，处理的数据都只能算是过客而已，这些数据并不会真正存放在微处理器或是外围里。

例如，以网络传输的数据收发为例。当网卡不断地从网络上收到包数据，必须要有人帮忙将数据先行移动到内存中，不然网卡中的缓冲(Buffer)会堆满数据，甚至“爆掉”，如此系统就会丢失网络包。最简单的做法就是利用中断服务函数(Interrupt Service Routine，ISR)，当网卡收到足够的数据时会产生一个中断，通知微处理器有数据送达。因此，在中断服务函数中，移动数据的程序，指示微处理器亲自把网卡上缓冲的数据移动到内存中，然后再由网络协议的软件层进行后续的处理。

由以上的行为可以发现，当程序跳往中断服务函数前，必须先存储微处理器的各种状态，如各寄存器的内容；而执行完中断服务函数后，又必须将先前所存储的各寄存器的内容读取出来，以恢复系统在中断前的状态。若是网络包数据不断地进来，网卡不断地中断，微处理器不仅需要一直移动数据包，而且还需要不断地搬进与搬出(push and pop)各寄存器的内容，等于微处理器什么事都不用做了。

直接内存访问的出现，使得系统的性能得以提升。在上述的例子中，只要经过适当的设置，网卡便可直接访问内存并要求移动数据，而不需要经过中断服务函数，来让微处理器亲自“下海”移动数据，最起码省下进入或退出中断服务函数时需要搬进、搬出的时间。而且理想中，微处理器可以一边执行程序，然后 DMA 一边移动数据，于是系统性能就能提升。所以，直接存取内存的工作非常简单，就是听从命令，帮助微处理器在内存和周边之间移动数据。

现行的 DMA 可以分为两种：一种是一般用途的 DMA，主要用在移动不同内存位置之间的数据，像拷贝数据等，就是“从内存位置 A，将数据移动到内存位置 B”；另外一种是特定用途的 DMA，用来移动外围与内存之间的数据，像上述中网卡缓冲的数据被 DMA 移动到内存。

不管哪一种 DMA，在总线角色的扮演上，DMA 是属于主人(Master)的角色。因此为了移动数据，DMA 必须先向总线仲裁器，或微处理器要求总线的使用权。若没有任何组件在使用总线时，DMA 就可以使用总线来移动数据。

2）直接内存访问设计

图 3.40 所示为 DMA 基本的结构图，目的地位置（Destination Address）是用来存放 DMA 移动时内存目的地的位置；原始位置（Source Address）是用来存放 DMA 移动时的内存原始地的位置；数据计数（Data Count）是用来计算移动的数据量；数据缓冲器（Data Buffer）是用来移动数据时暂存数据之用；控制单元（Control Unit）则是用来控制 DMA 的行为。

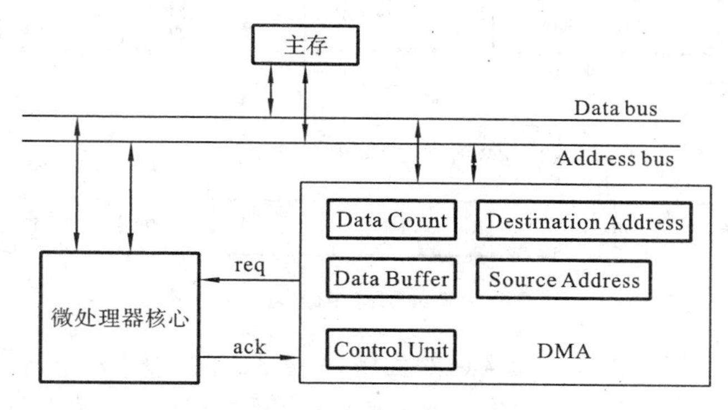

图 3.40　DMA 基本结构

由此结构，大致可将 DMA 的行为分成下列几个步骤：

(1) 微处理器核心先将数据移动的信息告诉 DMA，包括目的地位置、原始位置以及数据的长度，然后 DMA 控制器就会准备就绪；

(2) 一旦 DMA 要开始动作时，会先通过 req 要求总线的使用权，此时微处理器或总线仲裁器，会依据当时总线的使用情况决定是否给予使用权；

(3) 当 DMA 得到 ack 的信号时，表明它已获得总线的使用权，于是从原始位置将第一笔数据移动到目的地位置；

(4) 接着 DMA 会把目的地位置、原始位置以及数据计数的值递减，然后检查数据计数的值是否为零，若非零，则重复(3)的动作。

(5) 当数据计数值为零，或是外围的数据尚未准备好，则 DMA 会释放总线的控制权。

通过以上描述可以发现，一般的 DMA 只能用来移动连续位置的内存数据。因此，若系统中有虚拟内存管理（Virtual Memory Management）时，则 DMA 的设计会格外复杂，因为对于微处理器来说，所处理的都是虚拟位置（Virtual Address），在设置 DMA 时所给予的位置信息都是虚拟位置，但是 DMA 实际到内存移动数据是物理地址（Physical Address），因此，中间的位置转换，对于微处理器、DMA 或系统的设计者而言，就是一大考验。

另外，有些特别的需求，也会设计出可以移动不连续空间数据的 DMA，例如，TI 的 c6000 系列的 DSP 中的 DMA，便可以指定每隔一定地址搬一笔数据，就是一个相当特别的设计。这是因为很多多媒体的数据格式中都包含了头文件，若能够直接跳过头文件来取出真正的数据，便可以提高性能。

2．驱动程序与寄存器

对于软件层而言，一定是通过寄存器与任何的周边作沟通。有些寄存器是用来控制外围的行为，有些则是用来显示外围的状态，或者有些用来存放数据。有关外围的说明书中一定都是这些寄存器的字段意义与使用的方法，因此，编写驱动程序的第一步就是细读说明书，以了解该外围提供的寄存器的意义与使用方法。图 3.41 所示为某外围的中断状态寄存器，用来显示该外围的中断状况。基本上，每一个字段为一个位，代表了一个意义，而在硬件上则是由一个个触发器所组成。

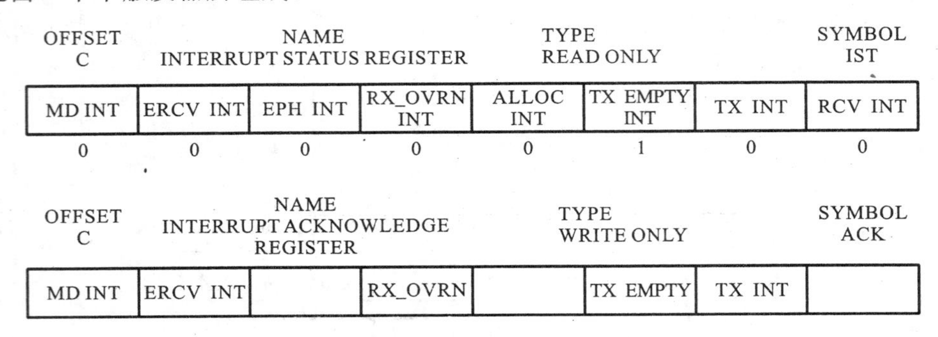

图 3.41　某外围的中断状态寄存器

而这些直接利用寄存器与周边沟通的程序，一般也都称为驱动程序。通常驱动程序可以有两种方式存取：一种是内存映像（Memory-mapped IO）的方式来存取外围设备，对整个系统来说，外围设备是处在一个内存地址，可以用 C 语言的指针来存取；另一种就是利用 I/O地址的方式，必须直接写汇编语言来控制。现在比较流行用内存映像方式来存取周边。因此，在外围的说明书上，每一个寄存器几乎都会有一个内存的位置，是用来作内存映像用的。

整个驱动程序的内容大致类似读写一堆寄存器的程序代码。当然，完整的驱动程序还必须了解操作系统的周边管理结构，并配合中断服务程序（ISR），甚至还牵涉到 DMA 的问题或其他算法计算，所以除了阅读说明书外，还需要其他领域的知识来互相配合。

3. 中断与异常

微处理器与周边的沟通，除了可以轮询（Polling）（也称为查询方式）外围的寄存器之外，还可以通过中断（Interrupt）方式完成。由于轮询方式可能会降低系统的性能，所以利用中断让外围主动提醒微处理器，是一种不错的方式。

通常一个微处理器会提供几个外部中断引脚，利用这些引脚，外围能以中断的方式通知微处理器，但由于一个正常的系统会有许多的外围，而且这些外围的状态繁多，若是只利用这几个外部中断的引脚还不够，所以系统会有一个中断控制器掌管整个系统的中断，然后再由中断控制器来通知微处理器有中断发生。

异常（Exception）通常指的是微处理器内部的突发状况，例如，执行一个加法的指令，结果发生溢出（Overflow）的情况时，就会产生一个异常来通知微处理器，或者是程序要去一个非法的内存位置存取数据，也可能会发生异常。

当中断/异常发生时，微处理器核心必须暂时停止内部所有的执行动作，然后跳往中断向量位置。所谓的中断向量位置，是微处理器当初设计时就先定义好的内存位置，每种微处理器的中断向量位置都不同。例如，ARM 是定义 0x00000000～0x0000001C 为中断向量位置，而 MIPS 则定义 0xC0000000～0xC0000020 为中断向量位置。当发生中断或异常时，微处理器会把 PC(Program Counter)改成中断向量的值，所以下一步微处理器就会跳往中断向量位置，然后接下来就必须由中断服务程序负责接手。中断服务程序是由系统设计者开发，执行内容必须根据需求来设计，也许是检查某个外围的状态，或者从外围移动数据到主存储器。但其中有一项重要的工作就是检查中断控制器，由于在中断发生时，系统并不清楚是由哪个外围发出的中断信号，因此系统要先检查中断控制器，才能知道到底是谁发出的中断，这样才可以执行正确的中断服务程序。

图 3.42 所示是一个中断控制器的范例。左边为各种中断情况的逻辑，右边则将所有的中断源集成起来，而中间则有两个寄存器可以使用，一个是屏蔽寄存器(Mask Register)，用来决定允许哪几个中断源，另外一个则是状态寄存器(Status Register)，用来显示各种中断源的状态，利用这个寄存器，就可以检查到底是哪一个外围或是哪一个中断源发出的中断。

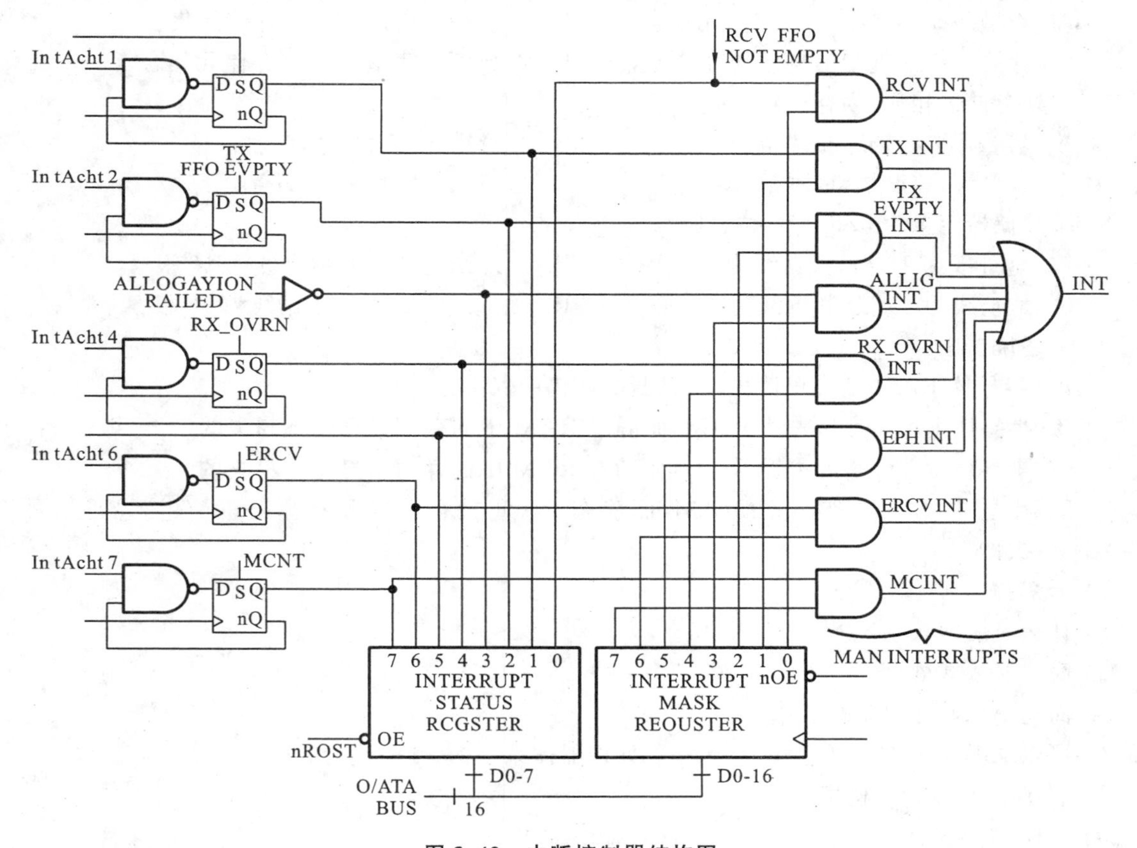

图 3.42　中断控制器结构图

习　题　三

一、选择题

1. 一个完整的计算机系统包括________。

A. 主机、键盘和显示器　　B. 计算机和外部设备
C. 硬件系统和软件系统　　D. 系统软件和应用软件

2. 目前大部分的微处理器使用的半导体技术称为________。
A. TTL　　B. CMOS　　C. ECL　　D. DMA

3. 在嵌入式系统的存储器结构中，存取速度最快的是________。
A. 内存　　B. 寄存器组　　C. Flash　　D. Cache

4. 下面________特性不符合嵌入式系统特点。
A. 实时性　　B. 不可定制　　C. 微型化　　D. 易移植

5. 嵌入式应用软件一般在宿主机上开发，在目标机上运行，因此需要一个________环境。
A. 交互操作系统　　B. 交叉编译　　C. 交互平台　　D. 分布式计算

6. 存储单元是指________。
A. 存放一个字节的所有存储元集合　　B. 存放一个机器字所在存储元集合
C. 存放一个二进制信息位的存储元集合　　D. 存放两个字节的所有存储元集合

7. 与外存储器相比，内存的特点是________。
A. 容量小，速度快，成本高　　B. 容量小，速度快，成本低
C. 容量大，速度快，成本低　　D. 容量大，速度快，成本高

8. 某存储器容量为 32K×16 位，则________。
A. 地址线为 16 根，数据线为 32 根　　B. 地址线为 32 根，数据线为 16 根
C. 地址线为 15 根，数据线为 16 根　　D. 地址线为 15 根，数据线为 32 根

9. 下述说法中________是正确的。
A. 半导体 RAM 信息可读可写，且断电后仍能保持记忆
B. 半导体 RAM 是易失性 RAM，而静态 RAM 中的存储信息是不易失的
C. 半导体 RAM 是易失性 RAM，而动态 RAM 中的存储信息是不易失的
D. 半导体 RAM 是易失性 RAM，而静态 RAM 只有在电源不掉时，所存信息是不易失的

二、简答题

1. 什么是嵌入式系统？
2. 简述嵌入式处理器分类。
3. 简述 ARM 处理器的工作状态。
4. 可以从哪几个方面来理解 PowerPC 处理器体系结构，并简述之。
5. 简述 FPGA 的结构资源。
6. 简述 SoC 设计方法。
7. 简述使用多处理器结构需要考虑的几个问题。
8. 嵌入式系统的 Cache 主要有哪些特点？为什么说其低功耗设计非常重要？
9. 嵌入式系统的存储器主要由哪几部分构成？如何选择不同的存储器？
10. 键盘按键如何被嵌入式处理器获知？
11. 触摸屏电路获得真实的坐标值吗？
12. 什么是 LED？它有哪几种类型？

13. LCD 如何显示一个像素点？
14. 什么是嵌入式产品的扩充接口？并请列举 PDA 扩充接口的类型。
15. 便携式嵌入式系统的电源系统在设计时有哪些考虑？
16. 简述 CAN 的历史、适用及传输原理。
17. USB 接口电气定义？
18. 红外线接口模块与蓝牙接口模块有何区别？
19. WLAN 有哪几种类型？
20. 简述嵌入式最小系统的构成、扩展方式、常用扩展芯片类型。
21. 简述 I/O 接口的组成、功能、编址方式。
22. 如何编制外设接口的驱动程序？

第4章　Windows CE介绍

嵌入式操作系统是一种支持嵌入式系统应用的操作系统软件，它是嵌入式系统（包括硬、软件系统）极为重要的组成部分，通常包括与硬件相关的底层驱动程序、系统内核、设备驱动接口、通信协议、图形界面、标准化浏览器等。嵌入式操作系统具有通用操作系统的基本特点，如能够有效管理越来越复杂的系统资源；能够把硬件虚拟化，使得开发人员从繁忙的驱动程序移植和维护中解脱出来；能够提供库函数、驱动程序、工具集以及应用程序。与通用操作系统相比较，嵌入式操作系统在实时高效性、硬件依赖性、软件固态化以及应用的专用性等方面具有较为突出的特点。

1. 嵌入式操作系统的种类

一般情况下，嵌入式操作系统可以分为两类：一类是面向控制、通信等领域的实时操作系统，如WindRiver公司的VxWorks、ISI的pSOS、QNX系统软件公司的QNX等；另一类是面向消费电子产品的非实时操作系统，这类产品包括个人数字助理（PDA）、移动电话、机顶盒、电子书、WebPhone等。

1）非实时操作系统

早期的嵌入式系统中没有操作系统的概念，程序员编写嵌入式程序通常直接面对裸机及设备。在这种情况下，通常把嵌入式程序分成两部分：前台程序和后台程序。前台程序通过中段来处理事件，其结构一般为无限循环；后台程序则掌管整个嵌入式系统软、硬件资源的分配、管理以及任务的调度，是一个系统管理调度程序。这就是通常所说的前后台系统。一般情况下，后台程序也叫任务级程序，前台程序也叫事件处理级程序。在程序运行时，后台程序检查每个任务是否具备运行条件，通过一定的调度算法来完成相应的操作。对于实时性要求特别严格的操作通常由中断来完成，仅在中断服务程序中标记事件的发生，不再做任何工作就退出中断，经过后台程序的调度，转由前台程序完成事件的处理，这样就不会造成在中断服务程序中处理费时的事件而影响后续和其他中断。

实际上，前后台系统的实时性比预计的要差。这是因为前后台系统认为所有的任务具有相同的优先级别，而且任务的执行又是通过先进先出（FIFO）队列排队，因而对那些实时性要求高的任务不可能立刻得到处理。另外，由于前台程序是一个无限循环的结构，一旦在这个循环体中正在处理的任务崩溃，使得整个任务队列中的其他任务得不到机会被处理，从而造成整个系统的崩溃。由于这类系统结构简单，几乎不需要RAM/ROM的额外开销，因而在简单的嵌入式应用中被广泛使用。

2）实时操作系统

实时系统是指能在确定的时间内执行其功能并对外部的异步事件做出响应的计算机系统。其操作的正确性不仅依赖于逻辑设计的正确程度，而且与这些操作进行的时间有关。“在确定的时间内”是该定义的核心。也就是说，实时系统是对响应时间有着非常严格要求的软件系统。

实时系统对逻辑和时序的要求非常严格，如果逻辑和时序出现偏差将会引起严重后果。实时系统有两种类型：软实时系统和硬实时系统。软实时系统仅要求事件响应是实时的，并不要求限定某一任务必须在多长时间内完成；而在硬实时系统中，不仅要求任务响应要实时，而且要求在规定的时间内完成事件的处理。通常，大多数实时系统是两者的结合。实时应用软件的设计一般比非实时应用软件的设计困难。实时系统的技术关键是如何保证系统的实时性。

实时多任务操作系统是指具有实时性、能支持实时控制系统工作的操作系统。其首要任务是调度一切可利用的资源完成实时控制任务，其次才着眼于提高计算机系统的使用效率，重要特点是要满足对时间的限制和要求。实时操作系统具有如下功能：任务管理(多任务和基于优先级的任务调度)、任务间同步和通信(信号量和邮箱等)、存储器优化管理(含ROM的管理)、实时时钟服务、中断管理服务。实时操作系统具有如下特点：规模小，中断被屏蔽的时间很短，中断处理时间短，任务切换很快。

实时操作系统可分为可抢占型和不可抢占型两类。对于基于优先级的系统而言，可抢占型实时操作系统是指内核可以抢占正在运行任务的CPU使用权，并将使用权交给进入就绪态的优先级更高的任务。不可抢占型实时操作系统使用某种算法并决定让某个任务运行后，就把CPU的控制权完全交给了该任务，直到它主动将CPU控制权还回来。中断由中断服务程序来处理，可以激活一个休眠态的任务，使之进入就绪态；而这个进入就绪态的任务还不能运行，一直要等到当前运行的任务主动交出CPU的控制权。使用这种实时操作系统的实时性比不使用实时操作系统的性能好，其实时性取决于最长任务的执行时间。不可抢占型实时操作系统的缺点也恰恰是这一点，如果最长任务的执行时间不能确定，系统的实时性就不能确定。

可抢占型实时操作系统的实时性好，优先级高的任务只要具备了运行的条件，或者说进入了就绪态，就可以立即运行。也就是说，除了优先级最高的任务，其他任务在运行过程中都可能随时被比它优先级高的任务中断，让后者运行。通过这种方式的任务调度保证了系统的实时性，但是，如果任务之间抢占CPU控制权处理不好，会产生系统崩溃、死机等严重后果。

2. 嵌入式操作系统的发展

嵌入式操作系统伴随着嵌入式系统的发展经历了四个比较明显的阶段。

第一阶段是无操作系统的嵌入算法阶段，是以单芯片为核心的可编程控制器形式的系统，同时具有与监测、伺服、指示设备相配合的功能。这种系统大部分应用于一些专业性极强的工业控制系统中，一般没有操作系统的支持，通过汇编语言编程对系统进行直接控制，运行结束后清除内存。这一阶段系统的主要特点是：系统结构和功能都相对单一，处理效率较低，存储容量较小，几乎没有用户接口。由于这种嵌入式系统使用简便、价格很低，以前在国内工业领域应用较为普遍，但是已经远远不能适应高效的、需要大容量存储介质的现代化工业控制和新兴的信息家电等领域的需求。

第二阶段是以嵌入式CPU为基础、以简单操作系统为核心的嵌入式系统。这一阶段系统的主要特点是：CPU种类繁多，通用性比较差；系统开销小，效率高；一般配备系统仿真器，操作系统具有一定的兼容性和扩展性；应用软件较专业，用户界面不够友好；系统主要用来控制系统负载以及监控应用程序运行。

第三阶段是通用的嵌入式实时操作系统阶段，是以嵌入式操作系统为核心的嵌入式系统。这一阶段系统的主要特点是：嵌入式操作系统能运行于各种不同类型的微处理器上，兼容性好；操作系统内核精小、效率高，并且具有高度的模块化和扩展性；具备文件和目录管理、设备支持、多任务、网络支持、图形窗口以及用户界面等功能；具有大量的应用程序接口（API），开发应用程序简单；嵌入式应用软件丰富。

第四阶段是以基于 Internet 为标志的嵌入式系统，这是一个正在迅速发展的阶段。目前大多数嵌入式系统还孤立于 Internet 之外，但随着 Internet 的发展以及 Internet 技术与信息家电、工业控制技术等结合日益密切，嵌入式设备与 Internet 的结合将代表着嵌入式技术的真正未来。

3. 使用实时操作系统的必要性

嵌入式实时操作系统在目前的嵌入式应用中用得越来越广泛，尤其在功能复杂、系统庞大的应用中显得愈来愈重要。

首先，嵌入式实时操作系统提高了系统的可靠性。在控制系统中，出于安全方面的考虑，要求系统起码不能崩溃，而且还要有自愈能力。不仅要求在硬件设计方面提高系统的可靠性和抗干扰性，而且还应在软件设计方面提高系统的抗干扰性，尽可能地减少安全漏洞和不可靠的隐患。系统软件在运行时遇到强干扰时可能会产生异常、出错、跑飞，甚至死循环，造成了系统的崩溃。而实时操作系统管理的系统，这种干扰可能只引起若干进程中的一个被破坏，可以通过运行的系统监控进程对其进行修复。通常情况下，这个系统监控进程用来监控各进程的运行状况，遇到异常情况时采取一些利于系统稳定可靠的措施，如把有问题的任务清除掉。

其次，提高了开发效率，缩短了开发周期。在嵌入式实时操作系统环境下，开发一个复杂的应用程序，通常可以按照软件工程中的解耦原则将整个程序分解为多个任务模块。每个任务模块的调试、修改几乎不影响其他模块。商业软件一般都提供了良好的多任务调试环境。再次，嵌入式实时操作系统充分发挥了 32 位 CPU 的多任务潜力。32 位 CPU 比 8 位、16 位 CPU 快，另外它本来是为运行多用户、多任务操作系统而设计的，特别适于运行多任务实时系统。32 位 CPU 采用利于提高系统可靠性和稳定性的设计，使其更容易做到系统不崩溃。例如，CPU 运行状态分为系统态和用户态。将系统堆栈和用户堆栈分开，以及实时地给出 CPU 的运行状态等，允许用户在系统设计中从硬件和软件两方面对实时内核的运行实施保护。如果还是采用以前的前后台方式，则无法发挥 32 位 CPU 的优势。

从某种意义上说，没有操作系统的计算机（裸机）是没有用的。在嵌入式应用中，只有把 CPU 嵌入到系统中，同时又把操作系统嵌入进去，才是真正的计算机嵌入式应用。

4. 实时操作系统的优缺点

在嵌入式实时操作系统环境下开发实时应用程序使程序的设计和扩展变得容易，不需要大的改动就可以增加新的功能。通过将应用程序分割成若干独立的任务模块，使应用程序的设计过程大为简化，而且对实时性要求苛刻的事件能得到快速、可靠的处理。通过有效的系统服务，嵌入式实时操作系统使得系统资源得到更好的利用。但是，使用嵌入式实时操作系统需要额外的 ROM/RAM 开销，2%～5%的 CPU 额外负荷，以及内核的费用。

实时系统是这样一种系统，系统计算正确与否，不仅取决于计算逻辑是否正确，还取决于计算结果所花费的时间。如果不能满足系统的时间限制，就会出现系统失败的情况。

目前，Windows CE已从一款基本操作系统升级到体积小巧、组件化的硬实时嵌入式操作系统。尽管Windows CE具有与Win32相同的应用编程接口(API)，而且微软台式机和服务器操作系统也配备了此类接口，但Windows CE的底层操作系统架构和台式机的操作系统完全不同。Windows CE既支持包括Win32、MFC、ATL等在内的台式机应用开发结构，也支持使用.NET Compact Framework的管理应用开发，还支持当前实时嵌入式系统设计，提供操作系统必要的实时内核。

4.1 Windows CE概述

微软在操作系统领域共有3大分支，其中之一是已经成为历史的DOS/Win9X，而另一分支则是正在桌面环境上发光发热的NT架构，最新一代产品为Vista，而Windows CE这一分支算是微软针对个人计算机以外的产品所开发的操作系统家族的统称，使用在PDA或智能型手机上的就称为Windows Mobile，要使用这个名称必须通过微软认证，而应用在其他用途如机顶盒、VoIP电话、收银机等，则维持Windows CE的名称，不需要通过认证，但是在授权费用方面则是有所不同。实际上，不同名称只是在于启用元件的不同而已，基本核心都完全一样。

Windows CE的第一个版本发行于1996年。在早期Windows CE版本中，微软公司沿用Windows CE+版本号的方式来命名，而到了6.0版本，微软把名称定为Windows Embedded CE 6.0。下面为了方便我们在有些场合下的使用还是采取传统的命名方式，将Windows Embedded CE 6.0简称为Windows CE 6.0。对于Windows CE名字，Windows当然是指它属于Windows家族的一员；而关于CE由来，众说纷纭，但是一般认为，CE中的C代表袖珍(Compact)、消费(Consumer)、通信能力(Connectivity)和伴侣(Companion)；E代表电子产品(Electronics)。与桌面版本的Windows操作系统不同，Windows CE是一个模块化可定制的操作系统。Windows CE包含了各种组件，可以根据消费者的需要定制出其需要的操作系统。可以形象地理解为Windows CE就像一个积木，里面有各种各样的材料，可以按照需要挑选(也就是使用Platform Builder定制)组件来搭建平台，并且Windows CE会自动检查组件之间的相关性。

4.2 Windows CE的特性

Windows CE具有如下特性。

1. 模块化和小内存占用

Windows CE是高度模块化的嵌入式操作系统，正因如此，用户可以为满足特定的要求而对操作系统进行定制。在用户定制中，不需要的模块可以拿走，只有所需的模块才会被包含进来。

Windows CE的可裁剪性，使其体积非常小。一个最小的可运行的Windows CE内核只占 200 KB 左右;需要网络支持的只要 800 KB 左右;增加图形界面支持的只要 4 MB 左右;增加 Internet Explorer 支持,需要额外的 3 MB。这样就可以充分适应一些硬件资源不足的嵌入式设备的要求。

2. 多硬件平台支持

嵌入式系统的专用性特点决定了嵌入式系统的硬件设备必定是多种多样的。为了适应嵌入式系统的要求,Windows CE 支持在不同的 CPU 硬件平台上运行,包括 X86、ARM、MIPS、SuperH 等嵌入领域主流的 CPU 结构。

3. 多种无线与有线连接支持

Windows CE 不但支持传统的有线网络连接,还支持各种无线网络标准,包括蓝牙、红外及 802.11 等。可基于 Windows CE 构建有扩展性的无线平台,将移动设备彼此连接或连接到现有设备上;也可通过网络进行远程登录、验证和管理,或为设备上的应用程序和服务提供更新。

4. 强大的实时性

实时性的强弱以完成规定功能和作出响应时间的长短来衡量。提高硬件的处理能力可以在一定程度上提高计算机控制系统的实时性,但是当硬件确定以后,控制系统的实时性能主要由操作系统来决定。

Windows CE 是一个实时操作系统。实时支持功能在以下几个方面提升了 Windows CE 的性能:

(1) 支持嵌套中断;

(2) 允许更高优先级别的中断首先得到响应,而不是等待低级别的中断服务(ISR)完成;

(3) 更好的线程响应能力;

(4) 对高级别 IST 的响应时间上限的要求更加严格,在线程响应能力方面的改进,可帮助开发人员创建更好的嵌入式应用程序;

(5) 更多的优先级别,256 个级别可使开发人员在控制嵌入式系统的时序安排方面有更大的灵活性;

(6) 更强的控制能力,对系统内的线程数量的控制能力可使开发人员更好地掌握、调度程序的工作情况。

5. 丰富的多媒体和多语言支持

丰富的多媒体支持是 Windows CE 的一大特性,基于 DirectX API 和 Windows Media 的技术可以提供高性能的视频、音频、流式多媒体和 3D 图形处理服务。这些功能可满足大部分的多媒体娱乐和游戏的需求。

同时,Windows CE 是基于 Unicode 的,可支持国际语言,这样就可以针对特定的市场调整产品。

6. 强大的开发工具支持

与其他嵌入式操作系统相比,Windows CE 为开发人员提供了友好的开发工具支持。这些开发工具可帮助开发人员简化开发流程并提高开发效率。

对于 Windows CE 的应用程序开发人员，可选择的开发工具有 eMbedded Visual C++ 和 Visual Studio .NET；对于操作系统定制设计人员，可使用 Platform Builder。Platform Builder 是一个集成操作系统的“构建—调试—发布”三者为一体的集成开发环境。

此外，Window CE 还提供了多种模拟器，它们可以模拟硬件设备，使开发人员无须拥有真实的硬件，即可在 Windows CE 下进行部分开发。

4.3 Windows Embedded CE 6.0 新特点

Windows Embedded CE 6.0 相对于 Windows CE 5.0 有很大改进。下面列举 Windows Embedded CE 6.0 相对于 Windows CE 5.0 的一些改进。

(1) 能同时运行的进程数上升到 32 000 个。在 Windows CE 5.0 及其以前版本，能同时运行的进程数仅为 32 个，这其中还包括系统进程，也就是说，除去 NK.exe(提供系统服务)、Filesys.exe(提供对象存储等服务)这两个必需的系统进程，还有 Gwes.exe(提供图形界面 GUI 支持)、Device.exe(提供加载和管理设备驱动服务)、Service.exe(提供服务管理服务)、Explorer.exe(提供窗口管理服务)这几个比较常用的进程外，系统可用的进程数目只有 26 个，也就是说，最多能够同时加载 26 个非系统进程，虽然对于大多数嵌入式设备来说已经够用，但是，并不代表所有的情况下都够用，尤其是在网络和分布式计算环境下，这就更显得捉襟见肘了。但在 Windows Embedded CE 6.0 里，32 000 个进程让你几乎不用考虑进程数的限制问题。

(2) 每个进程拥有 2 GB 的虚拟内存。Windows CE 是一个保护模式的嵌入式操作系统，因此程序对内存的访问只能通过虚拟地址实现。另外 Windows CE 是一个 32 位的嵌入式操作系统，所以它有 2^{32} B(4 GB)的虚拟空间地址，这又被分为两部分，其中一半是内核空间，另外一半是用户空间，在 Windows CE 5.0 中，用户空间又被分为 64 份(每份 32 MB)，每一份叫一个 Slot，每个进程只能有一个 Slot，即每个进程只能有 32 MB 的虚拟内存。在 Windows Embedded CE 6.0 中采用了新的储存机制，使得每个进程可以使用最大 2 GB 的虚拟内存。也正是这个原因，才有下面的改进。

(3) 移除了共享内存空间。在以前版本的 Windows CE 中进程有 32 MB 虚拟内存的限制，为了解决这一问题，提出了共享内存空间(Shared Memory Area)这一概念，即定义了一个共享内存空间，在这一区域所有进程都可以共享，这一区域大约有 350 MB。但在 Windows Embedded CE 6.0 中每个进程拥有 2 GB 的虚拟内存空间，从而使得这一区域完全没有必要存在，所以在 Windows Embedded CE 6.0 中移除了这个“区域”。

(4) 开发工具也有大变化。一直以来 Windows CE 的平台订制工具都是 Platform Builder，伴随着 Windows CE 版本的演进，Platform Builder 也发展到了 5.0 版，但在 Windows Embedded CE 6.0 中，Platform Builder 已经不是一个单独发行的工具，在 Windows CE 6.0 的程序菜单中，已经没有 Platform Builder 的启动菜单，如图 4.1 所示，Platform Builder for Windows CE 6.0 是 Visual Studio .NET 2005 的一个插件(见图4.2)。而且如果是在 Windows Embedded CE 6.0 上进行开发，微软公司会为您免费提供 Visual Studio .NET 2005 Professional Edition。

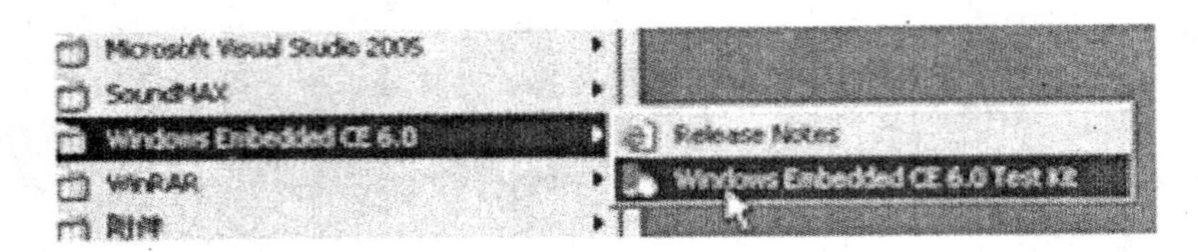

图 4.1　Windows CE 6.0 的安装菜单中没有 Platform Builder for Windows CE 6.0

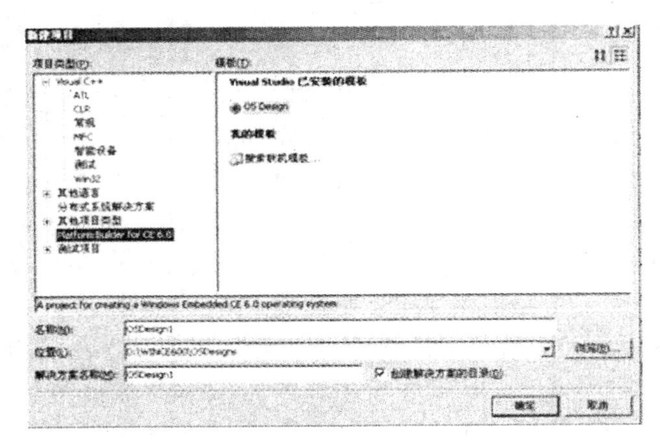

图 4.2　Platform Builder for Windows CE 6.0 是 Visual Studio .NET 2005 的一个插件

(5) 内核态和用户态意义的转变。在新系统中，这两个概念已经与以前版本的 Windows CE 中有所不同，很多 Windows CE 5.0 中处于用户态的进程和模块被调到了 Windows Embedded CE 6.0 的内核态。主要的模块变化如表 4.1 所示。

表 4.1　Windows Embedded CE 6.0 中主要模块的变化

Windows CE 5.0 进程	Windows Embedded CE 6.0 DLL	说　明
NK.exe(OAL 和内核)	NK.exe(OAL) Kernel.dll(内核)	从 Windows CE 6.0 开始，OEM 代码从 Windows CE 内核代码中分离
Filesys.exe	Filesys.dll	注册表、文件系统和属性数据库
Device.exe	Device.dll	管理内核模式设备驱动程序
Device.exe	Udevice.exe	新增到 Windows CE 6.0 中，用于管理用户模式设备驱动程序的独立进程
Gwes.exe	Gwes.dll	图形和窗口化事件子系统
Services.exe	Servicesd.exe	系统服务的宿主进程
Services.exe	Services.exe	用于配置服务的命令行接口

(6) 提供了对 VoIP 支持。Windows CE 5.0 及其早期版本使用 TUI(Telephone User Interface)来管理与语音通信有关的服务，而在 Windows Embedded CE 6.0 中使用 IP Phone Suit 来对 VoIP 的支持，使得 ISVs(Independent Software Vendor，独立软件开发商)

和OEMs(Original Equipment Manufacturer,原始设备制造商)能够在针对VoIP业务进行定制时具有更多的灵活性和更少的工作量。

Visual Studio .NET 2005的一个插件如图4.2所示。

(7) 100%共享Windows Embedded CE 6.0内核源代码。在Windows CE 3.0中,微软共享了其中400 000行源代码。在Windows CE 5.0中,微软公司共享了其核心源代码的近70%,而到Windows Embedded CE 6.0这一百分比被提升到了100%,通过微软的分享源代码计划(Microsoft Shared Source Directive),开发者能够在这些开放的原始码中任意变更自己所需要的关键功能,添加自定的功能或者修正错误等,OEMs和ISVs厂商可以对源代码进行修改并保留(保密)自己的修改,不必如嵌入式Linux那样必须遵照GPL规范释放出来。但Windows Embedded CE 6.0与嵌入式Linux之间的开源是不同的概念,Linux的开源相对要彻底得多,不论是开发工具还是应用软件,基本都可以找到开源的产品或者替代品,但Windows Embedded CE 6.0只是开放了核心源代码,与之相关的开发工具和应用软件并不是免费和共享源代码的。不过总体来讲,这仍然为广大OEMs和ISVs厂商选择Windows Embedded CE 6.0作为自己的嵌入式操作系统增加了一个理由。

(8) 功能更强大的模拟器。Windows CE 5.0时代的模拟器只能模拟X86框架的CPU,对于其他框架(如Scale等)并不能很好地再现实际环境。但Windows Embedded CE 6.0的模拟器解决了这一问题,当然,模拟器无论是启动速度还是资源占用情况都有一定的上升,推荐运行模拟器的开发机最好能有1 GB的物理内存。

以上是几个比较突出的改进,微软公司公布了Windows Embedded CE 6.0的64个新的改进。表4.2中是部分新改进。

表4.2　Windows Embedded CE 6.0新功能部分

改进内容	描　述
程序兼容性工具	利用这个工具,能够检查DLL是否使用了已经废弃的APIs
BIB和REG文件查看器	提供对Platform Builder生成的用于定制Windows Embedded CE 6.0的*.bib和*.reg文件的查看和编辑
Catalog视图	增加了Platform Builder for Windows Embedded CE 6.0的新功能,提供了对诸如文件类型和图标等其他的管理功能
CellCore	主要提供了对无线通信的支持,这包括RIL、SMS、WAP、扩展TAPI和TSP、SIM卡支持等
ExFAT	新的文件系统解决了很多以前FAT文件系统的限制,如最大文件2 GB的限制。ExFAT将整体性管理所有外部存储器
增加和删除了多个APIs	伴随着新的存储管理机制和内核改变,产生和去掉了多个APIs
BSP	增加了与Intel PXA27x处理器相关的开发包、SDP2420开发板支持、TI OMAP5912开发板支持。更新了NEC Solution Gear 2-Vr5500和Renesas US7750R(Aspen)SDB相关的BSP
用户模式驱动框架	让驱动程序可以运行在用户模式下

续表

改进内容	描述
WMM	Wi-Fi MultiMedia 让不同的应用程序可以共享网络资料
DRM 10	提供了对 Windows Media DRM 10 的支持
……	……

另外值得一提的是，Windows Embedded CE 6.0 提供了对.NET Compact Framework 2.0 的支持，还支持 Win32、MFC、ATL、WTL、STL 等程序的开发，基本上支持了很完整的软件开发环境。

4.4 基于 Windows CE 的产品开发流程

1. 硬件设计

首先，要确定系统所运行的硬件平台，这涉及根据具体的应用，选择合适的硬件。但是，嵌入式系统的硬件设计与通用 PC 的硬件设计不同。由于嵌入式系统通常都是专用的系统，嵌入式系统硬件设计强调的一点是“够用”而不是“功能强大”。也就是说，在可实现应用功能的前提下，尽可能去掉用不到的接口及外设，以降低成本。

2. 确定 BSP

得到硬件平台后，必须有针对这个硬件平台的板级支持包才能让 Windows CE 运行起来，BSP 是操作系统与硬件平台之间的重要交互接口。

根据硬件获取方法的不同，BSP 也有两种获取方式。如果硬件是从 OEM 处采购，并且 OEM 宣称此款硬件板支持 Windows CE，那么通常 OEM 都会提供 Windows CE 的 BSP、默认运行时映像和 SDK。利用 OEM 提供的 BSP 就可以在硬件上运行 Windows CE。

如果硬件是自主研发的，那么 BSP 通常也须自主研发，关于 BSP 将会在第 6.5 节中介绍。

3. 定制操作系统

下一步工作是决定是否进行操作系统定制。是否进行操作系统定制也完全取决于应用的需要，如果从 OEM 处获得的默认运行时映像不能满足应用的需求，那么就需要操作系统定制。

操作系统定制过程是通过 Platform Builder 工具来完成的。使用 Platform Builder，可以根据具体的应用需求，选择需要的操作系统功能组件，然后生成操作系统的运行时映像。例如，如果您正在开发一款随身视频播放系统，那么在操作系统中添加 Windows Media 视频编码/解码组件，可能对应用程序的开发大有帮助。

4. 编写应用程序

当硬件和操作系统都已经具备后，所剩的工作就是为平台开发一些必要的应用程序。这一步骤与通常 Windows 下的应用程序开发没有太大的区别。唯一不同的是，在 Windows CE 下，编写的应用程序可以像桌面 Windows 一样通过安装包的形式进行安装，也可以把应用程序作为操作系统的一个组件，打包进入操作系统的运行时映像。

4.5 Windows Embedded CE 6.0 的体系结构

Windows Embedded CE 6.0 的体系结构如图4.3所示。

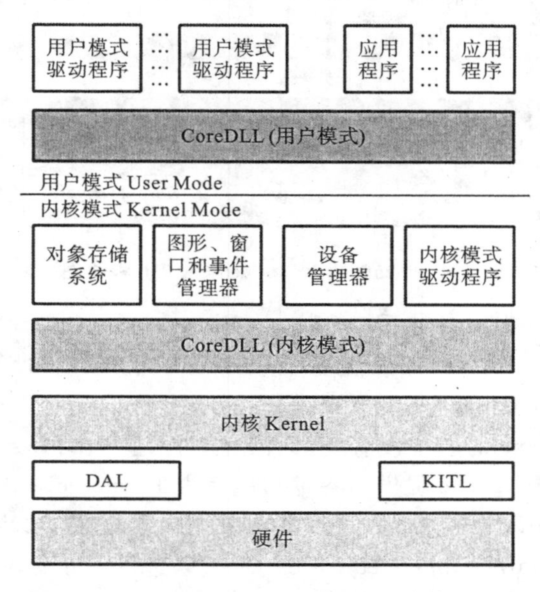

图4.3 Windows Embedded CE 6.0 的体系结构

Windows CE采用了典型的分层结构。与Windows CE 5.0的四个分层(硬件层、OEM层、操作系统层、应用程序层)不同,Windows Embedded CE 6.0总体上分为User Mode(用户模式)和Kernel Mode(内核模式)两个"层",CoreDLL等DLL同时出现在两个层中,部分驱动程序也可以加入到内核中,以前的.exe可执行模块基本上都变成了.dll。回顾一下Windows CE 5.0是如何将各个模块结合在一起的,它被设计成一种围绕服务而存在的用户模式的进程,叫做PSLs(Process Server Libraries,进程服务库),NK.exe在内核态下运行,而操作系统的其他部分则各自独立地运行在用户模式下,如文件系统Filesys.exe、图形窗口和事务子系统Gwes.exe、驱动管理器Device.exe。这样分开设计让操作系统更加健壮,但这些为整个操作系统提供主要功能的服务提供者却是以不同进程的身份出现,如果要使用某操作系统提供的服务,则会使得至少发生一次进程切换,就连一个简单的函数调用都不例外。这对系统的效率影响是比较大的。

而Windows Embedded CE 6.0却不同,它将所有系统需要提供的服务部分"转移"到系统内核的虚拟机(Kernel's Virtual Machine),这样做的好处是当发生系统调用时,已经变成进程内的一个调用。这样做也引入了一些不稳定机制,比如驱动程序被加入到内核,Windows Embedded CE 6.0默认情况下就是将驱动运行在内核模式。虽然提高了系统的效率,但如果驱动程序不稳定,将对系统的整体稳定性产生非常严重的影响,这也是我们所不愿意看到的。当然,并不是所有的驱动程序都是在内核运行的,在Windows Embedded CE 6.0安装完成之后的驱动程序是在用户模式下运行的,这样更有利于系统的安全,但却是以牺牲设备的性能为代价的。图 4.4 展示了 Windows Embedded CE 6.0 里的系统模块。

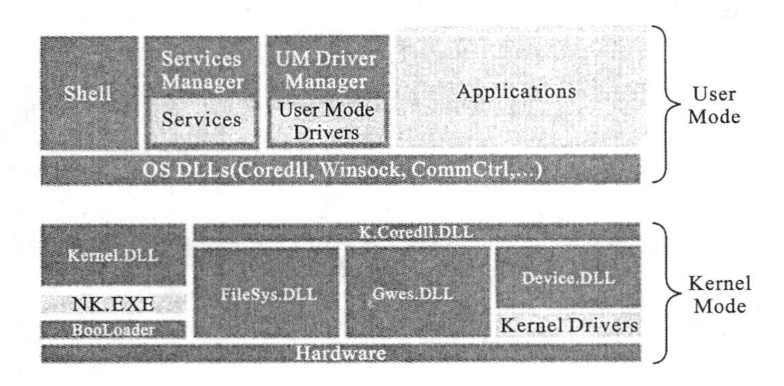

图 4.4　Windows Embedded CE 6.0 模块图

在 Windows CE 5.0 中的各种系统模块，如 Filesys. exe、Device. exe、Gwes. exe 等，都变成了 Filesys. dll、Gwes. dll、Device. dll，只有 NK. exe 还是原来的名字，变的不仅仅是名字，因为在 Windows Embedded CE 6.0 中这些服务已经不再是一个个单独进程，而是一个个系统调用。虽然 NK. exe 的名字没有变，但已经不再是 Windows CE 5.0 中的 NK. exe 了，Windows CE 5.0 中 NK. exe 提供的各种功能将由 Kernel. dll 来替代，NK. exe 中仅仅包含一些 OAL 代码和保证兼容性的程序，这样做的好处是使得 OEMs 和 ISVs 厂商定制的代码和微软提供的 Windows Embedded CE 6.0 的代码进行了分离，使得内核代码的升级更加容易且更加方便。

需要注意的是 Windows Embedded CE 6.0 中的驱动程序。驱动程序是一种抽象了的物理或者虚拟设备功能的软件或者代码，相应设备被其驱动程序管理的操作。物理设备比较常见，像 USB 存储器、打印机等，虚拟设备如文件系统、虚拟光驱等。

在 Windows Embedded CE 6.0 中，驱动程序有两种模式：一种是内核模式；另一种是用户模式。在默认状况下，驱动程序运行在内核模式下，这有利于设备性能的提高，但也增加了影响系统各方面性能的不确定因素，如果不稳定的驱动被加入到内核，将会对嵌入式系统的可靠性、稳定性等多方面的性能产生致命的影响。这使得驱动程序在发布和认证时必须有严格的性能保证措施。

驱动根据各自类的不同将会被不同的进程加载，一般情况下，驱动会被以下三种进程加载。

(1) 文件系统 Filesys. dll：专门用于加载文件系统的驱动。

(2) 设备管理器 device. dll：加载诸如声卡驱动、电池驱动、键盘驱动、NDIS 驱动、串口设备驱动、USB 驱动等其他使用流接口来驱动的外围设备。

(3) Gwes. dll：当 GWES 是某个驱动的唯一使用者时，这个驱动会由 Gwes. dll 加载，被 GWES 加载的驱动不限于流接口，一般的，GWES 会加载显示驱动、打印驱动，如果有触摸屏，还会加载触摸屏驱动。

这三种不同的进程将加载各自的驱动而不发生冲突。

在最上层的应用程序方面，Windows Embedded CE 6.0 提供了对. NET Compact Framework 的支持，使得开发应用程序有了良好的应用编程接口。开发 Windows

Embedded CE 6.0 的应用程序，可以使用现有的开发工具和环境，也可以仅仅使用一些 SDK(Software Development Kit)。

Windows Embedded CE 6.0 支持 Unicode 超大字符集，NLS(National Language Support)的支持使得开发国际化的软件更加方便，对已有软件的国际化和本地化也更容易实现。

通常使用 Visual Studio .NET 2003/2005 来开发 Windows Embedded CE 6.0 上的应用程序。

下面将分别从进程、线程、调度、同步、进程间通信和内存管理来简单介绍 Windows Embedded CE 6.0 的体系结构。

4.6　Windows Embedded CE 6.0 的进程

Windows Embedded CE 6.0 是基于优先级的抢占式多任务(Priority Based Preemptive Multitasks)操作系统。在 Windows CE 中，每个运行着的应用程序都是一个进程。在一个进程中可包含一个或多个线程。与桌面 Windows 操作系统不同，Windows CE 调度系统负责对系统中多个线程进行调度，而不是进程。从这个角度来说，进程仅仅是线程的容器。Windows CE 的调度是基于优先级的。此外，Windows CE 还提供了多种方法提供多个线程进行同步，多个进程之间相互通信。需要注意的是，Windows CE 不支持环境变量，也没有当前目录的概念。

应用程序可使用 CreatProcess()函数创建一个新进程。函数原形如下：

```
BOOL CreateProcess(
  LPCWSTR pszImageName, //可执行文件的路径和名字
  LPCWSTR pszCmdLine, //命令行参数
  LPSECURITY_ATTRIBUTES psaProcess, //不支持，设置为 NULL
  LPSECURITY_ATTRIBUTES psaThread, //不支持，设置为 NULL
  BOOL fInheritHandles, //不支持，设置为 NULL
  DWORD fdwCreate, //控制进程创建的附加参数
  LPVOID pvEnvironment, //不支持，设置为 NULL
  LPWSTR pszCurDir, //不支持，设置为 NULL
  LPSTARTUPINFOW psiStartInfo, //不支持，设置为 NULL
  LPPROCESS_INFORMATION pProcInfo//返回进程的相关信息
);
```

由于 Windows CE 不支持当前目录，也不处理句柄继承，大多数参数必须被设置为 NULL 或者 0。所以，函数原形可以简化如下：

```
BOOL CreateProcess(
  LPCWSTR pszImageName,
  LPCWSTR pszCmdLine, NULL,NULL,FALSE,
  DWORD fdwCreate,NULLNULLNULL
  LPPROCESS_INFORMATION pProcInfo
```

```
);
```

第一个参数是可执行文件的路径和名称，如果没有明确指明可执行文件的路径，那么Windows CE会按照如下的顺序搜索：

- Windows 目录（“\Windows”）；
- 对象存储的根目录（“\”）；
- OEM 指定的目录，通过修改注册表实现（在系统注册表的“HKEY_LOCAL_MACHINE\Loader\SystemPath”下添加，这是一个 Multistring 的值，可以添加多个搜索路径）。

第二个参数 pszCmdLine 指定要传递给新进程的命令行参数，命令行参数必须以Unicode字符串的形式传递。

第三个参数 fdwCreate 指定进程加载后的初始状态。

最后一个参数 pProcInfo 指向一个 LPPROCESS_INFORMATION 结构体，LPPROCESS_INFORMATION 结构体返回进程和主线程的句柄以及 ID。如果不需要这些信息，可以设置这些参数为空。

进程终止的最佳方法是从 WinMain()函数返回，它能够保证所有线程所占用的资源能够被正确地清除或者释放。也可以调用函数 ExitThread()使进程的主线程退出从而终止进程，在 Windows CE 中如果进程的主线程退出，那么整个进程就随之结束，而不管进程内是否还有其他活动的线程。也可用 TermianteProcess()退出，无条件地中止进程，一般用于一个进程关闭另外一个进程，当然线程可以调用这个函数来关闭自己所处的进程。

4.7 Windows Embedded CE 6.0 的线程

当系统创建进程时，会为每个进程创建一个默认的线程作为进程的执行体，称为主线程。一个进程可拥有的线程数在理论上是没有限制的，只与当前可用的内存有关，也就是说只要进程还有可用内存，就可以创建线程，进程中所有的线程共享进程所占用的资源，包括地址空间和打开的文件等内核对象。

线程除了占有内存外，还占有其他资源，如处理器的寄存器和栈，每个线程都有自己独立的栈。这些资源构成线程的上下文。线程切换时，就负责保存和恢复线程上下文。在Windows CE 中，线程可以运行在用户态或内核态中，它们之间的区别是运行在核心态的线程可以访问系统保留的 2 GB 地址空间而不引发访问违例（Access Violation）异常。一般操作系统和 ISR（Interrupt Service Routine）运行在核心态，应用程序和设备驱动程序的 IST（Interrupt Service Thread）运行在用户态，Windows CE 允许所有的线程都运行在核心态下，在生成系统的时候选择“Full Kernel Mode”，这样虽然可能导致整个系统不稳定，但是可以提高系统的效率。

在 CreateProcess()执行后如果返回值是 TRUE，表明它成功地创建了一个进程和这个进程的主线程。要创建辅助统一线程，需要使用 CreateThread()函数。函数原形如下：

```
HANDLE CreateThread(
  LPSECURITY_ATTRIBUTES lpsa,    // 不支持，设为 NULL
```

```
    DWORD cbStack,                    // 线程栈的大小,通常被忽略而使用默认值
    LPTHREAD_START_ROUTINE lpStartAddress,     // 指向线程执行函数的指针
    LPVOID lpThreadParam,             // 用来为线程传递一个应用程序自定义的值
    DWORD fdwCreate,              // 控制线程创建的附加参数
    LPDWORD lpIDThread                // 返回新创建线程的 ID
);
```

如果线程创建成功,那么函数返回新创建线程的句柄;否则返回 NULL。可把 fdwCreate 参数设置为 CREATE_SUSPENDED,来创建一个起始状态为挂起的线程,否则线程创建结束后就会立即执行。

如果要结束线程,那么最好的方法是从线程的执行函数返回。也可以使用函数 ExitThread()和函数 TerminateThread(),使线程结束执行。

4.8　Windows Embedded CE 6.0 的调度

Windows CE 是一个抢占式多任务(Preemptive Multitasks)操作系统。调度程序使用基于优先级的时间片算法对线程进行调度。

Windows CE 中每个线程都有一个优先级,Windows CE 调度系统根据线程的优先级进行调度。自 Windows CE 3.0 以来,线程可拥有 256 个优先级。0 表示优先级最高,255 表示优先级最低。比较高级别的优先级供驱动程序和内核使用。

在线程获得处理器后,会执行特定的一段时间,然后重新调度,这段时间称为时间片大小(Quantum)。每个线程都有一个时间片大小,默认的时间片大小是 100 ms,OEM 可在内核初始化的时候改变此值的大小。线程的状态可有以下几种。

运行(Running):线程正在处理器上执行。

就绪(Ready):线程可以执行,但是此刻没有占用处理器。如果就绪的线程被调度程序选中,则占用处理器进入运行状态。

挂起(Suspended):创建线程时指定了 CREATE_SUSPENDED 参数或者调用函数 SuspendThread()都可导致线程挂起。

睡眠(Sleeping):调用函数 Sleep()可使线程进入睡眠状态,处于睡眠状态的线程不能占有处理器。当睡眠时间结束后,线程转入就绪态。

阻塞(Blocked):如果线程申请的共享资源暂时无法获得,那么线程就进入阻塞状态,处于阻塞状态的线程不能占有处理器。

终止(Terminated):线程运行结束。

Windows CE 的调度系统具有以下的特点:

(1) 具有高优先级的进程如果处于就绪状态,则总是会被调度系统选中执行;

(2) 如果系统中存在多个优先级相同的就绪进程,这些进程以时间片轮转算法调度;

(3) 如果线程的时间片大小被设置为 0,那么它会一直占用处理器运行,直到线程结束或者进入阻塞、挂起及睡眠状态。

调度系统不提供对线饥饿(Starvation)的自动检测。

按照上面的调度算法，假设出现这种情况：系统存在三个线程，一个高实时性要求的优先级最高的实时程序线程，一个中优先级的驱动程序线程，还有一个优先级最低的应用程序线程。假设运行到某个时刻，优先级最低的应用程序线程占有了优先级最高的实时程序线程运行所必需的资源时，优先级最高的实时程序将会因为缺乏运行条件而被迫进入阻塞状态，等待被优先级最低的线程所占有的资源。此时，中优先级的驱动程序由于优先级比低优先级的应用程序线程的优先级高，那么它将会得到时间片而运行。只要存在优先级比应用程序线程高的线程，那么低优先级的应用程序线程始终得不到执行，从而优先级最高的实时程序线程也将无法执行。这就是优先级反转（Priority Inversion）问题。优先级反转问题轻则导致系统的响应时间大大增加，重则导致系统的崩溃。

一般解决优先级反转问题有两种方法：完全嵌套（Full Nested）和单级（Single Level）。采用完全嵌套方法时，操作系统将遍历系统中所有的阻塞线程，然后使每个阻塞的线程都上台执行，直到高优先级的线程可以运行为止，这种方法不考虑优先级。但是这种方法的缺点也很明显，它增加了系统的响应时间。

从 Windows CE 3.0 版开始，就使用单级方法解决优先反转。系统找出那个优先级低的线程占有了高优先级线程运行所必需的资源，然后将这个低优先级进程的优先级提高到与高优先级进程同样的优先级，并执行这个线程，直到这个线程释放出高优先级线程运行所必需的资源。在这一方法中，正是由于低优先级线程的优先级被提高到与高优先级线程相同的水平，所以这种方法又叫优先级继承（Priority Inheritance）。

4.9 Windows Embedded CE 6.0 的同步

Windows CE 中提供了 Mutex、Event 和 Semaphore 三种内核机制来实现线程之间的同步，所有的这些同步对象都有两种状态：通知（Signaled）和未通知（Non-signaled）。未通知状态表示该同步对象被某一个或多个线程占用，不能被其他等待线程占有。当某个同步对象的状态变为通知状态时，等待在它上面的阻塞线程会得到通知，并且转为就绪态，等待调度执行。这种方法可使线程锁步（Lockstep）执行，这也是同步的基本原理。

1. 互斥（Mutex）

Mutex 是 Mutual Exclusion 的缩写，表示互斥。同一时刻只能有一个线程占有 Mutex 对象，其他的线程如果希望占有 Mutex，则必须使用等待函数，当占有 Mutex 的线程释放它后，其他线程才有机会获取 Mutex。

2. 信号量（Semaphore）

Mutex 对象只能被一个线程所使用，而信号量对象则可同时被多个线程使用，但使用的线程数有一个上限，信号量是为了保证同时使用被保护资源对象的线程数不超过上限。互斥体其实就是一个特殊的信号量。

3. 事件（Event）

如果一个线程需要通知其他线程发生了某个事件，那么可使用 Event 同步对象，前一个线程组事件发送通知信号，其他对此事件有兴趣的线程一般调用等待函数在事件上等待。如果没有线程发送事件的通知信号，那么其他等待的线程将一直阻塞。

除此之外，Windows CE还提供了两种用户态下的同步方法：临界区（Critical Section）和互锁函数（Interlocked Function）。这两种方法都没有相对应的Windows CE内核对象，因此它们不能跨进程，但优点是运行效率要远远比前面的几种同步对象高。Critical Section是应用程序分配的一个数据结构，它用来把一段代码标记为临界区。临界区可保证对其内部代码的访问是串行的。如果临界区导致线程阻塞，那么Critical Section的效率非常高，因为代码不需要进入操作系统内核；如果临界区导致了阻塞，临界区使用与Mutex相同的机制。因此，如果发生了很多阻塞，那么Critical Section的效率也不会很高。互锁函数可对变量和指针进行原子的读/写操作。因为它们不需要额外的同步对象，所以有时候这些互锁函数特别有用。Windows CE提供的互锁函数如下：

InterlockedIncrement——对一个变量进行原子加1操作

InterlockedDecrement——对一个变量进行原子减1操作

InterlockedExchange——对两个变量进行交换值操作

InterlockedTestExchange——如果变量符合交换条件，则交换两个变量的值

InterlockedCompareExchange——基于比较，交换两个变量的值

InterlockedCompareExchangePointer——基于比较，交换两个指针的值

InterlockedExchangePointer——交换两个指针的值

InterlockedExchangeAdd——给某个变量增加某个特定值

4.10　Windows Embedded CE 6.0的进程间通信

Windows CE中实现了内存保护机制，这可防止一个进程偶尔访问另外一个进程的地址空间。但是，这些机制也不允许应用程序间有计划地共享数据。使用线程可以避开地址空间的隔离障碍，使一个进程中的线程运行在同一个地址空间内。然而，如果并发发生在不同的进程之间，那么操作系统就必须提供一种机制，可以把一个进程地址空间中的数据复制到另外一个进程的地址空间中，这就是进程间的通信。

Windows CE提供了多种进程间通信的方式。

(1) Socket：一个Socket即一个IP地址加一个端口，IP地址定位了通信的主机，而端口则指定了通信的进程，因为一个进程可以使用一个Socket本机或者其他机器上的进程进行通信。

(2) COM/DCOM：通过COM组件的代理/存根方式进行进程间数据交换，但只能在调用接口函数时传送数据；通过DCOM可在不同主机间传送数据。

(3) WM_COPYDATA：一般用于窗口间通信，且数据为只读。

(4) Memory Mapped File：内存文件映射。

(5) Point-to-Point Message Queues：点对点消息队列。

4.11　Windows Embedded CE 6.0的内存管理

Windows CE采用层次化的结构进行内存管理，从上到下依次可分为物理内存、虚拟内

存、逻辑内存和 C/C++运行时库。内存管理的每一层都会向外提供一些编程接口函数，这些编程接口可被上一层使用，也可以直接被应用程序使用。

Windows CE 5.0 和 Windows Embedded CE 6.0 在内存管理方面有很大的不同。Windows Embedded CE 6.0 为每个正在运行的进程提供低地址的 2 GB 虚拟地址空间，而不是 Windows CE 5.0 为每个进程提供的 32 MB 用户虚拟地址空间。其中低 1 G 即 0x00010000 到 0x40000000 的虚拟地址空间主要用来加载进程所需要的代码，这 1 GB 也是进程能够自由分配的地址空间，进程所有的栈和各线程所需要的虚拟地址空间都要在这 1 GB中分配。在这里进行的虚拟地址分配是从低地址到高地址进行的。另外最低的64 KB 即从 0x00000000 到 0x00010000 是被系统保留的。在 0x40000000 到 0x5FFFFFFF 这段存储区域，主要是用来加载正在运行的不同进程的 DLL 代码和只读数据，如同早期的 Windows CE 一样，这些加载的 DLL 对于所有进程来讲它们的地址是相同的，不同的是 Windows Embedded CE 6.0 为加载这些 DLL 分配地址空间是从底向顶的，而不是以前的从顶到底。而从 0x60000000 到 0x6FFFFFFF 的 512 MB 这部分虚拟地址空间，主要是用来分配给 RAM 的内存映射文件备份(RAM-backed Memory Mapped File)，也叫内存映射对象(Memory Mapped Object)，内存映射对象主要用来进行中间过程的通信。它将至少被分配给一个进程，但所有进程都以相同的基地址映射到内存映射对象，如果某个进程通过内存映射打开了文件，那么这个缓冲区将从低 1 GB 的用户虚拟空间中分配。

从 0x70000000 到 0x7FFFFFFF 的这 256 MB 的区域主要用来进行操作系统与应用程序之间的通信，这个区域对于应用程序来说是只读的，但操作系统可以进行写操作。余下的 1 MB 地址无论是对于操作系统还是应用程序，都是无法访问的。

图 4.5 展示了 Windows Embedded CE 6.0 的内核虚拟地址分配情况。低 1 GB 用于静态地址映射，与 Windows CE 5.0 具有同样的功能和组成，也分为有缓冲和无缓冲两类。也正是因为这个静态虚拟地址映射的范围问题，使 Windows Embedded CE 6.0 仍然只支持 512 MB RAM。在 0xC0000000 以上的 128 MB 虚拟地址区域里，是内核加载的 ROM DLLs。在 0xC8000000 以上的 128 MB 是文件系统中的对象存储虚拟地址区域。从 0xD0000000 开始，是操作系统中内核模式的程序执行的区域，所有与操作系统相关的进程

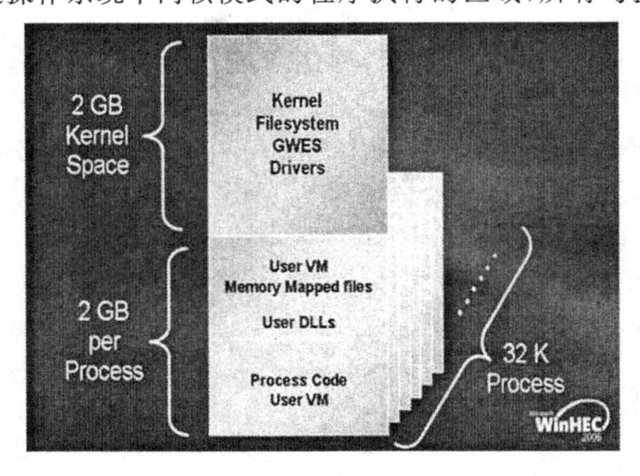

图 4.5　Windows CE 6.0 的存储器管理模型

都将在这个区域执行和加载，如 Filesys. exe 和 Gwes. exe，还有像处于内核模式的驱动程序，这个区域的大小取决于处理器的类型，除了 SH4 架构的 CPU 是 256 MB，其他架构的 CPU 都是 512 MB，从 0xF0000000 到 0xFFFFFFFF 区域因 CPU 的不同而有不同的用处。

4.12 如何选择嵌入式操作系统

在设计信息电器、数字医疗设备等嵌入式产品时，嵌入式操作系统的选择至关重要。一般而言，在选择嵌入式操作系统时，可以遵循以下原则。总的来说，就是“做加法还是做减法”的问题。

1. 市场进入时间

制订产品时间表与选择操作系统有关系，实际产品与一般演示是不同的。目前市场共享资源最多的也就可能是 Windows CE。使用 Windows CE 能够很快进入市场。因为 Windows CE＋X86 做产品实际上是在做减法，去掉你不要的功能，能很快出产品，但伴随的可能是成本高，核心竞争力差。而某些高效的操作系统可能由于编程人员缺乏，或由于这方面的技术积累不够，而影响开发进度。

2. 可移植性

当进行嵌入式软件开发时，可移植性是要重点考虑的问题。良好的软件移植性可以保证软件在不同平台、不同系统上运行，而与操作系统无关。软件的通用性和软件的性能通常是矛盾的。即通用是以损失某些特定情况下的优化性能为代价的。很难设想开发的一个嵌入式浏览器只能在某一特定环境下应用。反过来说，当产品与平台和操作系统紧密结合时，往往产品的特色就蕴含其中。

3. 可利用资源

产品开发不同于学术课题研究，它是以快速、低成本、高质量地推出适合用户需求的产品为目的的。集中精力研发出产品的特色功能，其他功能尽量由操作系统附加或采用第三方产品，因此操作系统的可利用资源对于选型是一个重要参考条件。Linux 和 Windows CE 都有大量的资源可以利用，这是他们被看好的重要原因。其他有些实时操作系统由于比较封闭，开发时可以利用的资源比较少，因此多数功能需要独立开发。从而影响开发进度。近年来的市场需求显示，越来越多的嵌入式系统，均要求提供全功能的 Web 浏览器。而这要求有一个高性能、高可靠的 GUI 的支持。

4. 系统定制能力

信息产品不同于传统 PC 的 Wintel 结构的单纯性，用户的需求是千差万别的，硬件平台也都不一样，所以对系统的定制能力提出了要求。要分析产品是否对系统底层有改动的需求，这种改动是否伴随着产品特色？Linux 由于其源代码开放，在定制能力方面具有优势。随着 Windows CE 源代码的开放，以及微软在嵌入式领域力度的加强，其定制能力也会有所提升。

5. 成本

成本是所有产品不得不考虑的问题。操作系统的选择会对成本有什么影响呢？Linux

免费，Windows CE 等商业系统需要支付许可证使用费，但这都不是问题的答案。成本是需要综合权衡以后进行考虑的——选择某一系统可能会对其他一系列的因素产生影响，如对硬件设备的选型、人员投入，以及公司管理和与其他合作伙伴的共同开发之间的沟通等各方面的影响。

6. 中文内核支持

国内产品需要对中文的支持。由于操作系统多数是采用西文方式，是否支持双字节编码方式，是否遵循 GBK、GB18030 等各种国家标准，是否支持中文输入与处理，是否提供第三方中文输入接口是针对国内用户的嵌入式产品必须考虑的重要因素。

上面提到用 Windows CE+X86 生产出产品是减法，这实际上就是所谓 PC 家电化；另外一种做法是加法，利用家电行业的硬件解决方案（绝大部分是非 X86 的）加以改进，加上嵌入式操作系统，再加上应用软件。这是所谓家电 PC 化的做法，这种加法的优势是成本低，特色突出，缺点是产品研发周期长，难度大（需要深入了解硬件和操作系统）。如果选择这种做法，Linux 是一个好的选择，它能让你能够深入到系统底层。

习　题　四

1. 嵌入式操作系统分成哪几类，各有什么特点？
2. 嵌入式操作系统的发展有几个阶段，每个阶段的特点是什么？
3. 什么是实时操作系统？在嵌入式系统中的作用是什么？
4. Windows CE 有什么特点？
5. 基于 Windows CE 的产品开发流程是什么？
6. Windows CE 的进程与线程的联系和区别？
7. 选择嵌入式操作系统应该注意哪些要点？

第5章　基于Windows CE的嵌入式操作系统定制

5.1　在PC上运行Windows CE

5.1.1　Windows CE 6.0 环境搭建

硬件资源

(1) PC(空闲硬盘空间要求8 GB以上);

(2) PXA255 实验箱;

(3) 串口线;

(4) 网线。

软件资源

(1) Visual Studio 2005;

(2) VS 2005 SP1;

(3) Windows CE 6.0(Platform Builder for CE 6.0);

(4) PXA255 BSP;

(5) 终端软件 SecureCRT(可选),可以使用超级终端。

5.1.2　软件开发环境搭建

1. VS 2005 安装

先装 Visual Studio 2005, Windows Embedded CE 6.0 的 Platform Builder 不像 Windows CE 5.0 是独立的,而是作为 VS 2005 的插件,以后建立和定制 OS、编译调试全部在 VS 2005 里完成。因为 Windows Embedded CE 6.0 的 PB 是作为 VS 的一个插件存在的。

第一步:加载 VS 2005 光盘镜像,运行 setup.exe 文件,开始出现安装向导,如图 5.1 所示。

第二步:点击第一项,安装程序会复制文件,并加载安装需要的一些组件,如图 5.2 所示,大约需要几分钟。

第三步:单击"下一步"按钮后,进入最终用户许可协议和密钥输入窗口,如图 5.3 所示,下载的某些版本可能不需要输入密钥。

第四步:单击"下一步"按钮后,进入安装方式和路径选项页,如图 5.4 所示,选择"自定义"安装,单击"浏览"可以改变程序的安装路径,注意磁盘空间需求,以免安装失败。

第五步:单击"下一步"按钮后,进入组件选择窗口,如图 5.5 所示,选择需要的组件,主要勾选智能设备可编程技术,如图中椭圆标志的位置。

图 5.1　安装向导

图 5.2　加载安装组件

图 5.3　输入产品密钥

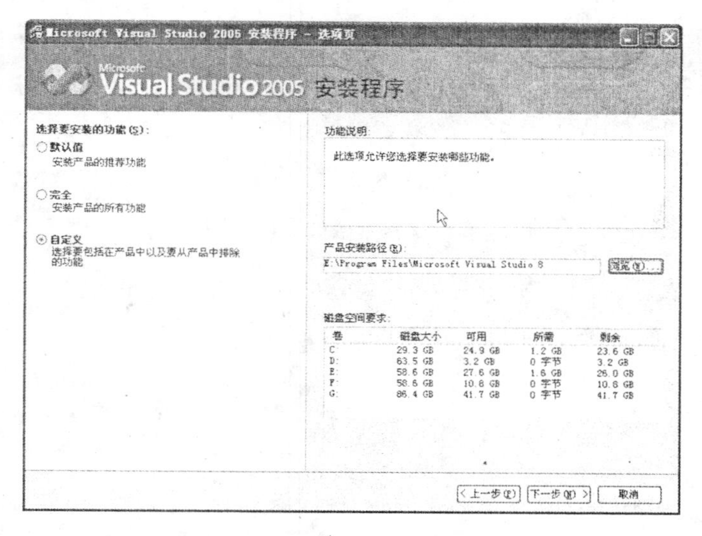

图 5.4　安装方式和路径选择

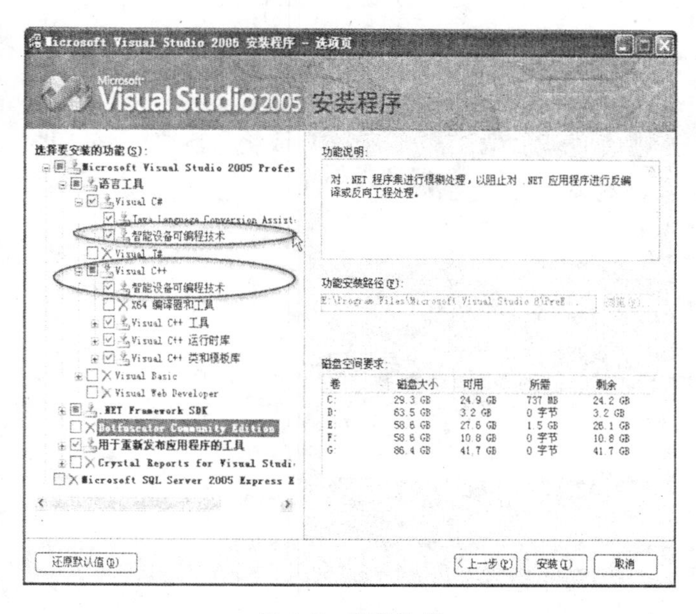

图 5.5　组件选择

第六步：单击“安装”按钮后，开始安装工作，如图 5.6 所示安装过程中可能需要重启。

第七步：安装完成，如图 5.7 所示，单击“完成”按钮后，又进入图 5.1 所示的位置，可以安装 MSDN。

2. 安装 Visual Studio 2005 Service Pack 1

Visual Studio 2005 Service Pack 1 是必须要安装的，Release Note 里面提到 SP1 提供了 Windows Embedded 6.0 platform and tools support。不同版本的 VS 2005(Standard / Professional / Tem Edition) 会在相应位置找到下载站点，官方命名为：VS80sp1-KB926604-X86-CHS.exe。如果操作系统是 Vista 版本，则需要去微软的官方网站重新下

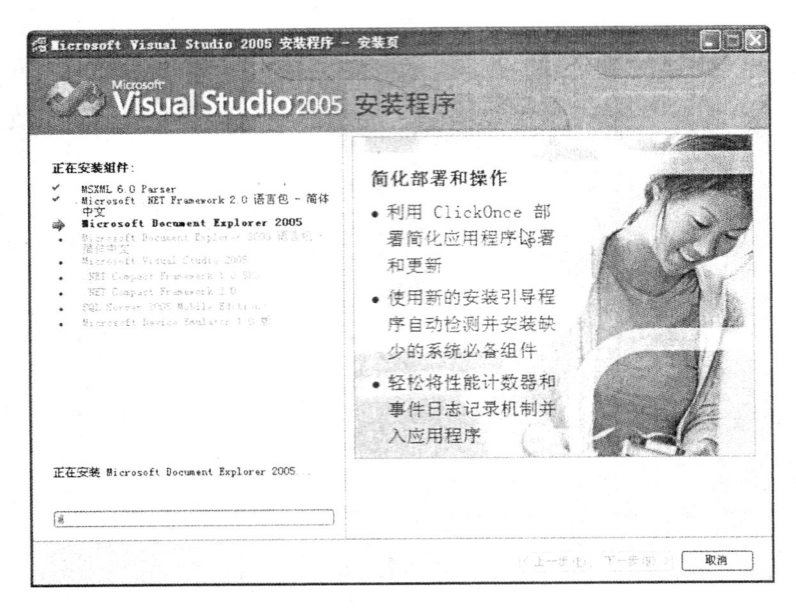

图 5.6　正在安装

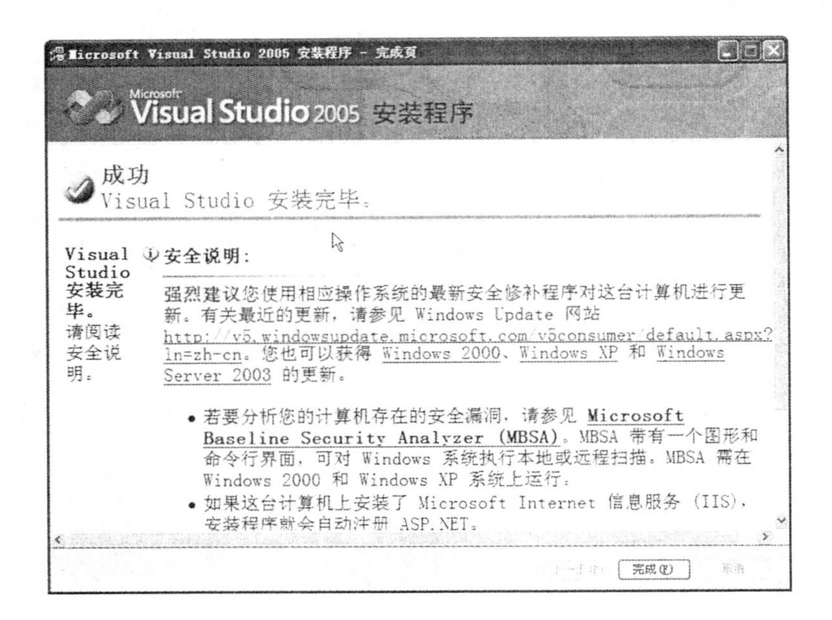

图 5.7　安装完成

载，因为这个版本只针对 XP 操作系统升级的包。安装升级包的时间比较长，需要耐心等待，需要 1～4 个小时。安装过程如图 5.8～图 5.12 所示。

3. 安装 Platform Builder for CE 6.0

Platform Builder for CE 6.0 有两种安装方式：在线安装和离线安装，在此使用离线安装。微软官方并没有提供正式的离线安装下载，如果要进行离线安装，必须得到一组离线安装资源文件的下载地址列表，然后使用第三方下载工具进行下载，共有 365 个文件。

图 5.8　安装过程 1

图 5.9　安装过程 2

图 5.10　安装过程 3

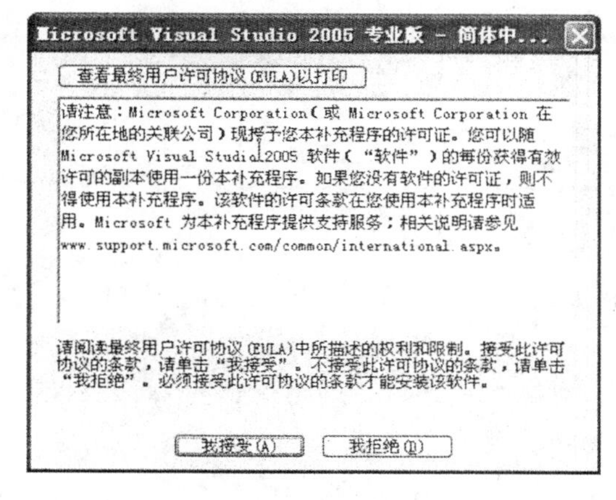

图 5.11　安装过程 4

图 5.12　安装过程 5

第一步：运行“Windows Embedded CE for 6.0.msi”，出现一个安装准备窗口，如图5.13所示，单击“Next>”按钮继续。

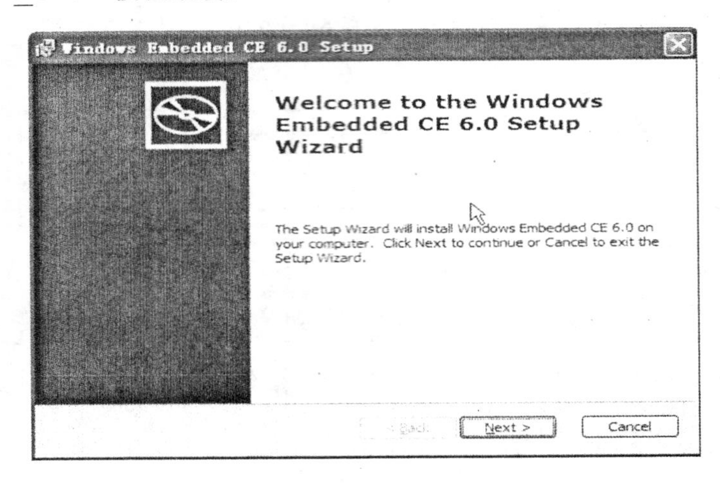

图 5.13　开始安装向导

第二步：进入用户信息和序列号输入界面，如图5.14所示。输入完信息和序列号后，单击“Next”按钮继续。

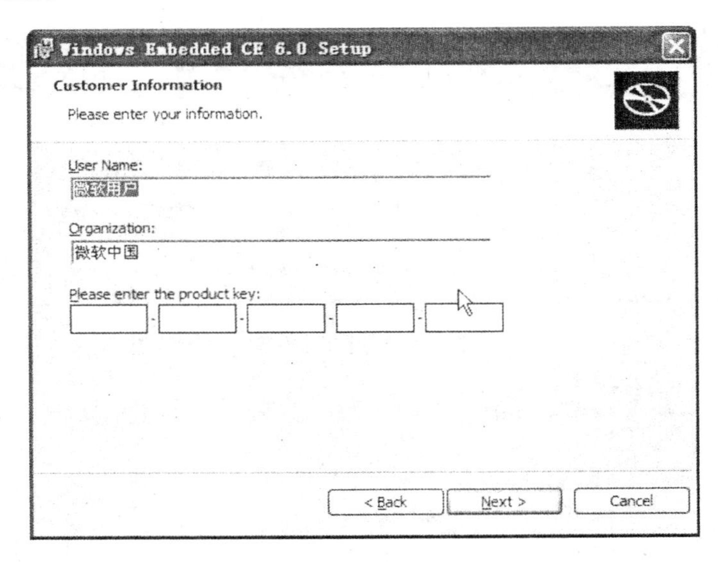

图 5.14　用户信息和序列号输入

第三步：进入最终用户授权许可协议界面，如图5.15所示。选择同意，单击“Next”按钮继续。

第四步：进入组件和目录选择窗口，如图5.16所示。视自己的情况而定，此处只选择“ARMV4I”，在这里也可以修改安装目录，单击“Next”按钮继续。

第五步：进入安装确认窗口，如图5.17所示，单击“Install”按钮开始安装。

第六步：安装过程为10～40 min，直到显示安装完成，如图5.18所示。

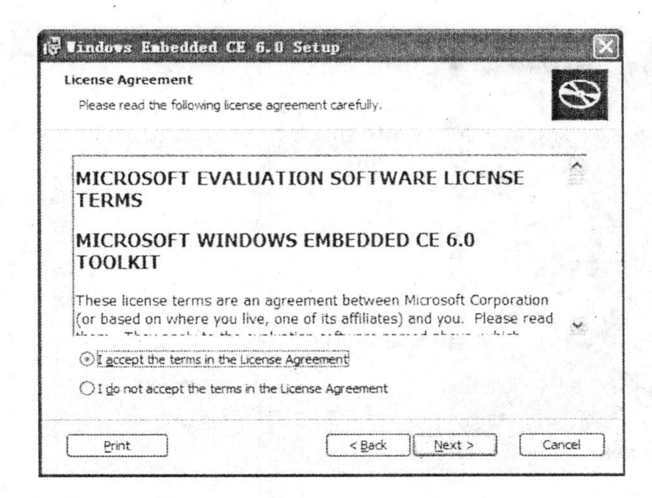

图 5.15　最终用户授权许可协议

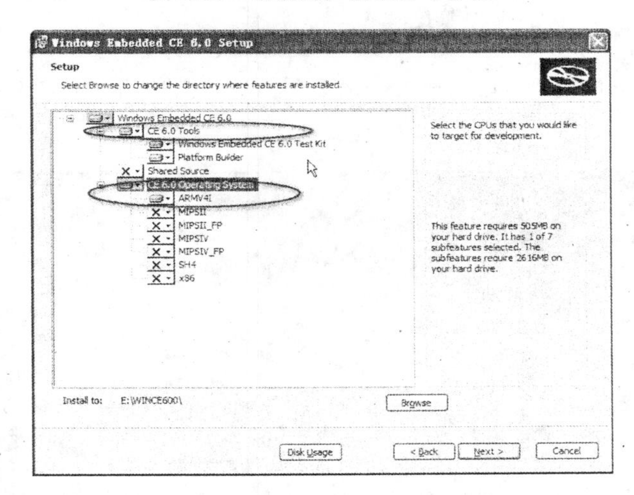

图 5.16　目录和安装组件选择

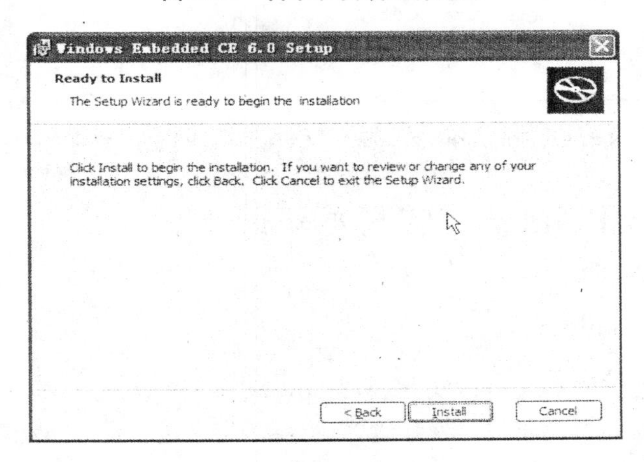

图 5.17　确认安装窗口

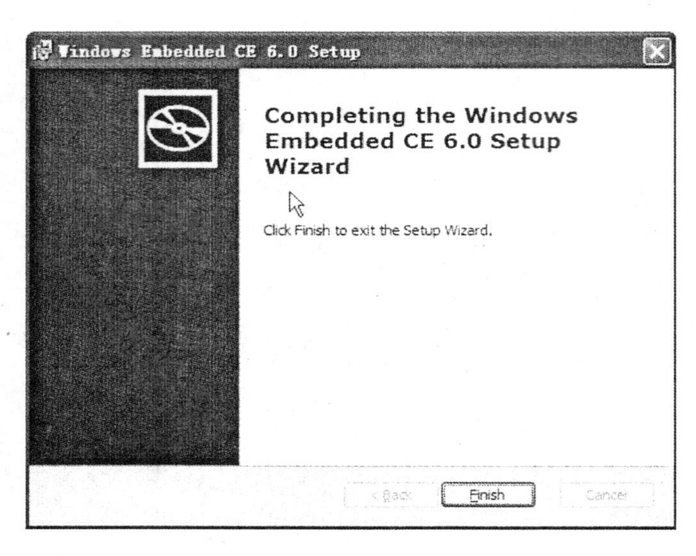

图 5.18　安装完成

启动 VS 2005，可以发现 Platform Builder for CE 6.0 在 VS 的产品列表中，如图 5.19 所示。

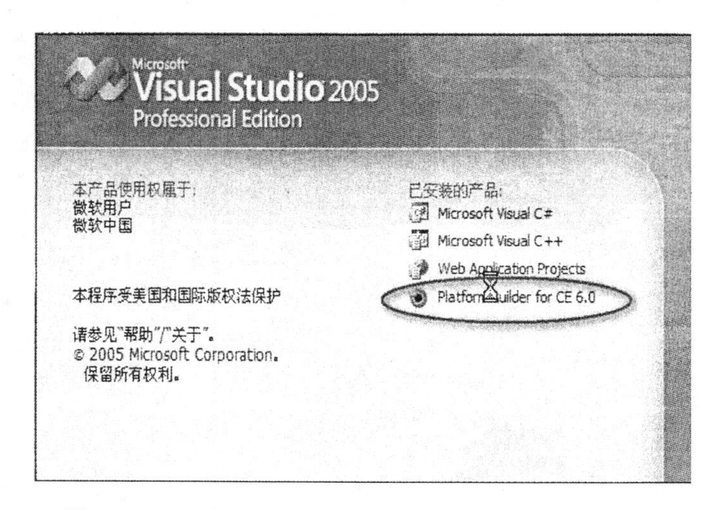

图 5.19　Platform Builder for CE 6.0 在 VS 的产品列表中

5.2　Platform Builder 集成开发环境

5.2.1　Platform Builder 概述

Platform Builder 是微软公司提供给 Windows CE 开发人员进行基于 Windows CE 平台下嵌入式操作系统定制的集成开发环境，它提供了所有进行设计、创建、编译、测试和调试 Windows CE 操作系统平台的工具。它运行在 Windows 桌面下，开发人员可以通过交互式的环境来设计和定制内核、选择系统特性，然后进行编译和调试。同时，开发人员还可以利用 Platform Builder 来进行驱动程序开发和应用程序项目的开发等。Platform Builder 的强大功能，已使其成为 Windows CE 平台下嵌入式操作系统开发和定制的必备工具。

以下是 Platform Builder 提供的工具集：

(1) 使用模板来创建一个新的平台；

(2) 使用模板来创建一个新的板级支持包；

(3) 在 Catalog 列表中显示了一系列的系统特性，这些特性可以被选择用于新的平台中；

(4) 自动检查各个功能模块之间的依赖关系，以确保系统所需要的功能和其子功能，关联的模块都能被包括在定制的目录中。

(5) 通过输出的模板，将一个系统的功能输出到配置文件，以供其他用户使用。

(6) 提供基本的默认配置，这为定制具有特定功能的操作系统带来了方便。

(7) Windows CE Test Kit 提供了测试驱动的一系列工具。

(8) 内核调试器能调试被定制的操作系统，并且能给用户提供性能上的测试参数。

(9) 应用程序调试器能在目标机或者虚拟机的操作系统中测试应用程序。

(10) 远程调试器能通过远程控制来搜集目标机上的信息，如远程文件监视器、注册表监视器。

(11) 虚拟器可以在硬件平台未搭建好的时候调试与硬件无关的程序。

(12) SDK 输出模板可以将特定系统的 SDK 导出，这可以让开发人员为特定的系统开发软件，开发环境调试的是应用程序软件，而 Platform Builder 往往要变异整个内核再调试，两者的开发效率是不同的。

具体来说，Platform Builder 提供的主要开发特性如下。

(1) 平台开发向导(Platform Wizard)、BSP(板级支持包)和 BSP 开发向导(BSP Wizard)：用来引导开发人员去创建一个简单的系统平台或 BSP，然后再根据要求作进一步的修改，提高了平台和 BSP 创建的效率。

(2) 基础配置：为各种流行的设备类别预置的操作系统基础平台，为自定义操作系统的创建提供了一个起点。开发人员可以很容易地定制并编译出一个具备最基本功能的操作系统，然后再在其上作后续的修改。

(3) 特性目录(Catalog)：操作系统可选特性均在特性目录中列出，开发人员可以选择相应的特性来定制操作系统。

(4) 依赖性检查的自动化：特性之间的依赖关系是系统自动维护的，开发人员在选择一个特性时，系统会自动将这一特性所依赖的特性加上，反之，当删除一个特性时，系统会自动检测是否已经选择了依赖于它之上的其他特性，如果有，系统会给出提示，通知开发人员现在不能删除这一特性。

(5) 系统为驱动程序开发提供了基本的测试工具集——Windows CETest Kit(测试工具包)。

(6) 内核调试器：可以对自定义的操作系统映像进行调试，并且向用户提供有关映像性能的信息。

(7) 导出向导:可以向其他 Platform Builder 用户导出自定义的目录特性。

(8) 导出 SDK 向导:使用户可以导出一个自定义的软件开发工具(SDK)。即可以将客户定制的 SDK 导出到特定的开发环境中去,这样开发人员就可以使用特定的 SDK 写出符合特定的操作系统平台要求的应用程序。

(9) 远程工具:可以执行基于 Windows CE 的目标设备有关的各种调试任务和信息收集任务。

(10) 仿真器:通过硬件仿真可加速和简化系统的开发,使用户可以在开发工作站上对平台和应用程序进行测试,大大简化了系统开发流程,缩短了开发时间。

(11) 应用程序调试器:可以在自定义的操作系统映像上对应用程序进行调试。Windows CE 一般应用于特定的嵌入式系统中,在许多情况下,不但需要向目标平台添加基本的操作系统特性,以使它能够完成基本的控制任务,另外,还要向目标系统平台中加入外部设备的驱动程序和一些附加的设置。但是,对于一些通用性较强的嵌入式系统,如 PDA、机顶盒、智能电话等,微软都为其特别定制了专用的操作系统,如 SmartPhone、Pocket PC 等。开发者可以使用这些特定的操作系统,并在此基础上进行调整,从而更快地定制出适合需要的目标操作系统平台。

5.2.2 Platform Builder 6.0 简述

Windows Embedded CE 6.0 是一款组件化实时操作系统,在开发 Windows Embedded CE 6.0 系统时需要利用功能强大的开发工具 Microsoft Visual Studio 2005(简称 VS 2005)以及 Windows Embedded CE 6.0 平台所提供的各种资源。VS 2005 开发工具支持 Windows CE 操作系统定制与开发、应用程序的开发,并且为一系列设备提供了操作系统构造块以满足纵向市场的需求,为应用程序的开发提供了一系列重要功能,包括用于托管应用程序开发的.NET Compact Framework 2.0以及使用本地应用程序开发的 Win32、MFC、ATL、WTL 和 STL。在 VS 2005 中可以重用在 Windows Embedded CE 早期版本中开发的用户界面和应用程序中的大多数现有资源。

VS 2005 提供的集成工具包含 Platform Builder for CE 6.0(简称 PB6.0),是一个用于构建自定义嵌入式操作系统设计的集成开发环境,其附带用于执行设计、创建、安装、测试和调试的开发工具。PB6.0 支持定制与开发基于各种处理器的操作系统,包括 ARM、MIPS、SH4、X86 系列等处理器体系结构。PB6.0 相对早期的版本,如 PB4.2、PB5.0 又增加了新的内容,如集成了基于 ARM 的新设备仿真器,这将使操作系统映像的配置、构建和测试更加简单;PB6.0 改进了编译器,基于 VS 2005 的编译器提高了C++语言的一致性,提供了更好的库,支持 CRT、ATL、MFC 等。PB6.0 为定制 Windows CE 6.0 操作系统提供了各种可见的组件支持。

5.2.3 VS 2005 简介

从开始菜单启动 VS 2005 后会出现如图 5.20 所示的主界面,打开一个操作系统定制工程以后出现如图 5.21 所示的框架图,从图中可以了解到 VS 2005 的各个功能窗口。

VS 2005 集成开发环境的主框架窗口由标题栏、菜单栏、工具栏、工程管理窗口、源文件

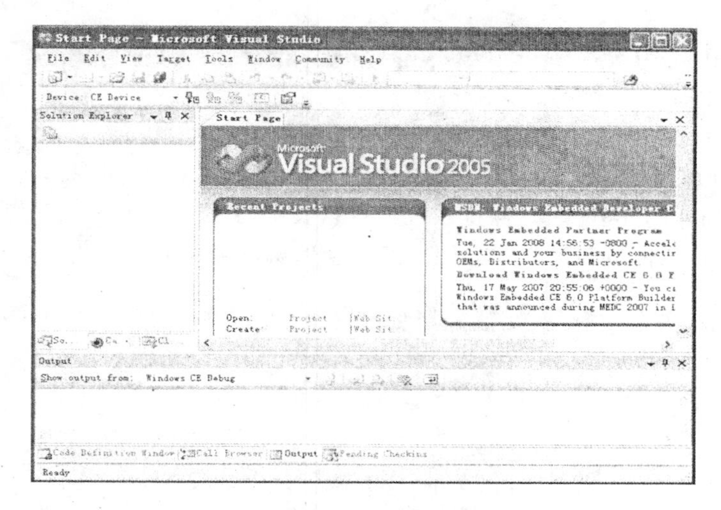

图 5.20　主界面

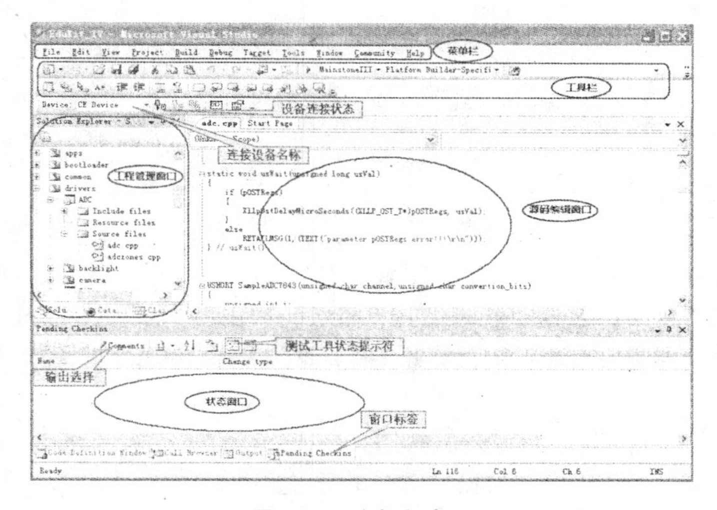

图 5.21　主框架窗口

编辑窗口、输出状态窗口等组成。

- 标题栏显示当前打开的文件名/工程名(图 5.21 顶部的蓝色框)。
- 在菜单栏及工具栏中提供各种工程管理的命令,菜单栏如图 5.22 所示。

√ “File”菜单用于创建、打开、关闭某个文件或工程。

√ “Edit”菜单命令集主要用于对文件/工程源码的编辑。

√ “View”窗口主要用来调整工程管理窗口的界面显示。

√ “Build”菜单集包含了编译工程源码文件等相关命令。

√ “Debug”、“Target”菜单命令集用于进行仿真、硬件调试。

- 源码编辑窗口可以方便地进行源码的编写与修改,编辑器借助 IntelliSenseTM 技术简化语法。
- 状态窗口一般用于查看编译、链接输出信息。

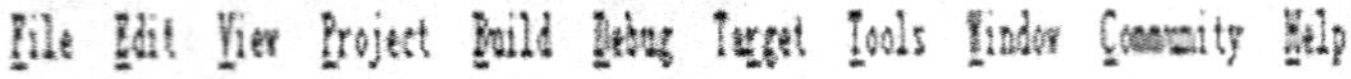

File Edit View Project Build Debug Target Tools Window Community Help

图 5.22 菜单栏

• 工程管理窗口(见图 5.23)用于显示当前打开的工程的有关信息,包括工程文件的组成等内容。在定制 Windows CE 操作系统工程以及编写 Windows CE 下的应用程序时,工程管理工具为管理软件资源提供了方便。工程管理窗口主要由以下几方面组成。

图 5.23 工程管理窗口

(1) Solution Explorer:解决方案资源管理器。在图 5.23 中点击该选项,就切换到该视图窗口。该窗口可以通过 VS 2005 的菜单来打开和关闭:“View”－＞“Solution Explorer”。解决方案资源管理器主要包含了工程的源文件。Windows CE 下的工程主要分为应用程序工程和定制的操作系统工程(主要为 BSP)。

(2) Catalog Items View:目录列表视图。在图 5.23 中点击“catalog...”,就切换到该视图。该视图主要用于管理定制的操作系统工程,包含当前工程使用的 BSP,以及工程可用的组件、应用属性。通过该视图,可以方便地定制 Windows CE 操作系统的各个组件。在 VS 2005 中通过菜单选择“View”－＞“Other Windows”－＞“Catalog Items View”可以打开该窗口。

(3) Resource View:资源视图。该视图主要包含应用程序工程的资源,如对话框资源、菜单资源等。在 VS 2005 中通过菜单选择“View”－＞“Other Windows”－＞“Resource View”可以打开该窗口。

(4) 此外,还有 Class View 等视图窗口。在使用 VS 2005 时,常用的一个菜单功能是设置工程的属性(假设打开的工程名字为 XXX),那么设置工程属性要打开的菜单就是:“Project”－＞“XXX Properties…”,该菜单在后面章节讲述的定制 Windows CE 操作系统的实验中将会用到。例如,这里打开一个操作系统工程属性设置菜单,弹出如图 5.24 所示对话框。

对应条目介绍如下。

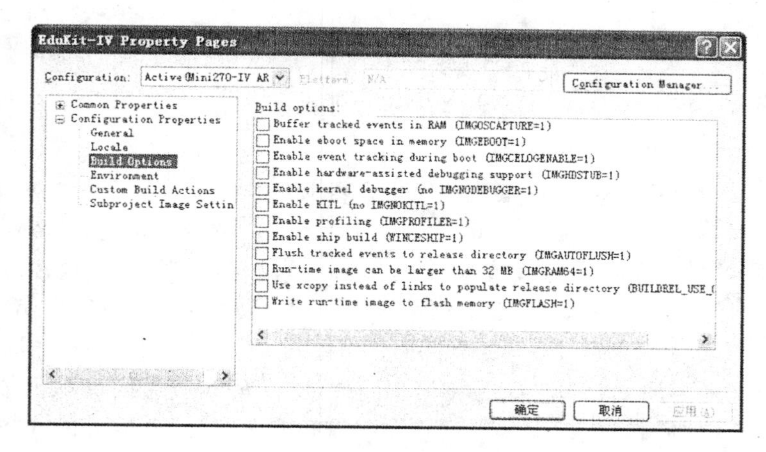

图 5.24　“工程属性”对话框

(1) Buffer tracked events in RAM：启用 RAM 缓冲事件跟踪(OSCaptere. exe 实现)。

(2) Enable CE target control support：启用 CE 目标控制支持会为 OS 设计启用目标控制支持，并且启用内核独立传输层(KITL)。

(3) Enable eboot space in Memory：配置 Config. bib 文件中预留内存空间，允许操作系统在启动过程中读取 boot loader 存储的数据。

(4) Enable event tracking during Boot：开启事件跟踪子系统。

(5) Enable Full Kernel Mode：可使线程运行在内核模式。注意：选择该模式会使系统较脆弱，但是性能会有所提高。

(6) Enable kernel debugger：通过启用对内核调试器的支持，您可以调试基于您的 OS 设计创建的运行库映像；若选该选项，调试器值为 0，否则为 1。

(7) Enable KITL：内核独立传输层(Kernel Independent Transport Layer—KITL)，为 OS 设计启用完全内核模式以提高运行库映像中的系统性能，要建立宿主机和目标机间的通信就必须选择该选项。取消该项也会同时取消被选定的“Enable CE target control support”选项。

(8) Enable profiling：将 Windows CE 的有关内核的信息以日志的形式装入平台镜像中。

(9) Enable ship build：这是一个有条件编译的标志，设置它表示 OS 会提供详细的调试信息来帮助调试(这个选项只在 release 设置才会显示，而 Debug 下是没有这个选项的)。

(10) Flush tracked events to release directory：将事件也放进 release 目录，同时开启事件跟踪功能。

(11) Run-time image can be larger than 32 MB：通过使运行库映像大于 32 MB，您可以具有更大的运行库映像。如果最终的运行库映像需要 32 MB 以上的空间，则生成过程可能无法成功完成。

(12) Use xcopy instead of links to populate release directory：用 xcopy 将所需的文件复制到 Release 目录(如 BSP、系统组件等)。

(13) Write run-time image to flash memory：允许下载结束后将 run-time image 直接

烧进 flash 上。

5.3 定制 Windows CE 操作系统的一般流程

BSP 板级支持包(Board Support Package),是介于主板硬件和操作系统中驱动层程序之间的一层,一般认为它属于操作系统一部分,主要是实现对操作系统的支持,为上层的驱动程序提供访问硬件设备寄存器的函数包;使之能够更好地与硬件主板运行。在嵌入式系统软件的组成中,就有 BSP。BSP 是相对于操作系统而言的,不同的操作系统对应于不同定义形式的 BSP。例如,VxWorks 的 BSP 和 Linux 的 BSP 相对于某一 CPU 来说,尽管实现的功能一样,可是写法和接口定义是完全不同的,所以写 BSP 一定要按照该系统 BSP 的定义形式来写(BSP 的编程过程大多数是在某一个成型的 BSP 模板上进行修改)。这样才能与上层 OS 保持正确的接口,良好地支持上层 OS。

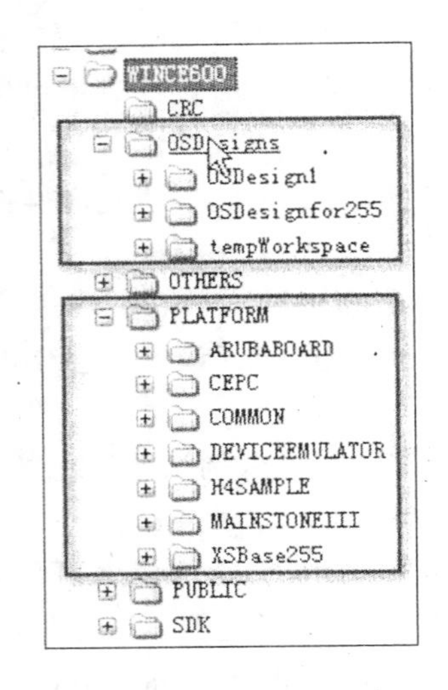

图 5.25 Windows Embedded CE 6.0 目录结构

虽然 Platform Builder for CE 6.0 是 Visual Studio 2005 的一个插件,但是,在默认情况下,它的安装路径并不是在 Visual Studio 2005 的目录中。Windows Embedded CE 的目录默认安装在 C:\\WINCE600 文件夹下,目录结构如图 5.25 所示,通常情况下,可以改变一下安装盘,如安装在 D:\\WINCE600 文件夹下。

现在主要关心图中方框内的文件夹,当新建一个操作系统时,默认的位置就是 OSDesigns。PLATFORM 文件就是放 BSP 的地方,在 Windows Embedded CE 6.0中,添加一个 BSP 很简单,只要把 BSP 文件夹复制到 PLATFORM 中就可以了,在建立操作系统时就会出现,XSBase255 是我们自己加入的 BSP。在建立操作系统时,需要选择这个 BSP。

Windows Embedded CE 6.0 目录结构如图 5.25 所示,Windows CE 子文件夹的主要作用,如表 5.1 所示。

表 5.1 Windows CE 子文件夹的主要作用

目录名	作用
CRC	只有一个文件 crc.ini,提供 Platform Builder 安装时的校验信息
OSDesigns	建立操作系统的默认存储文件夹
OTHERS	存储运行时文件
PLATFORM	与特定硬件相关的文件,如 BSP
PUBLIC	源代码文件夹,与平台无关源代码文件
SDK	支持 Platform Builder for CE 6.0 的 SDK 工具和库文件

1. 定制 Windows CE

第一步：启动 Microsoft Visual Studio 2005。

第二步：依次选择“文件”－＞“新建”－＞“项目”，如图 5.26 所示，出现新建项目向导，如图 5.27 所示，按图中红框选择，名称和位置可以改变。单击“确定”按钮，继续进行。

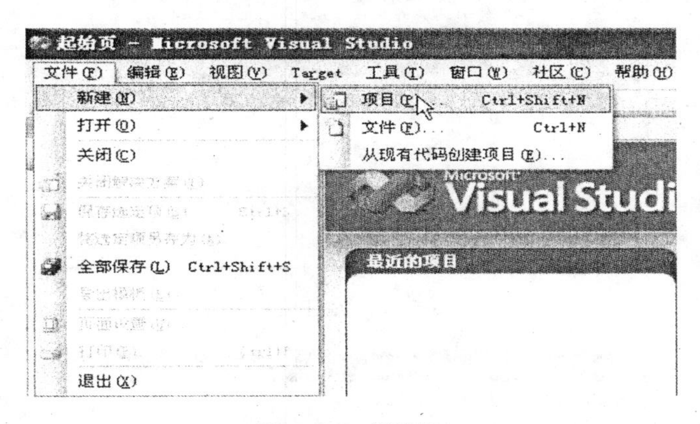

图 5.26　起始页

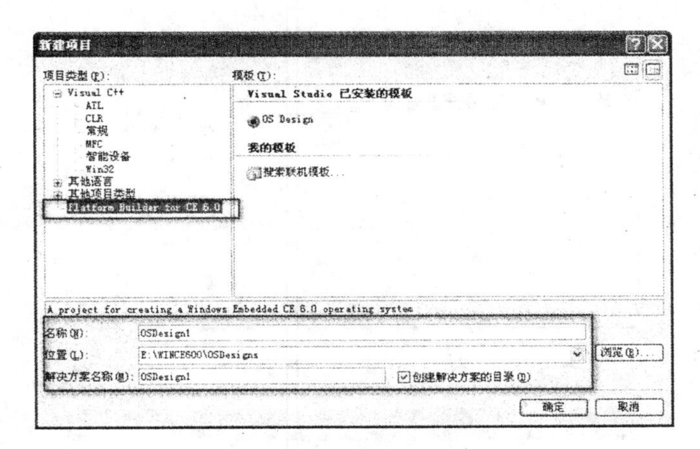

图 5.27　新建项目向导

第三步：出现欢迎信息，如图 5.28 所示，单击“下一步”按钮。

第四步：进入 BSP 选择界面，如图 5.29 所示，选择我们自己加入的 PXA255 的 BSP，单击“下一步”按钮。

第五步：进入设计模板选择界面，如图 5.30 所示，选择 PDA Device，单击“下一步”按钮。

第六步：进入设计模板选择，如图 5.31 所示，选择 Enterprise Web Pad，单击“下一步”按钮。

第七步：进入“应用程序和多媒体组件选择”对话框，如图 5.32 所示，可以根据自己的需求来增加或者删除组件，此处采用默认，单击“下一步”按钮。

第八步：进入“网络和通信组件选择”对话框，如图 5.33 所示，此处选用默认，单击“下一步”按钮。

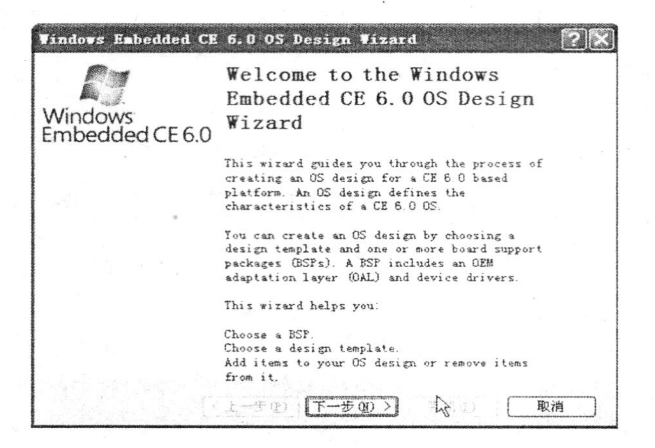

图 5.28 欢迎信息

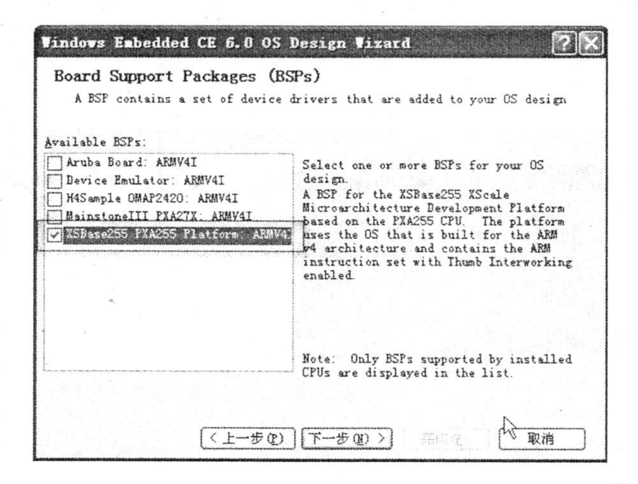

图 5.29 BSP 选择界面

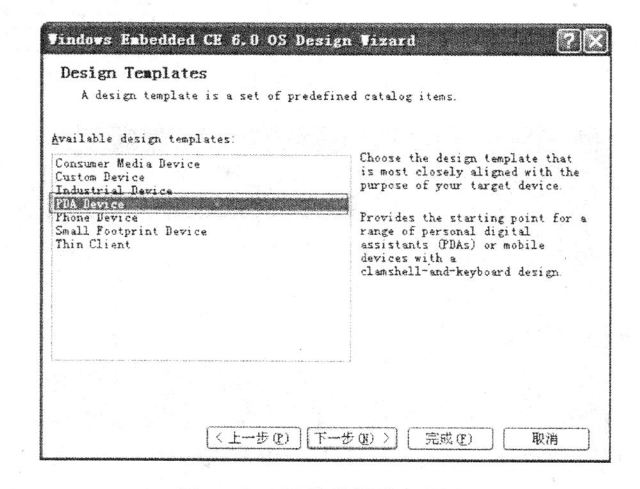

图 5.30 设计模板选择界面

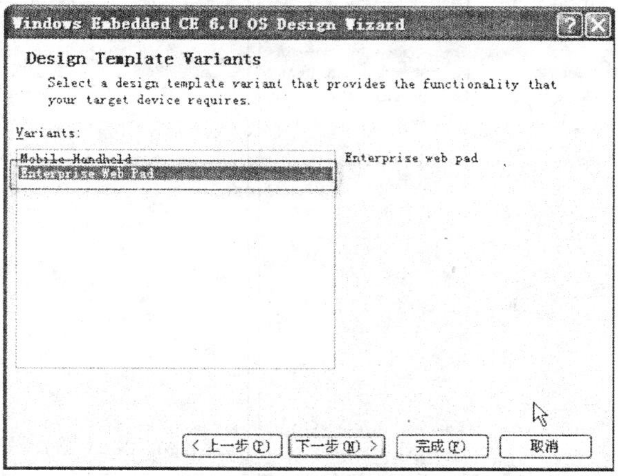

图 5.31　设计模板选择

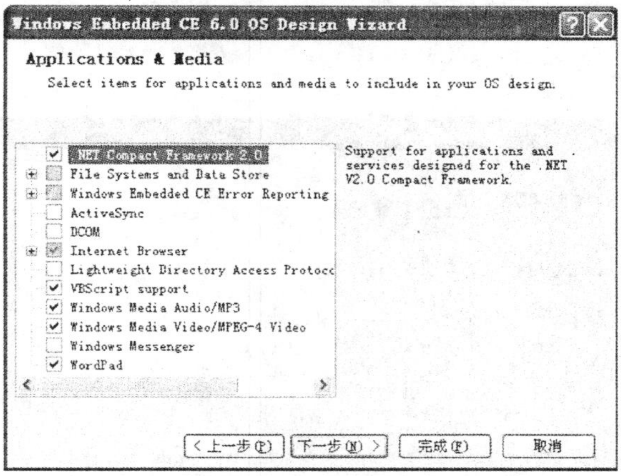

图 5.32　“应用程序和多媒体组件选择”对话框

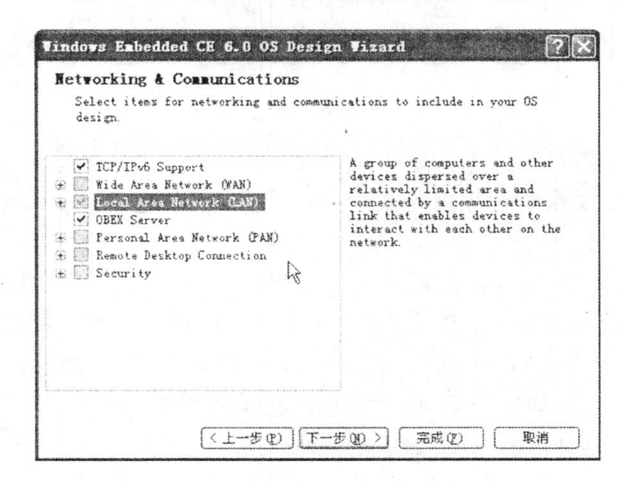

图 5.33　“网络和通信组件选择”对话框

第九步：进入完成向导界面，单击“完成”按钮，创建工作结束，如图 5.34 所示。

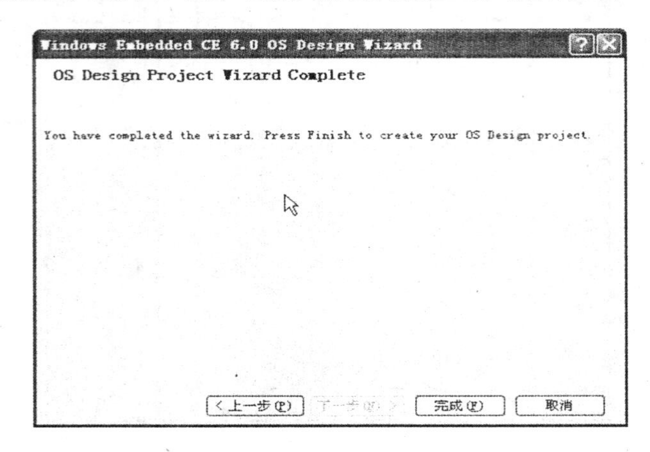

图 5.34　完成向导界面

当单击“完成”按钮时，根据所选的组件不同，可能会弹出安全警告，如图 5.35 所示，此处弹出了一个安全警告，接受即可。

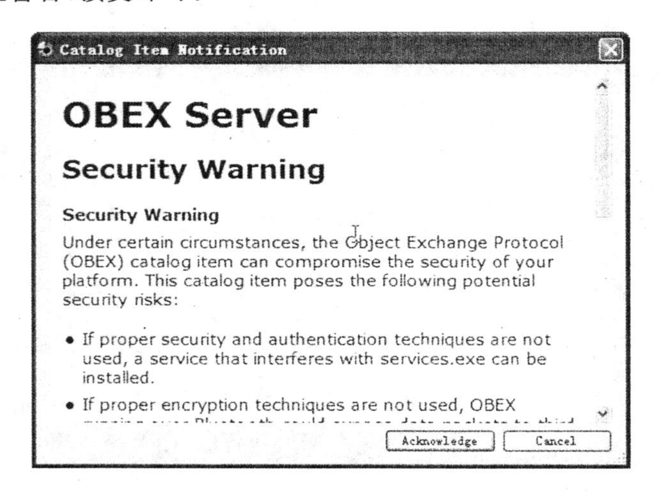

图 5.35　安全警告界面

2. 设置编译和生成选项

第一步：打开项目属性，设置生成类型，在配置里选择 Release，Build Type 选择 Release，分别如图 5.36、图 5.37 所示。

第二步：设置生成选项，如图 5.38 所示。默认 KITL 是打勾的，但由于提供的 BSP 缺少 KITL 的支持，所有要去掉，否则不能运行。另外，由于内核映像可能大于 32 MB，所以要把 Run-time image can be larger than 32 MB 选上，默认是没有打勾的。

第三步：编译和生成，如图 5.39 所示，点击“生成解决方案”或者“生成 OSDesign1”。接下来耐心等待，需要的时间比较长，大约 30 min。

第四步：最后会出现一个错误，如图 5.40 所示。这是由于提供的 BSP 有问题，可以注释掉而不影响启动，这是运行起来的折中方法。

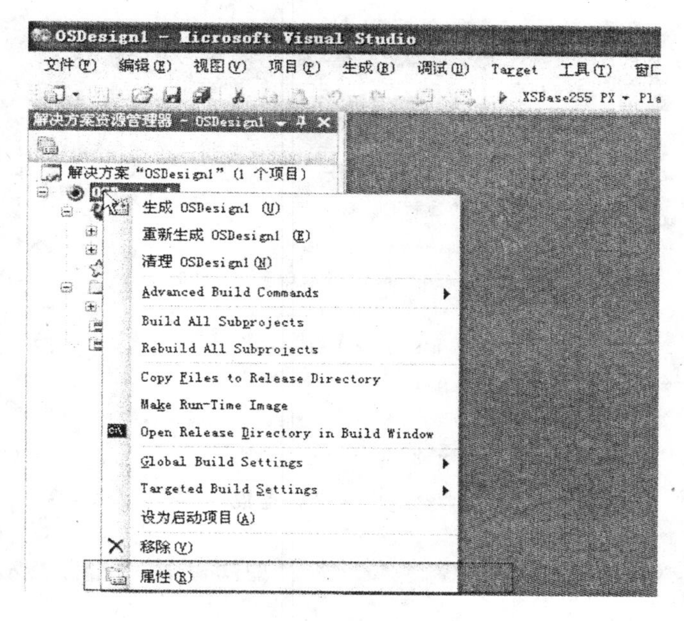

图 5.36　项目属性

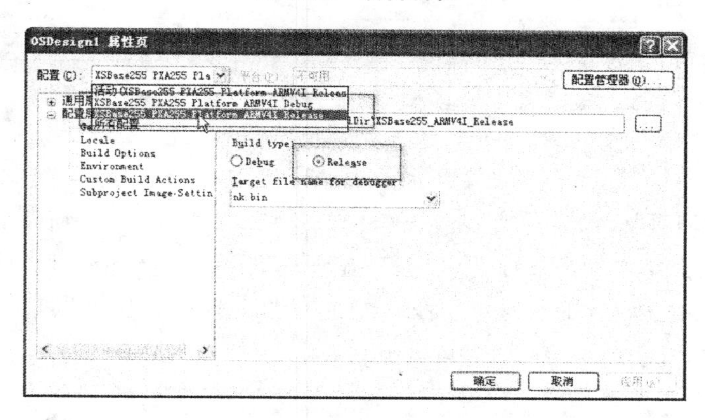

图 5.37　项目属性页

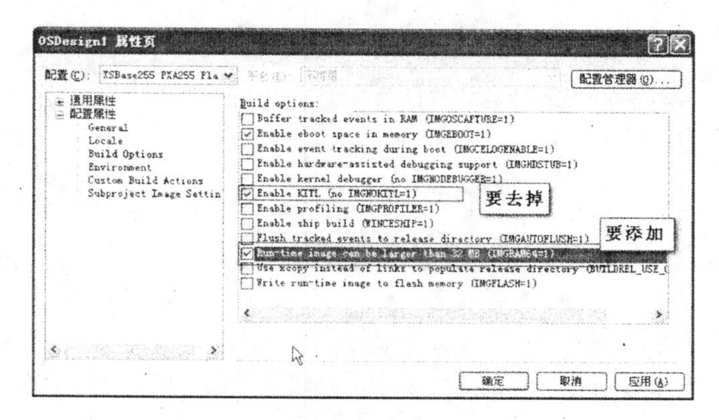

图 5.38　生成选项设置

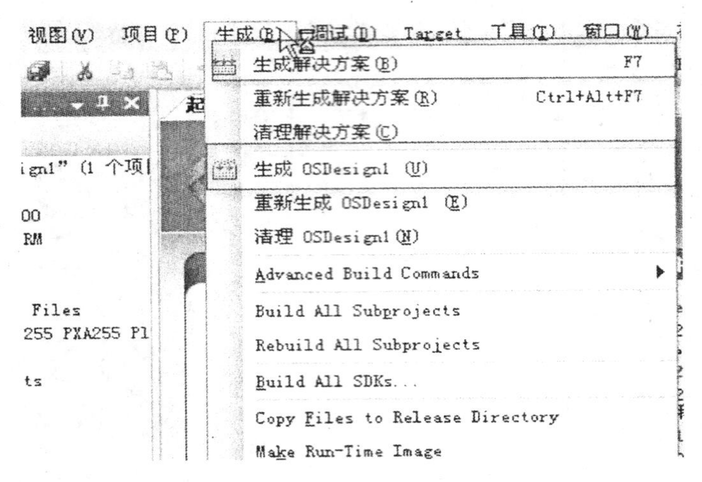

图 5.39　编译和生成

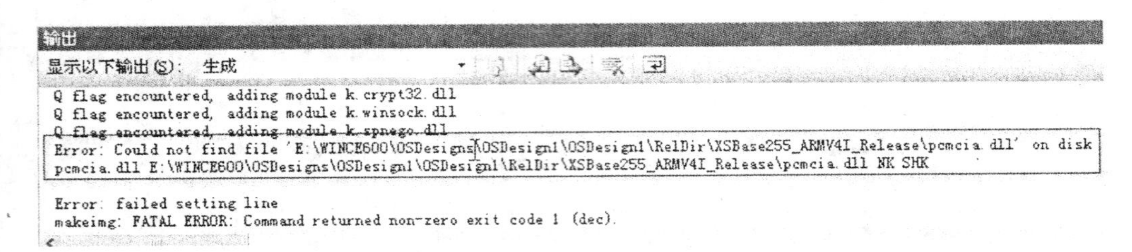

图 5.40　出现错误

第五步：修改配置文件，首先查找 pcmcia.dll 位置，单击图 5.41 所示菜单项，出现如图 5.42 所示窗口，查找结果如图 5.43 所示。双击画框那一行，会自动跳转到那个位置，然后把相应的文件改为注释掉，如图 5.44 所示，注意有两个地方。也可以直接去 Release 文件查找 platform.bib 文件，然后查找 pcmcia.dll。

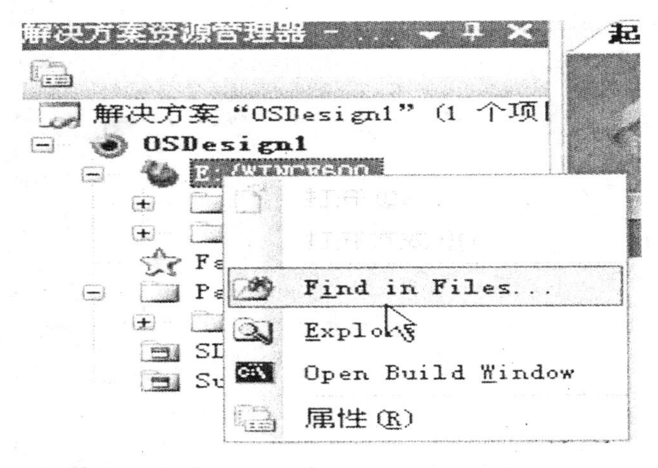

图 5.41　查找菜单项

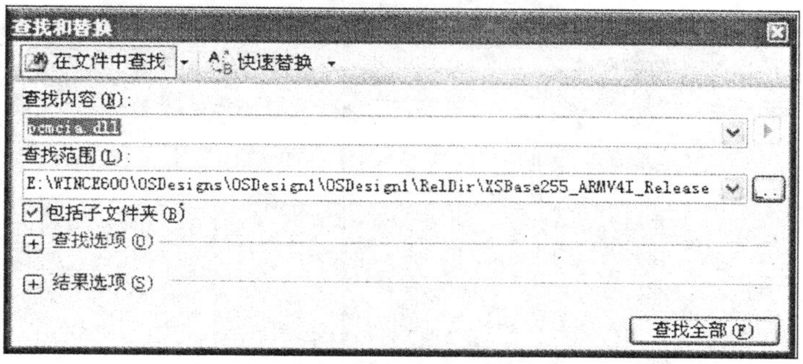

查找和替换
在文件中查找　快速替换
查找内容(N):
pcmcia.dll
查找范围(L):
E:\WINCE600\OSDesigns\OSDesign1\OSDesign1\RelDir\XSBase255_ARMV4I_Release
包括子文件夹(B)
查找选项(O)
结果选项(S)
查找全部(F)

图 5.42　位置查找

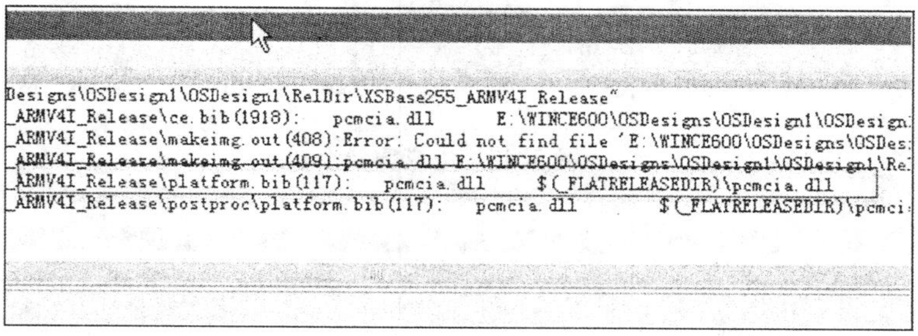

```
Designs\OSDesign1\OSDesign1\RelDir\XSBase255_ARMV4I_Release"
_ARMV4I_Release\ce.bib(1918):   pcmcia.dll      E:\WINCE600\OSDesigns\OSDesign1\OSDesign
_ARMV4I_Release\makeimg.out(408):Error: Could not find file 'E:\WINCE600\OSDesigns\OSDes
_ARMV4I_Release\makeimg.out(409):pcmcia.dll E:\WINCE600\OSDesigns\OSDesign1\OSDesign1\Re
_ARMV4I_Release\platform.bib(117):    pcmcia.dll      $(_FLATRELEASEDIR)\pcmcia.dll
_ARMV4I_Release\postproc\platform.bib(117):    pcmcia.dll      $(_FLATRELEASEDIR)\pcmci
```

图 5.43　查找结果

图 5.44　修改配置文件

第六步:重新生成镜像,这时不要选择“生成解决方案”和“生成 OSDesign”,而要选择 Make Run-Time Image。这样就不需要重新编译,只是重新链接,只需要 1 min 左右,如图 5.45所示。

第七步:最后,会显示成功,如图 5.46 所示。这时可在 Release 文件夹内找到 nk.bin 文件,这个就是镜像文件,以后会把这个镜像下载到板子上。

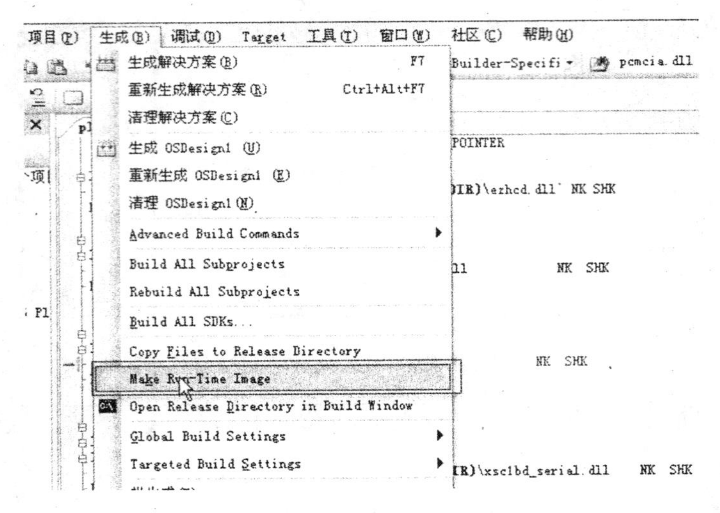

图 5.45 生成镜像

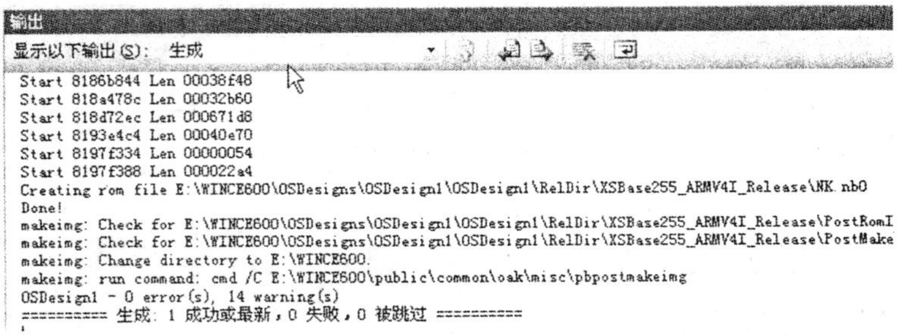

```
输出
显示以下输出(S): 生成
Start 8186b844 Len 00038f48
Start 818a478c Len 00032b60
Start 818d72ec Len 000671d8
Start 8193e4c4 Len 00040e70
Start 8197f334 Len 00000054
Start 8197f388 Len 000022a4
Creating rom file E:\WINCE600\OSDesigns\OSDesign1\OSDesign1\RelDir\XSBase255_ARMV4I_Release\NK.nb0
Done!
makeimg: Check for E:\WINCE600\OSDesigns\OSDesign1\OSDesign1\RelDir\XSBase255_ARMV4I_Release\PostRomI
makeimg: Check for E:\WINCE600\OSDesigns\OSDesign1\OSDesign1\RelDir\XSBase255_ARMV4I_Release\PostMake
makeimg: Change directory to E:\WINCE600.
makeimg: run command: cmd /C E:\WINCE600\public\common\oak\misc\pbpostmakeimg
OSDesign1 - 0 error(s), 14 warning(s)
========== 生成: 1 成功或最新，0 失败，0 被跳过 ==========
```

图 5.46 生成成功

5.4 操作系统移植

1. 下载镜像

第一步：把网线和串口线接好。

第二步：打开超级终端或者其他的中断软件(如 SecureCRT)，如图 5.47～图 5.50 所示。第一次启动超级终端，需要输入区号，随便输入。注意，波特率设置为 38 400，数据流控制选“无”。

第三步：打开板子的电源开关显示超级终端，如图 5.51 所示。按空格键会进入 bootloader 的设置，如 IP 等选项，要把 IP 设置成跟 PC 一个网段，如图 5.52 所示。

第四步：选择 Dowload new image now，如图 5.53 所示。下一步转到 VS 2005。

第五步：启动连接和下载选项，分别如图 5.54 和图 5.55 所示。下载方式选择 Ethernet，点击 Settings。如图 5.56 所示，在选择框内找到设备，单击“OK”按钮，返回到图 5.54所示，单击“Apply”按钮，然后单击“Close”按钮关闭界面。

第六步：连接设备，如图 5.57 所示。点击“Attach Device”，会出现如图 5.58 所示的下

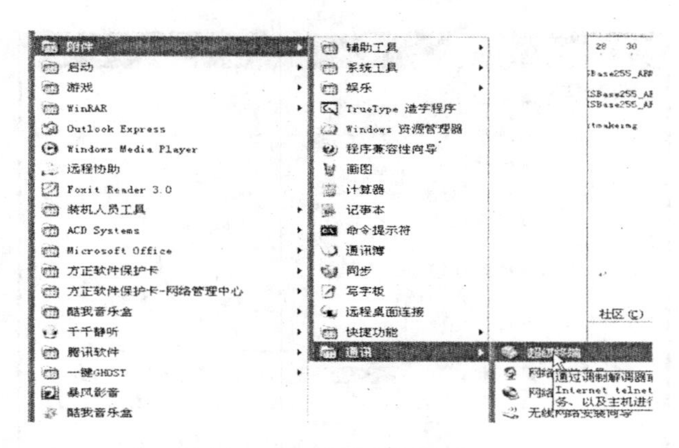

图 5.47　启动超级终端

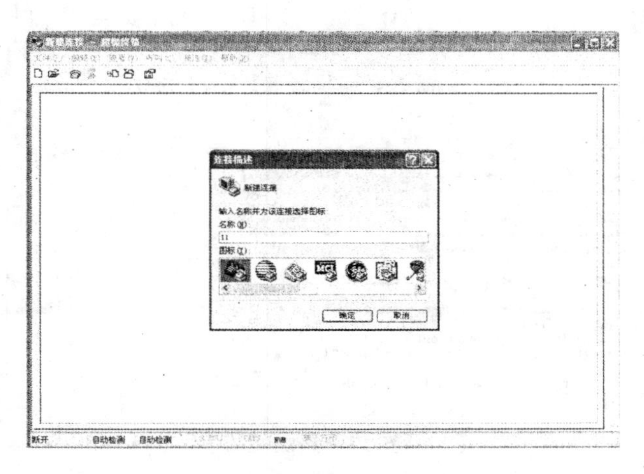

图 5.48　超级终端

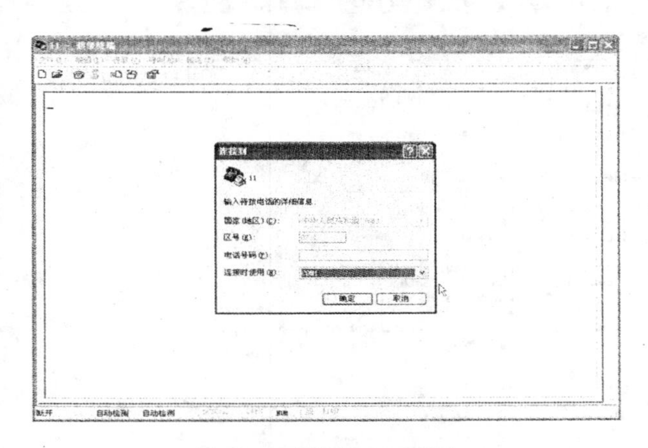

图 5.49　选择 COM 端口

载界面。下载完后，超级终端会出现如图 5.59 所示内容。开发的显示屏上会出现 Windows CE 的画面，下载成功。

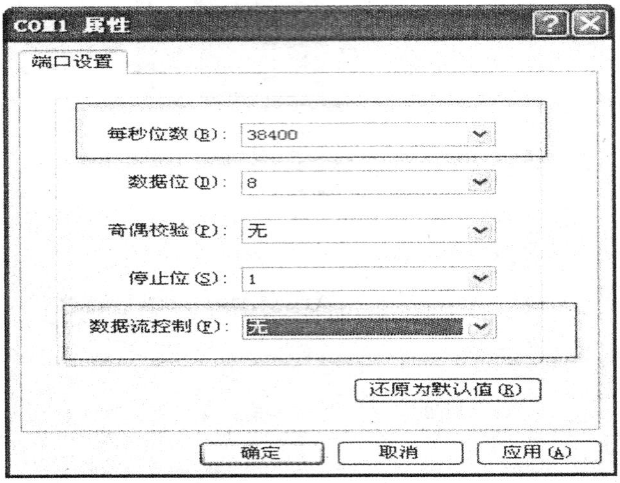

COM1 属性

端口设置

每秒位数(B): 38400

数据位(D): 8

奇偶校验(P): 无

停止位(S): 1

数据流控制(F): 无

还原为默认值(R)

确定 取消 应用(A)

图 5.50 设置波特率

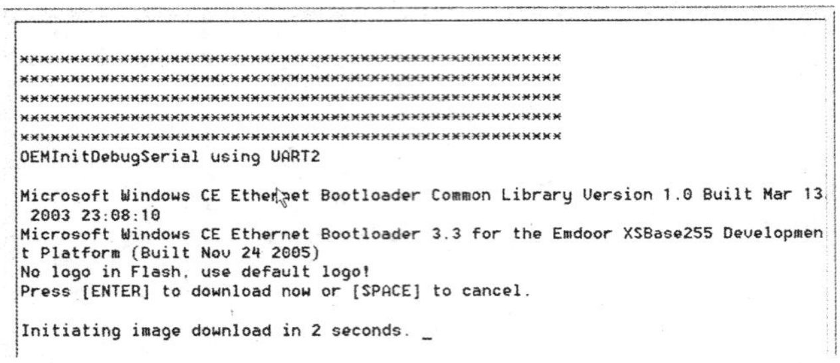

```
****************************************************
****************************************************
****************************************************
****************************************************
****************************************************
OEMInitDebugSerial using UART2

Microsoft Windows CE Ethernet Bootloader Common Library Version 1.0 Built Mar 13
 2003 23:08:10
Microsoft Windows CE Ethernet Bootloader 3.3 for the Emdoor XSBase255 Developmen
t Platform (Built Nov 24 2005)
No logo in Flash, use default logo!
Press [ENTER] to download now or [SPACE] to cancel.

Initiating image download in 2 seconds. _
```

图 5.51 超级终端

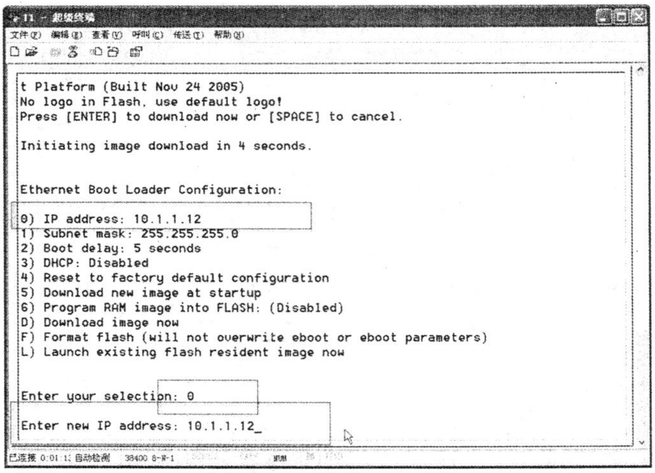

11 - 超级终端

文件(F) 编辑(E) 查看(V) 呼叫(C) 传送(T) 帮助(H)

```
t Platform (Built Nov 24 2005)
No logo in Flash, use default logo!
Press [ENTER] to download now or [SPACE] to cancel.

Initiating image download in 4 seconds.


Ethernet Boot Loader Configuration:

0) IP address: 10.1.1.12
1) Subnet mask: 255.255.255.0
2) Boot delay: 5 seconds
3) DHCP: Disabled
4) Reset to factory default configuration
5) Download new image at startup
6) Program RAM image into FLASH: (Disabled)
D) Download image now
F) Format flash (will not overwrite eboot or eboot parameters)
L) Launch existing flash resident image now


Enter your selection: 0

Enter new IP address: 10.1.1.12_
```

已连接 0:01:1 自动检测 38400 8-N-1

图 5.52 开发板 IP 设置

```
D) Download image now
F) Format flash (will not overwrite eboot or eboot parameters)
L) Launch existing flash resident image now


Enter your selection: d
Writing 0x80076BD8 to flash address 0xB8340000 (length=0xA3C).
Sector=0x200 (Length=0x6)  Block=0x1 (Length=0x1).
Handling non-block aligned data...
FlashErase: Unlocking flash block(s) [0x1, 0x1] (please wait): Done.
Erasing flash block(s) [0x1, 0x1] (please wait): .Done.
Writing to flash (please wait): Done.
Checking CS8900A Devices..
CS8900 Mac Address: 00:0B:29:FF:55:66
(D)(Probe) dwEthernetIOBase: 0xBC300300
CS8900 is Detected..
CS8900_Init OK.
CS8900A Ethernet Controller Initialized: OK
System ready!
Preparing for download...
INFO: Using device name: 'XSBase25521862'
+EbootSendBootmeAndWaitForTftp
Sent BOOTME to 255.255.255.255
```

图 5.53　选择选项“D”

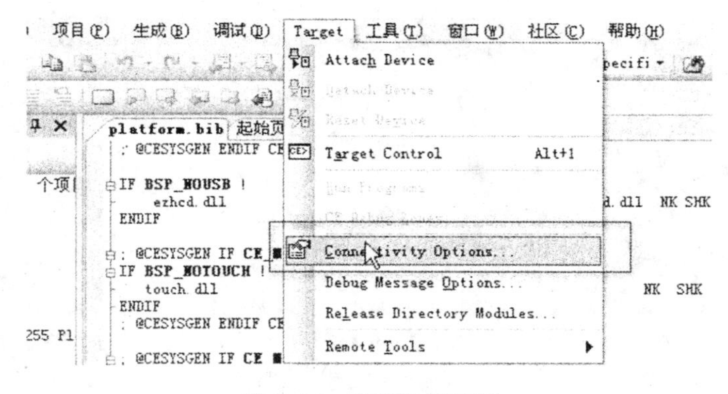

图 5.54　启动连接选项

Target Device Connectivity Options

Device Configuration
Add Device
Delete Device
Service Configuration
Kernel Service Map
Core Service Settings
Service Status

Target Device:
CE Device
点击
Download:
Ethernet
(XSBase25521862)
Settings
Transport:
Ethernet
(XSBase25521862)
Settings
Debugger:
None
Settings
Apply
Close

图 5.55　连接选项

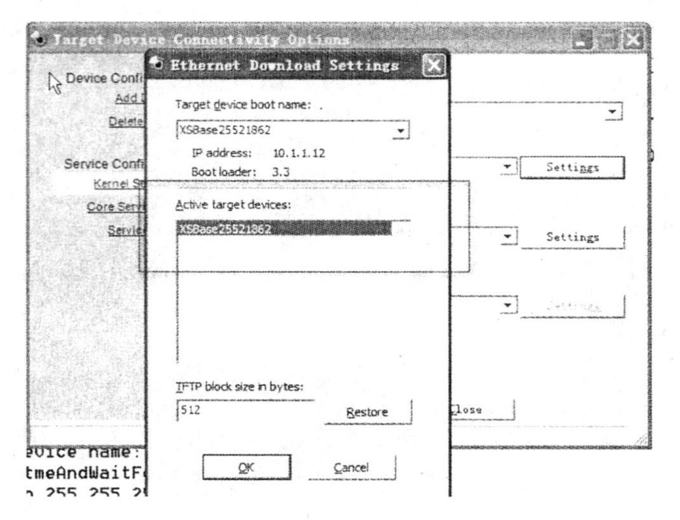

图 5.56 选择设备

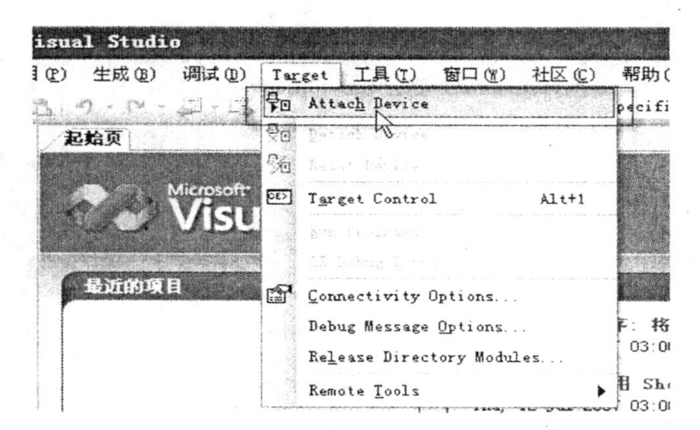

图 5.57 连接设备

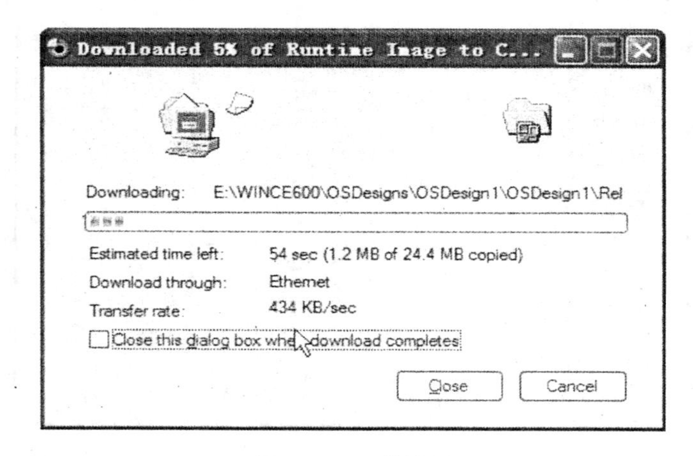

图 5.58 下载界面

```
Writing to flash (please wait): Done.
Got EDBG_CMD_JUMPIMG
Got EDBG_CMD_CONFIG, flags:0x00000000
Download successful! Jumping to image at physical 0xA00B9000...

**************************************************************
**************************************************************
**************************************************************
**************************************************************
**************************************************************
OEMInitDebugSerial using UART2
Windows CE Kernel for ARM (Thumb Enabled) Built on Sep  6 2006 at 19:14:27
 bpp: 0x10
 CxScreen: 0x280
 CyScreen: 0x1e0
Display Type: TFTQVGA
InitializeDisplayHardware Complete
ERROR: E:\WINCE600\PLATFORM\XSBase255\SRC\DRIVERS\DRVLIB\.\valloc.c line 42: VirtualCopy failed! P2ot:_oBsK: : addr=0xbf700a00, offset=0xa00(0x57)
ERROR: E:\WINCE600\PLATFORM\XSBase255\SRC\DRIVERS\KBDMOUSE\KBDMOUSE\.\ps2port.cpp line 857: Keyboard Mouse Driver InitializeAddresses: Failed!.
ERROR: E:\WINCE600\PLATFORM\XSBase255\SRC\DRIVERS\KBDMOUSE\KBDMOUSE\.\kbdmouse.cpp line 167: PS2_SA11X1_Entry: Could not initialize ps2 port.
_
```

图 5.59　超级终端

5.5　实例构建

【例 5.1】　HelloWorld 程序。

第一步:添加子项目,如图 5.60 所示,单击"下一步"按钮继续。

第二步:输入项目名称,如图 5.61,单击"下一步"按钮。

第三步:文件自动生成向导,如图 5.62 所示,选择最后一项,单击"完成"按钮。

第四步:可以自行添加代码,然后通过 Build 生成新的镜像,如图 5.63 所示。

第五步:下载镜像,当开发板运行后,文件 MyHelloWorld. exe 在 Windows 文件下,而且是隐藏的,可以通过选项让其显示。

正式的应用程序开发通常使用 MFC 或者. Net,而且是通过 ActiveSync 及 USB 下载到板子上运行。

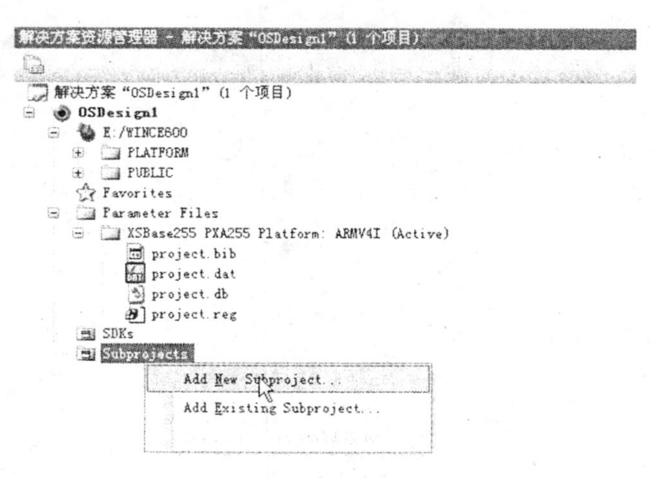

图 5.60　添加子项目

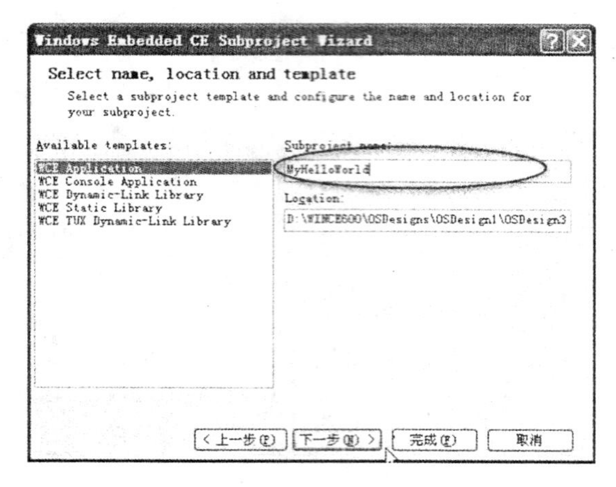

图 5.61　向导一

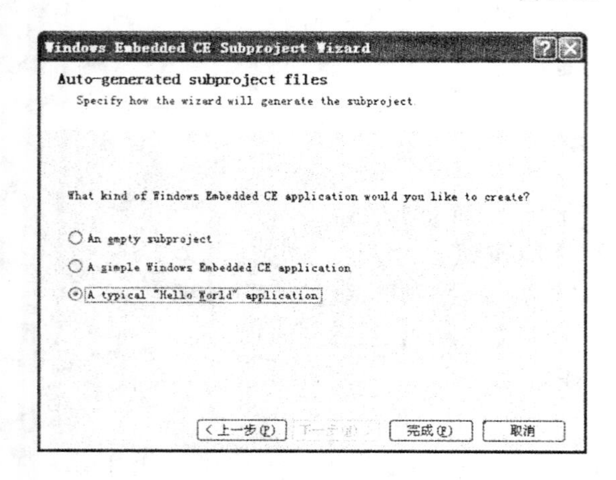

图 5.62　向导二

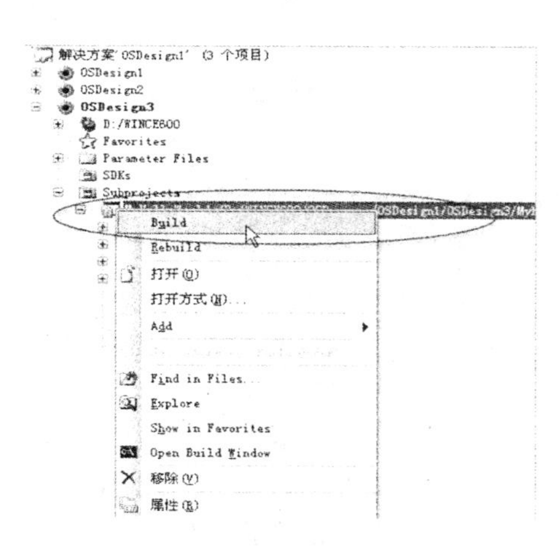

图 5.63　建立新的镜像

习　题　五

1. 在个人计算机上搭建 Windows CE 开发环境。
2. 在模拟环境下开发一个如下嵌入式应用程序：对 1 到 100 的自然数求和，最后输出其结果。

第 6 章　基于 Windows CE 的嵌入式应用程序开发实例

6.1　概述

本章将从嵌入式软件工程师的角度，着重介绍基于 Windows CE 的嵌入式系统开发流程和嵌入式应用程序开发。首先介绍开发平台和开发环境的搭建，然后介绍基于 Windows CE 的嵌入式系统开发流程，最后以实训的方式由浅入深地引导初学者能够熟练地进行基于 Windows CE 的嵌入式系统应用程序开发。

本章主要要求掌握下面三部分内容：

(1) 用 PB 定制 Windows CE 操作系统内核映像，并下载到开发板上运行；

(2) 导出所定制内核的 SDK，并安装到 EVC 中；

(3) 用 EVC 开发 Windows CE 上的应用程序，并下载到开发板上或用模拟器运行。

6.2　基于 Windows CE 嵌入式应用程序开发环境

由于嵌入式系统是一个受资源限制的系统，因此直接在嵌入式系统硬件上进行编程开发显然是不合理的。在嵌入式系统的开发过程中，一般采用的方法是：首先在通用 PC 上的集成开发环境中编程；然后通过交叉编译和链接，将程序转换成目标平台（嵌入式系统）可以运行的二进制代码；接着通过嵌入式调试系统调试正确；最后将程序下载到目标平台上运行。

因此，选择合适的开发工具和调试工具，对整个嵌入式系统的开发都非常重要。

嵌入式程序的创建是嵌入式系统的设计核心，与编写 PC 程序不同，编写嵌入式代码需要满足多种约束条件。设计嵌入式代码不仅需要提供丰富的功能，而且还必须满足一定的运行速率、功耗和适应内存容量限制等。因此，在嵌入式程序的设计过程中，需要用到一些特有的技术和方法。

随着编译技术、处理器和内存的不断发展，采用高级语言设计应用程序变得通用起来，本章介绍的 EVC 就是嵌入式专用的 VC 语言，是一种高级语言用于嵌入式系统应用程序的开发。

6.2.1　硬件资源

硬件资源包括：

(1) PXA255 实验箱一个；

(2) PC 一台；

(3) 交叉串口线一根；

(4) 网线一条；

(5) USB 连接线一根(可选)。

6.2.2 软件资源

软件资源包括：

(1) Microsoft Platform Builder 4.2；

(2) 实验箱的 BSP 安装包；

(3) Microsoft EVC 4.0 with SP4；

(4) Microsoft ActiveSync 3.7(可选)。

注意：在阅读后续章节内容之前，应准备好以上硬件资源，并在 PC 上安装好 PB、BSP、EVC 等软件。对于没有 PXA255 实验箱的学习者，可以在 PC 上使用模拟器进行实训，这在实训二中进行了详细说明。

6.3 基于 Windows CE 的嵌入式应用程序开发流程

一个嵌入式系统或者一个嵌入式应用项目的开发过程是一个硬件设计和软件设计的综合过程，也是一个系统工程。一般而言，开发一个嵌入式系统要经历以下几个步骤：

(1) 元器件选型；

(2) 原理图编制；

(3) 印制板设计；

(4) 样板试制；

(5) 硬件功能测试；

(6) 编写引导程序；

(7) 操作系统移植；

(8) 驱动程序编写；

(9) API 设计与开发；

(10) 支撑软件设计与调试；

(11) 应用程序设计与调试；

(12) 系统联合调试；

(13) 样机交付。

从中可以看到，开发一个嵌入式系统要考虑整个系统的软硬件设计中的各个问题。

本书先向初学者介绍在 PC 上开发嵌入式应用软件的流程。开发者只需要上述步骤中的两个：

(1) 应用程序设计与测试；

(2) 系统联合调试。

如果在 PC 平台上开发一个带有硬件的应用系统，则开发流程为：

(1) 硬件系统(适配卡)与接口设计；

(2) 驱动程序开发；

(3) 应用程序设计与测试;

(4) 系统联合调试。

然而在多数情况下,开发嵌入式应用系统需要考虑因素远多于 PC 平台。仅软件部分就要考虑操作系统的移植、板级支持包的开发、驱动程序的编写、应用程序开发和操作系统接口等问题,即使只开发嵌入式应用程序,也要在工程项目中将操作系统文件、驱动程序文件联同应用程序文件一起加进来,经过修改、整理后,再编译成目标文件。

下面将从最基本的环境搭建开始,以实训的形式非常详细地带领初学者进入嵌入式应用程序的开发中来。实训一和实训二是后续开发的基础,不能跳过,如果能把实训样例认真独立做完,那么对嵌入式应用程序的开发就能达到一个系统掌握的水平。

6.4　嵌入式系统应用程序开发实训

6.4.1　实训一　定制操作系统内核

一、实验目的

(1) 熟悉 Platform Builder 集成开发环境;

(2) 掌握使用 Platform Builder 的 New Platform Wizard 创建一个新的平台;

(3) 掌握根据需要对该平台进行裁减和自定义;

(4) 掌握构建系统的配置选项的设置和连接配置选项的设置。

二、实验内容

(1) 使用模板创建新平台;

(2) 客户化定制;

(3) 构建内核映像;

(4) 下载内核映像到开发板上运行。

三、实验步骤

(1) 启动 PB,如图 6.1 所示。

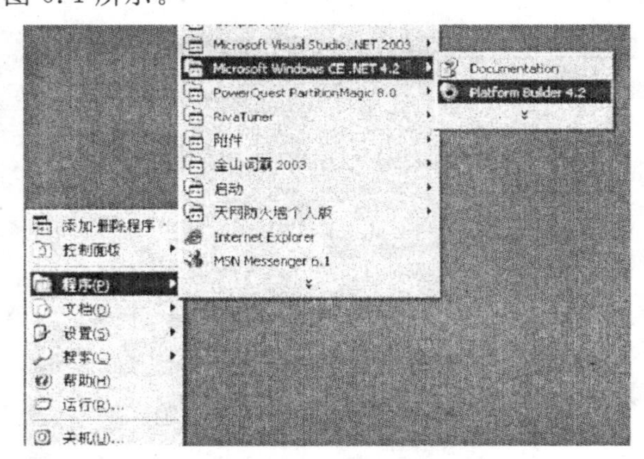

图 6.1　启动 PB

（2）在 File 菜单中单击“New Platform”选项，单击“Next”按钮，如图 6.2 所示。

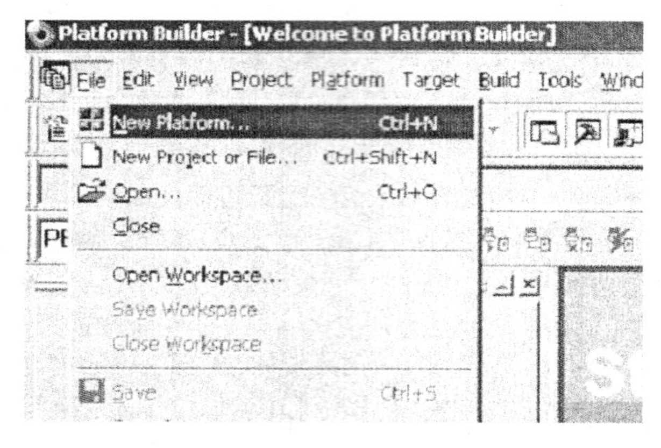

图 6.2　在 File 菜单中单击“New Platform”

（3）在 BSP 列表里，选择 HYBUS X-HYPER255B：ARMV4，如图 6.3 所示。

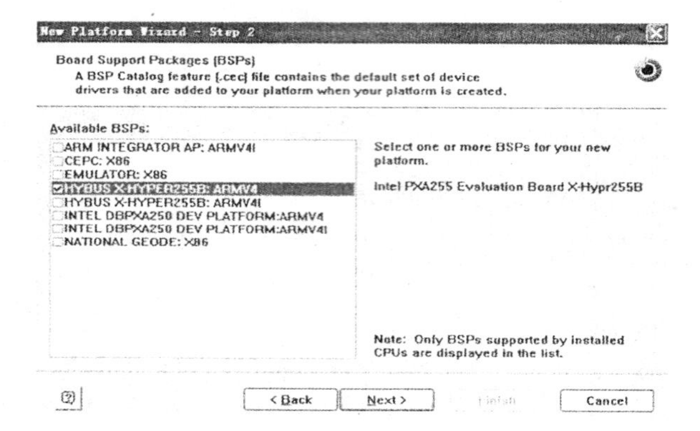

图 6.3　选择“HYBUS X-HYPER255B：ARMV4”

（4）在平台配置列表中，选择 Internet Appliance（当然也可以选择其他，PB 会根据所选来添加不同的组件），在右下角的 Platform name 中填写平台名称，并选择路径，如图 6.4 所示。

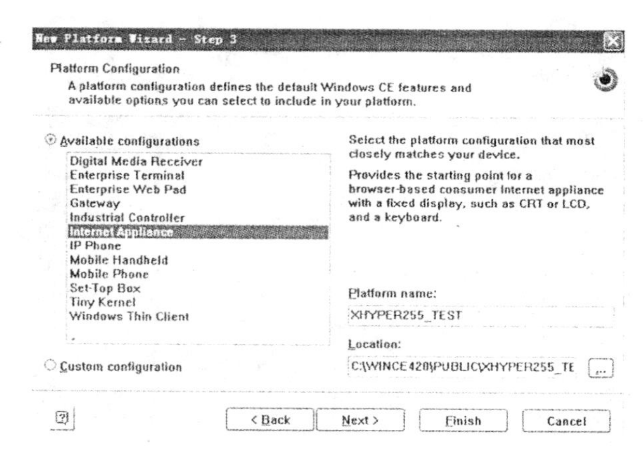

图 6.4　选择“Internet Appliance”

(5) 选用默认的应用程序组件，单击“Next”按钮，如图 6.5 所示。

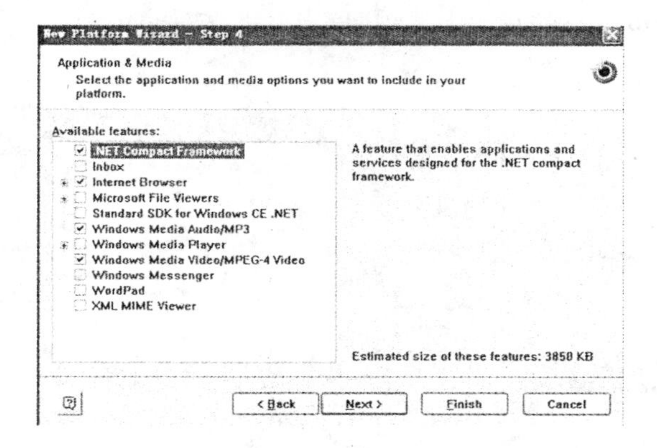

图 6.5　选用默认的应用程序组件

(6) 选用默认的网络组件，单击“Next”按钮，如图 6.6 所示。

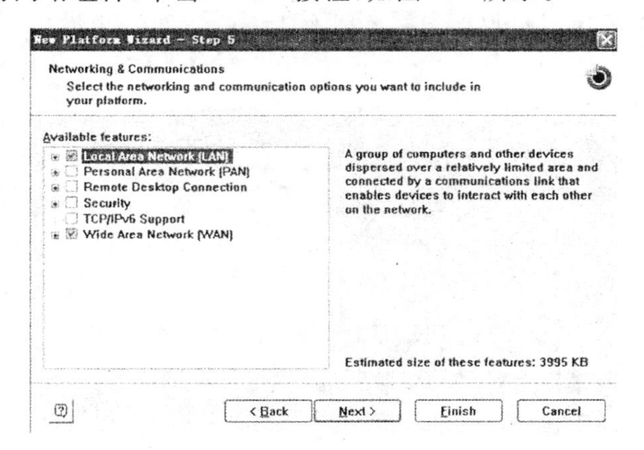

图 6.6　选用默认的网络组件

(7) 系统提示 TCP/IPv6 的警告，单击“Finish”按钮，结束平台创建向导，如图 6.7 所示。

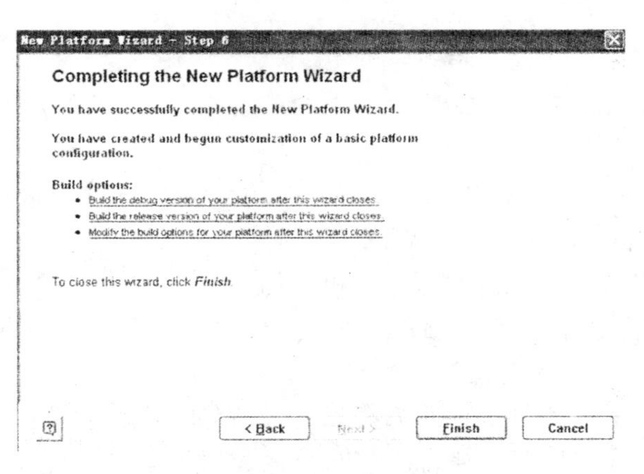

图 6.7　单击“Finish”按钮结束平台创建向导

(8) 在 Platform 下拉菜单中选择"Settings"选项，如图 6.8 所示。

(9) 在 Build Options 中勾选第 2、4 项，单击"OK"按钮，如图 6.9 所示。

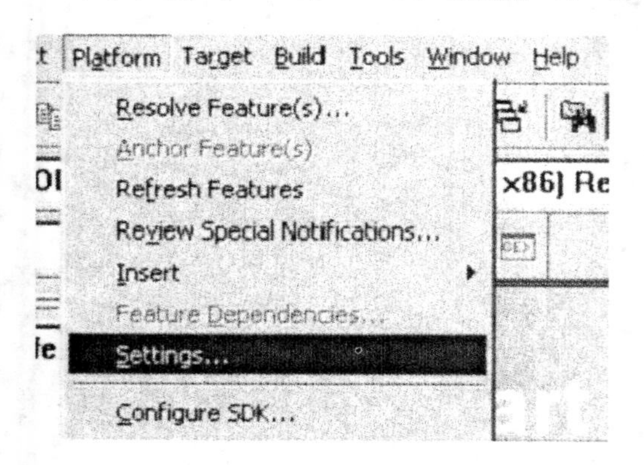

图 6.8 选择"Settings"选项

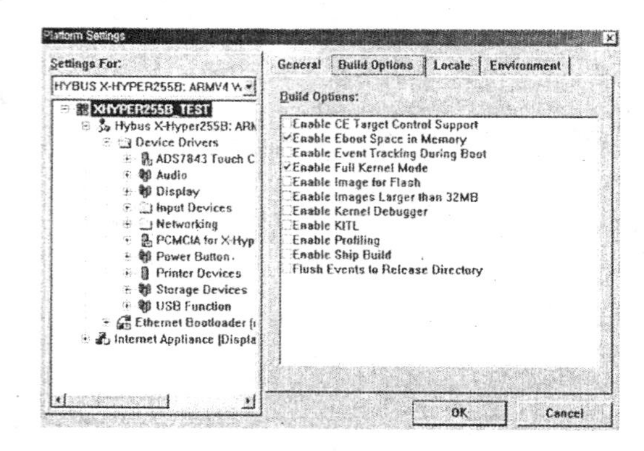

图 6.9 勾选第 2、4 项

(10) 在 PB 的左边窗口可以看到已经添加的组件，如果不需要可以删除，如图 6.10 所示。

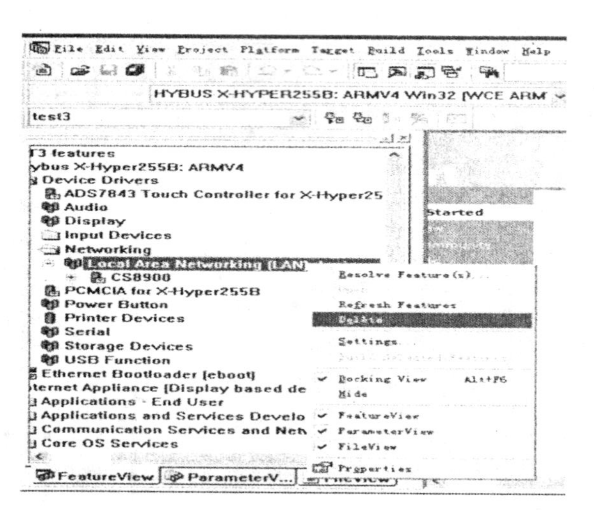

图 6.10 已经添加的组件

(11) 在 PB 的右边窗口可以看到 BSP 中的所有组件，如果需要可以添加到平台中，如图 6.11 所示。

(12) 选择好组件后，可以单击 PB 上方的"Build Platform"按钮，开始编译平台，接下来是一个漫长的等待过程，如图 6.12 所示。

(13) 编译完成之后，如果没有错误，在相应的目录下就会生成一个 NK. bin 的内核映像，下面就是要将该内核下载到开发板上去运行。选择 Target 下拉菜单下的"Configure Remote Connection"按钮，设置连接参数，如图 6.13 所示。

(14) 在 Download 和 Kernel 中均选择 Ethernet，如图 6.14 所示。

(15) 保持上面的窗口不要关掉，打开 PC 上的超级终端，波特率设为 38 400，无流控，如

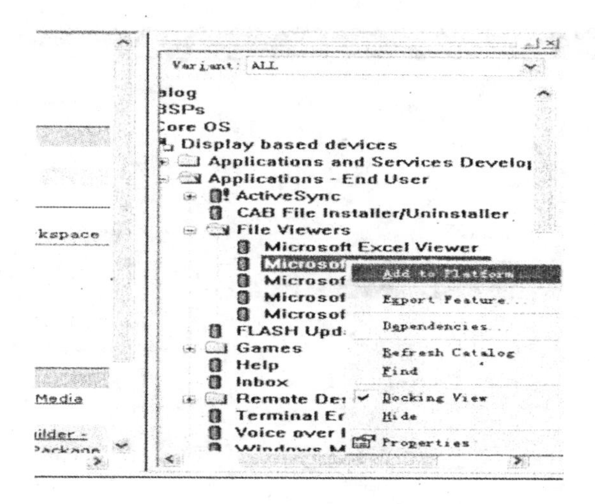

图 6.11　添加到平台

图 6.12　单击“Build Platform”按钮

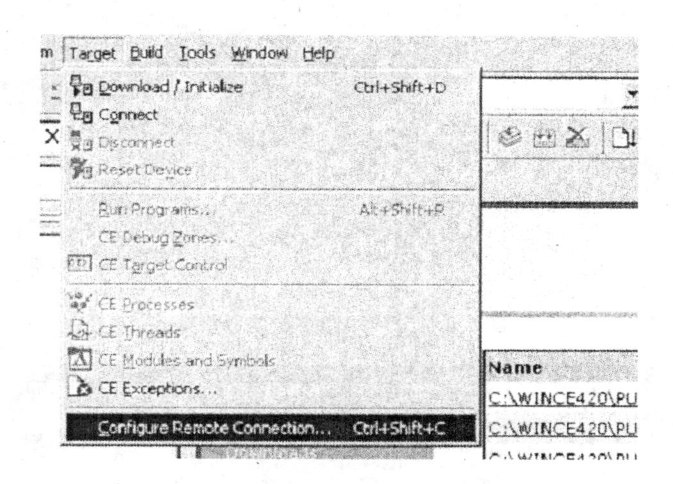

图 6.13　选择“Configure Remote Connection”按钮

图 6.15 所示。

(16) 用串口线和网线将开发板与 PC 连接起来，打开开发板的电源，当超级终端有输出时按一下空格键，将板子的 IP 设在与 PC 同一个子网内，关掉 DHCP，选项 5 设为 Download new image at startup，选项 6 设为 Disabled，然后输入字母 d，按回车键，如图6.16 所示。

(17) 在图 6.14 所示的窗口中单击 Download 旁边的“Configure”按钮，当 Available Devices 窗口中出现 X-HYPER255 的名字时，选中这个名字，单击“OK”按钮，如图 6.17 所示。

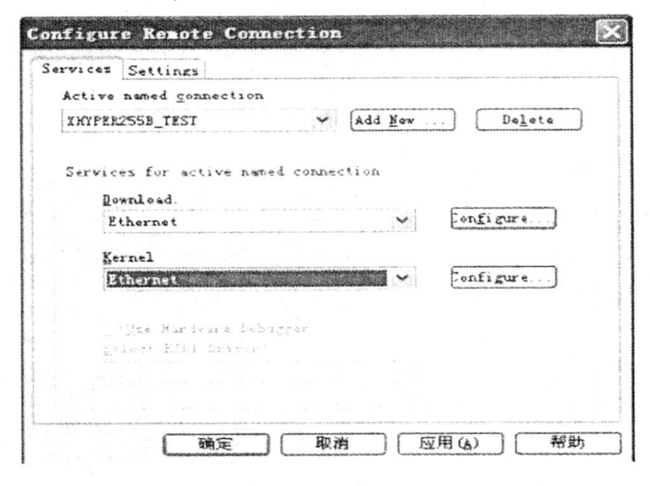

图 6.14　选择“Ethernet”

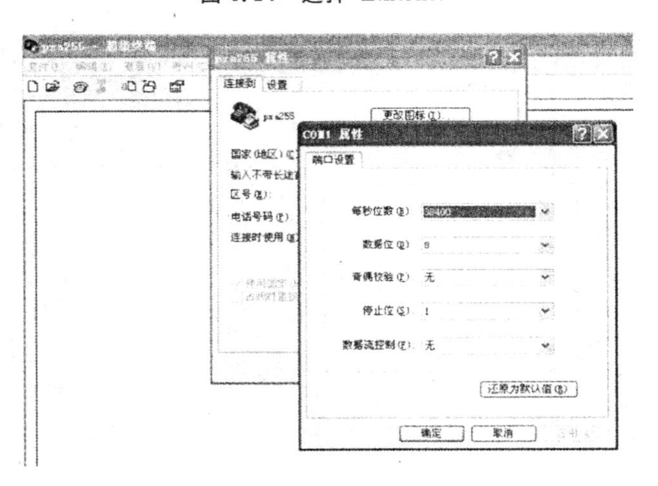

图 6.15　打开 PC 上的超级终端

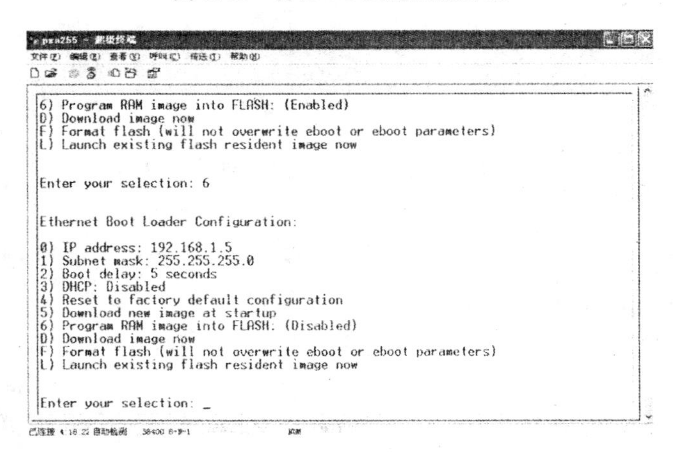

图 6.16　相关设置选择

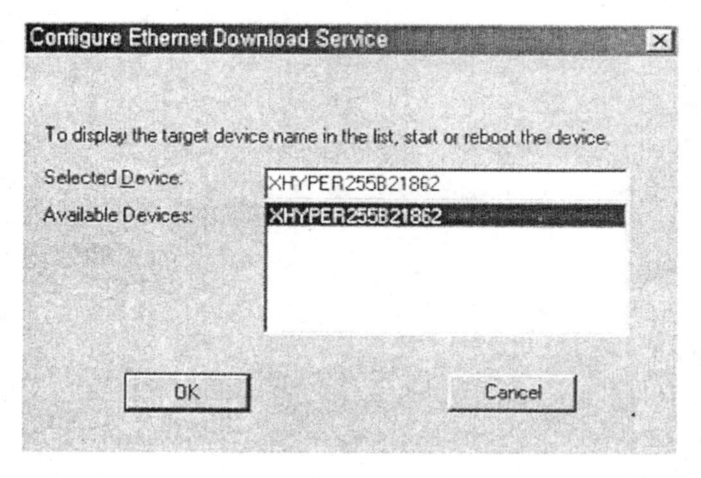

图 6.17　选中 X-HYPER255

(18) 单击 PB 上方的连接按钮，开始下载内核到开发板，会弹出一个警告窗口，单击"Yes"按钮，如图 6.18 所示。

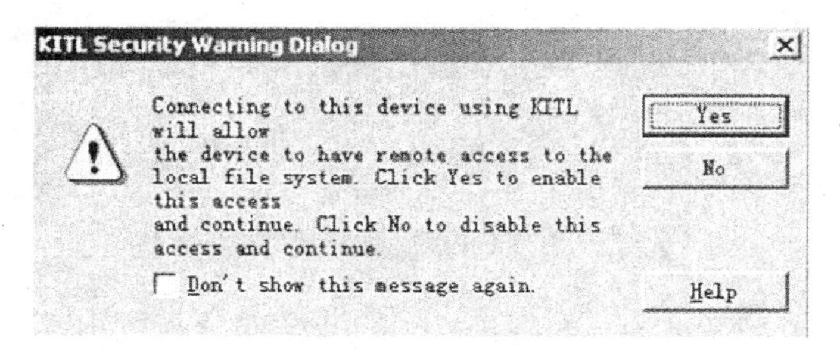

图 6.18　下载内核到开发板

(19) 下载完成之后如果一切顺利，开发板的显示屏就会出现 Windows CE. NET 的桌面，如图 6.19 所示。

图 6.19　Windows CE. net 桌面

6.4.2 实训二 用 EVC 开发应用程序

一、实验目的

(1) 熟悉 EVC 集成开发环境；

(2) 掌握使用 Platform Builder 的 SDK 工具导出定制内核的 SDK 开发包。

二、实验内容

(1) 定制操作系统内核后导出 SDK；

(2) 用 EVC 开发一个简单的应用程序。

三、实验步骤

(1) 定制一个操作系统，详细步骤见实训一。

(2) 内核编译好之后，选择 Platform 下拉菜单下的“Configure SDK”选项，开始配置 SDK 信息，单击“Next”按钮，如图 6.20 所示。

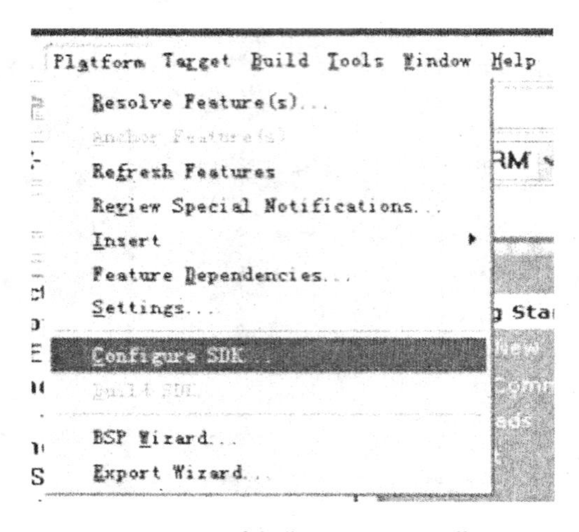

图 6.20 选择“Configure SDK”

(3) 在配置窗口中输入相应的厂商、版本信息，单击“下一步”按钮，如图 6.21 所示。

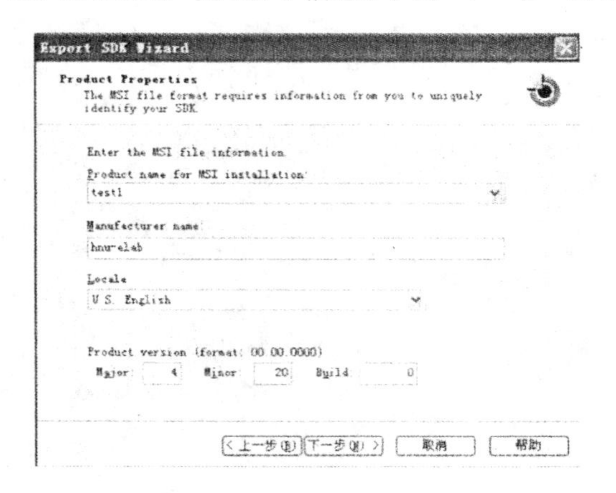

图 6.21 在配置窗口中输入相应的厂商、版本信息

(4) 选择需要支持的语言和开发环境,单击“下一步”按钮,如图 6.22 所示。

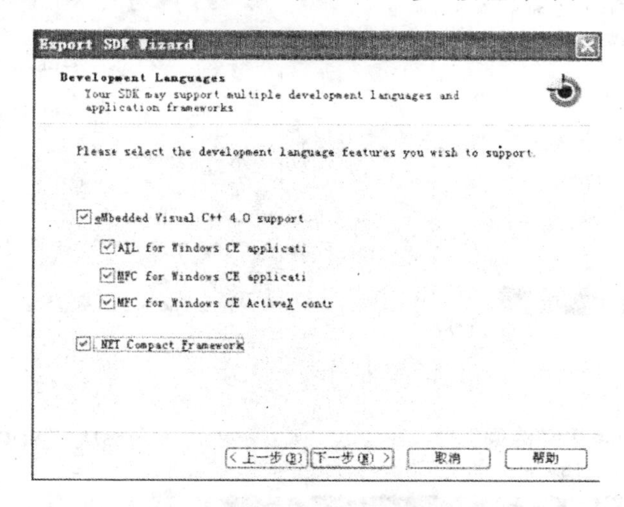

图 6.22 选择需要支持的语言和开发环境

(5) 单击“Finish”按钮,完成 SDK 的配置,如图 6.23 所示。

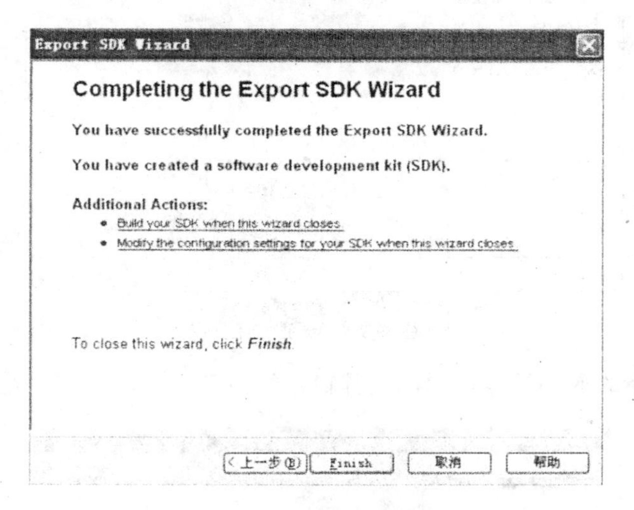

图 6.23 完成 SDK 配置

(6) 选择 Platform 下拉菜单下的“Build SDK”选项,开始导出平台的 SDK,如图 6.24 所示。

(7) 如果没有问题的话,在相应的目录下会生成 * _SDK.msi 的安装文件,如图 6.25 所示。

(8) 如果要将该 SDK 导入到 EVC 里,只需要双击它,安装过程与安装其他软件一样,详细步骤在这里就不讲了。

下面开始用 EVC 集成开发环境编写一个简单的应用程序。

(9) 打开 EVC,新建一个工程,选择 WCE MFC AppWizard(exe),右下角的 CPUs 选择 WCE emulator 和 WCE X86(如果要在开发板上运行,应选择 WCE ARMV4),如图 6.26 所示。

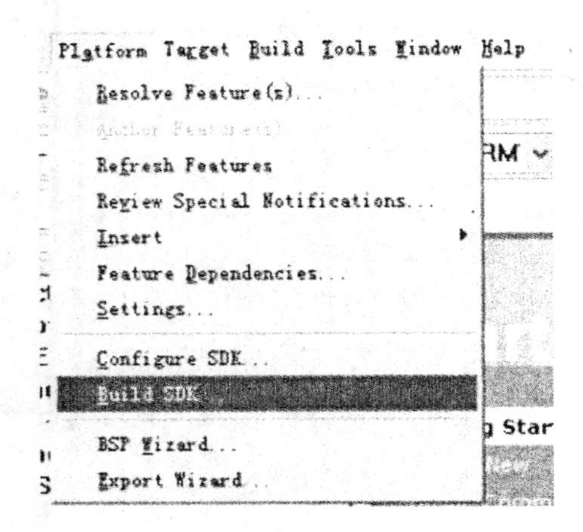

图 6.24　选择“Build SDK”选项

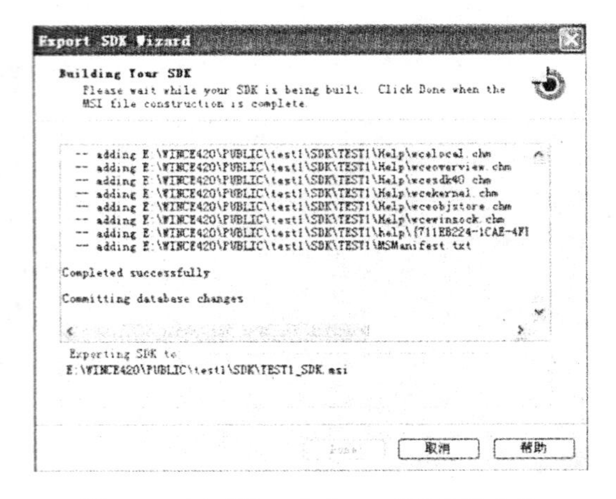

图 6.25　生成“*_SDK. msi”的安装文件

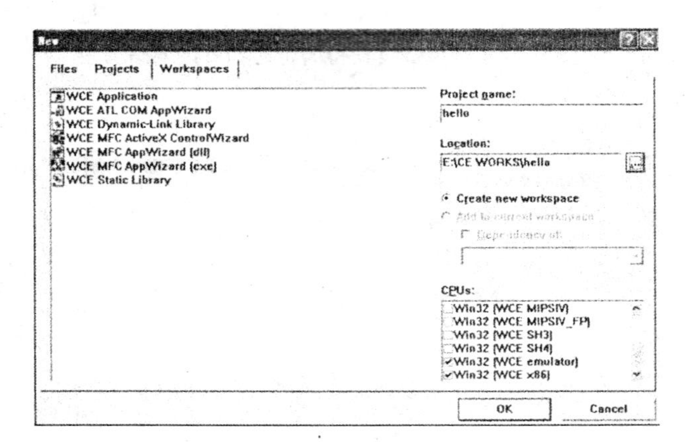

图 6.26　新建工程

(10) 与 VC6 下的 MFC 工程一样，选择窗口类型等参数，如图 6.27 所示。

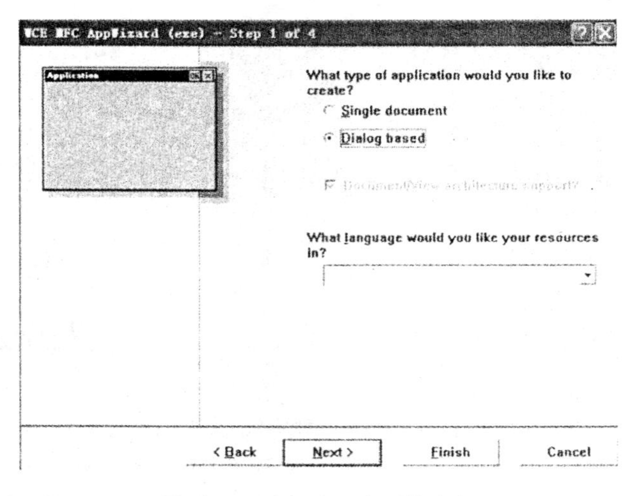

图 6.27　选择窗口类型等参数

(11) 单击“OK”按钮完成工程创建向导，如图 6.28 所示。

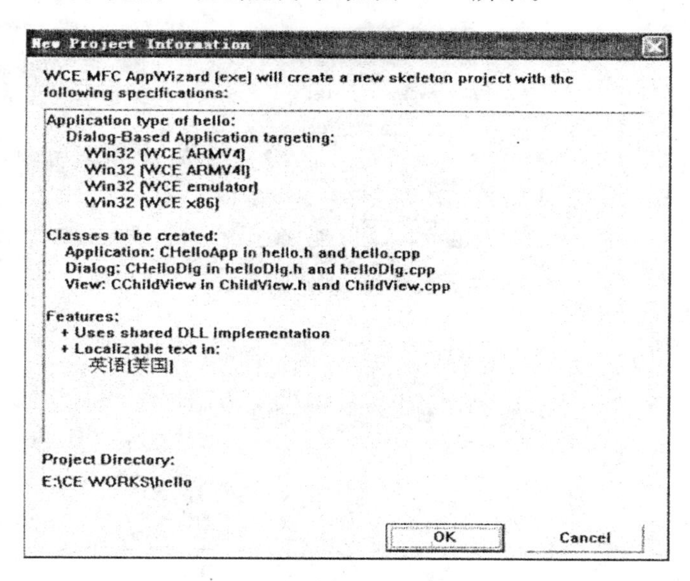

图 6.28　完成工程创建向导

(12) 编辑一个简单的 Hello World 窗口，过程与 VC6 中的一样，如图 6.29 所示。

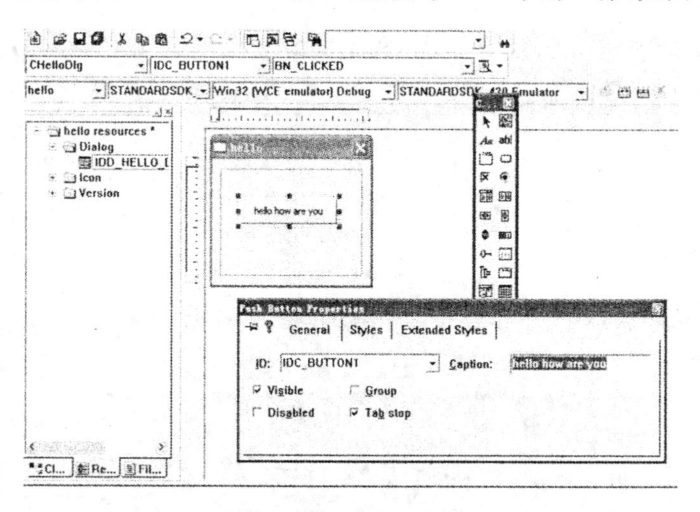

图 6.29　编辑“Hello World”窗口

(13) 在平台的上方，配置编译选项并选择相应的 SDK，这里因为是在模拟器上运行，所以选择模拟器的 SDK，如图 6.30 所示。

(14) 完成窗口的编辑后，在 Build 下拉菜单中选择“Rebuild All”，开始生成可执行文件，如图 6.31 所示。

(15) 如果编译成功，单击 EVC 上方的 ! 按钮，开始在模拟器上运行。特别需要注意的是，此时要把 PC 上的网线接好，否则在模拟器上将看不到你所编译的可执行程序，如图 6.32 所示。

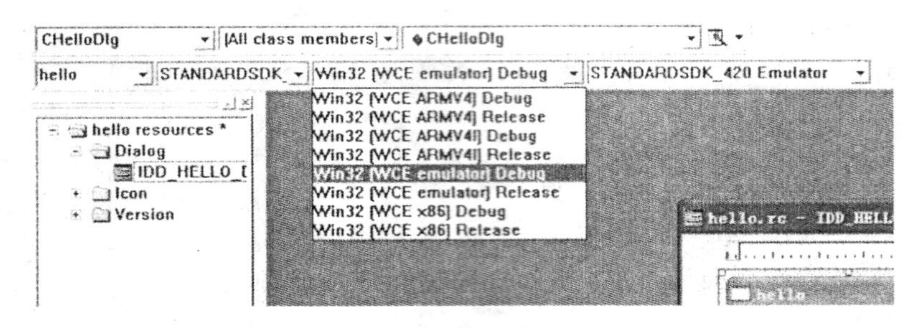

图 6.30　选择相应的 SDK

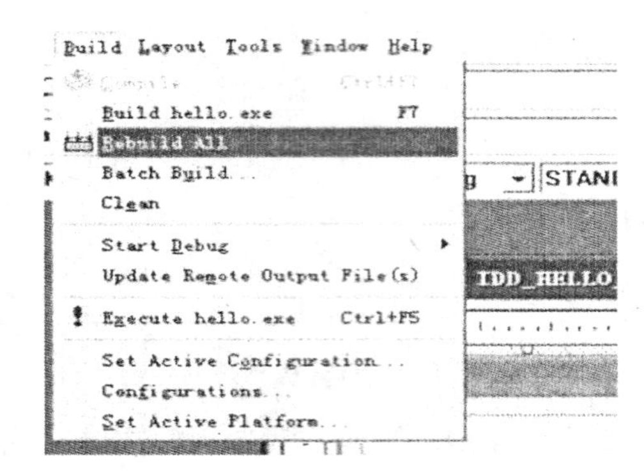

图 6.31　选择“Rebuild All”

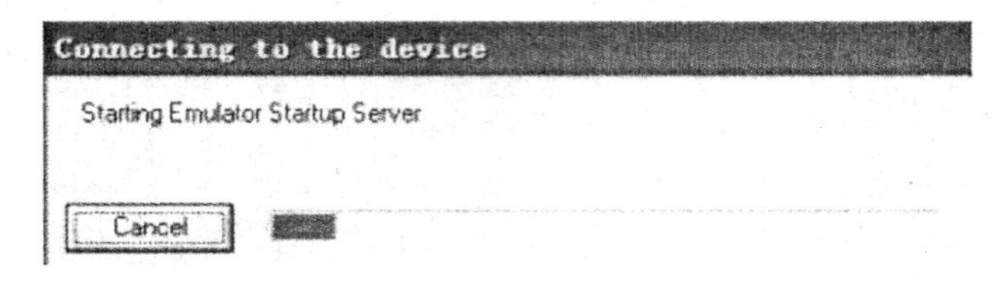

图 6.32　编译

(16) 如果一切顺利，就会弹出模拟器的界面，进入 My Computer，如图 6.33 所示。

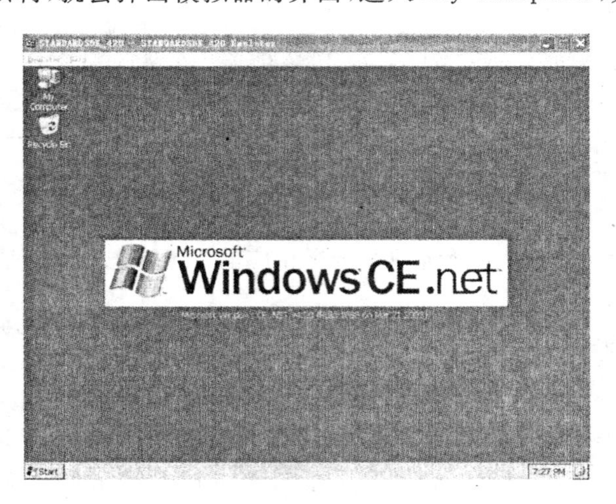

图 6.33　模拟器界面

(17) 在 My Computer 目录下可以看到刚刚生成的 hello 程序，运行它，如图 6.34 所示。

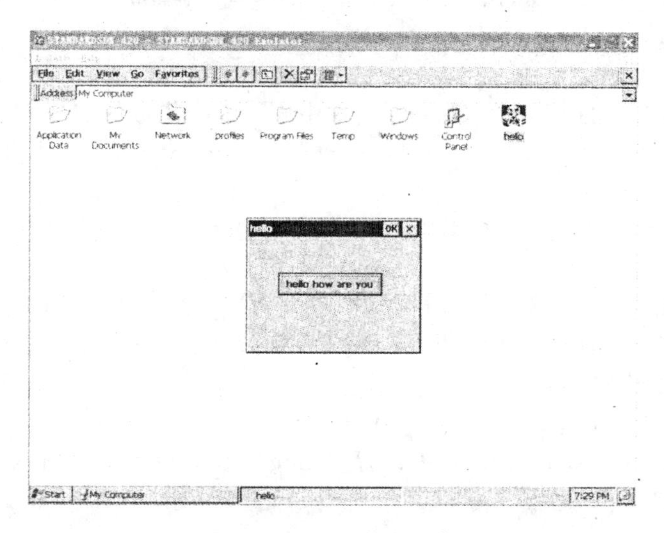

图 6.34　运行程序结束

6.4.3　实训三　Windows CE. NET 动态链接库

一、实验目的

掌握动态链接库的创建和应用。

二、实验内容

创建一个动态链接库，通过 API 实现 NK 核心载入和卸载 EXE、DLL 进程，我们所实现的是调用动态链接库。

三、实验原理

开发人员使用 API 函数手工加载和卸载 DLL，以达到调用 DLL 的目的，动态调用较之静态调用，在使用上更为复杂，但却能更加有效地使用内存，因此是编制大型应用程序的重要方式。动态调用是指在应用程序中使用 LoadLibrary( ) 函数或 MFC 提供的 AfxLoadLibrary() 函数，然后再使用 GetProcAddress() 函数获取所需引入的函数，使用完毕之后需要释放。

DLL(Dynamic Linkable Library)的概念：可以简单地把 DLL 看成一种仓库，它提供给你一些可以直接拿来用的变量、函数或类。在仓库的发展史上经历了“无库－静态链接库－动态链接库”的时代。

静态链接库和动态链接库都是共享代码的方式，如果采用静态链接库，则无论你愿不愿意，Lib 中的指令都被直接包含在最终生成的 exe 文件中。但是若使用 DLL，该 DLL 不必被包含在最终 exe 文件中，exe 文件执行时可以“动态”地引用和卸载这个与 exe 独立的 DLL 文件。静态链接库和动态链接库的另外一个区别在于：静态链接库中不能再包含其他动态链接库或者静态库，而在动态链接库中还可以再包含其他动态链接库或静态链接库。

四、实验步骤

(1) 在 EVC 下新建一个动态链接库(WCE Dynamic-link library),并命名为 example31,在 example31. h 中声明一个函数:

```
extern "C" EXAMPLE31_API void example_test(void);
```

(2) 在动态链接库的 example31. cpp 文件中声明这个函数的实现语句:

```
extern "C" EXAMPLE31_API void example_test(void)
{
MessageBox(NULL,_T("Load DLL!"),_T("example31"),MB_OK);
}
```

(3) 编译生成该动态链接库,无错误后,再在 EVC 下新建一个测试该动态链接库的 MFC 应用程序(WCE MFC AppWizard(exe)),命名为 example3_test,在 example3_testDlg. h 中定义一个指针:

```
typedef void (*pexample3_test)(void);
```

(4) 在 example3_test resources 中设置 Dialog 界面,如图 6.35 所示。

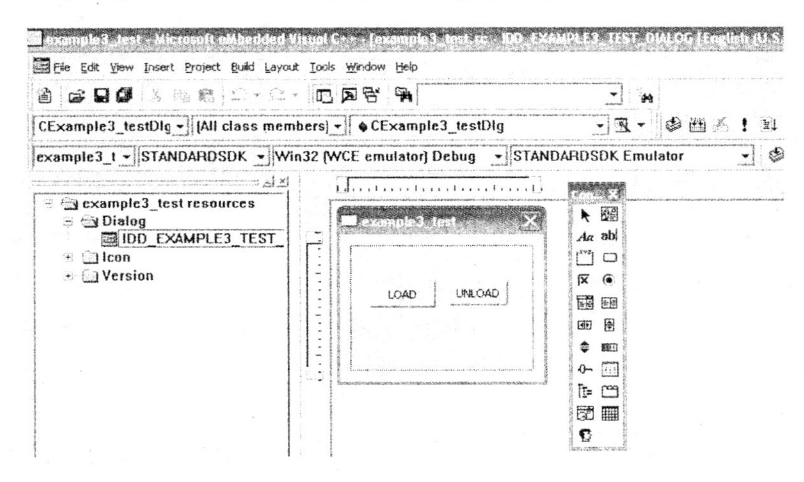

图 6.35　Dialog 界面

(5) 为 LOAD 按钮添加如下响应函数:

```
void CExample3_testDlg::OnButton1()
{
  hModule =LoadLibrary(_T("example31.dll"));
  if(hModule ==NULL)
  {  MessageBox(_T("Load Dll Failed"));
     return;
  }
  pexample3_test pFun = (pexample3_test)GetProcAddress(hModule,_T("example_
test"));
  if(pFun ==NULL)
  {
```

```
            MessageBox(_T("Get Func Failed"));
        }
        else
        {
            pFun();
        }


    }
```

（6）为 UNLOAD 按钮添加如下响应函数：

```
    void CExample3_testDlg::OnButton2()
    {
        if(FreeLibrary(hModule))
        {
            MessageBox(_T("Unload Success!"));
        }
        else
            MessageBox(_T("Unload Failed!"));
    }
```

（7）编译通过后，在模拟机上的运行界面如图 6.36 所示。

（8）这时需要将上面编译的 DLL 放到模拟器上去，用 EVC 打开上面的工程 example31，编译运行，debug 窗口会提示下载成功。

```
example31.dll - 0 error(s), 0 warning(s)
Downloading files
Downloading file e:\my work\...\example31\emulatordbg\example31.dll.
Finished downloading.
```

（9）然后在模拟器上的应用程序中，单击“LOAD”按钮，结果如图 6.37 所示。

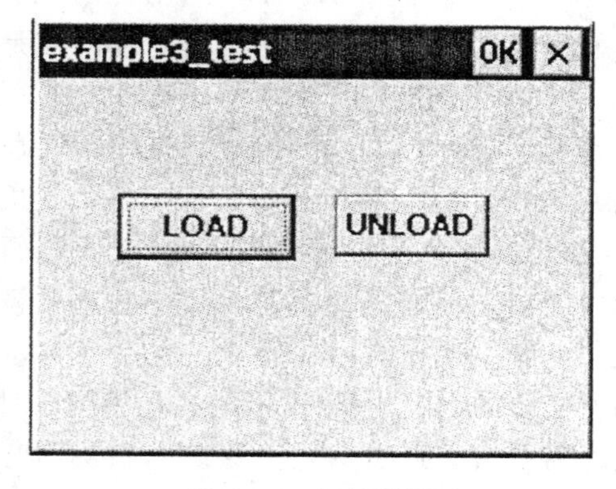

图 6.36　运行界面

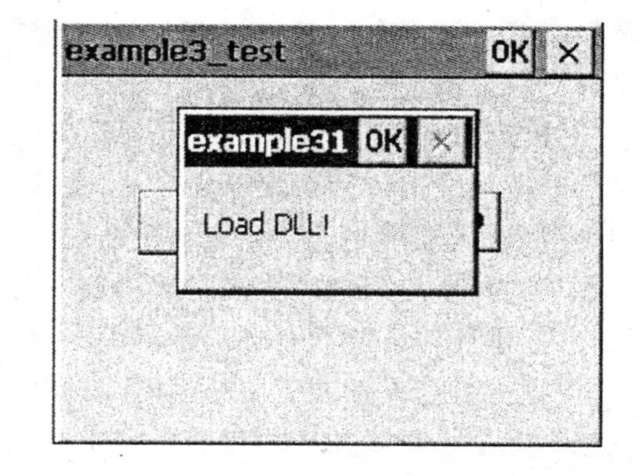

图 6.37　模拟器上的应用程序运行

（10）单击“UNLOAD”按钮，结果如图 6.38 所示。

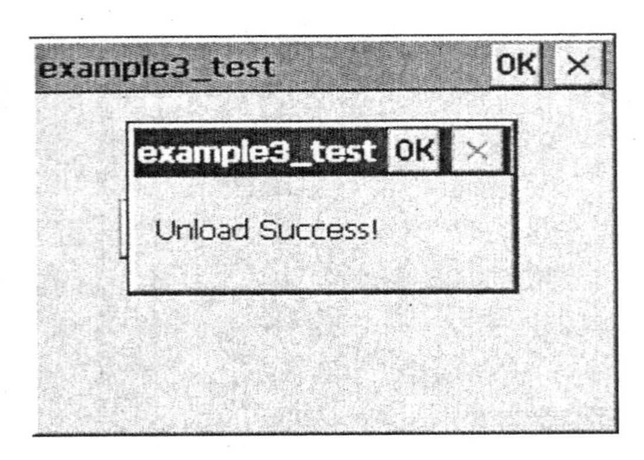

图 6.38 单击“UNLOAD”按钮运行图

6.4.4 实训四 Windows CE.NET 虚拟内存管理

一、实验目的

通过自己设计虚拟内存管理程序，了解虚拟内存分配、释放等操作。

二、实验内容

创建一个虚拟内存的管理程序，实现虚拟内存的分配、释放等基本功能。

三、实验原理

1. Windows CE 内存管理

与 Windows XP 一样，Windows CE 也是 32 位的操作系统，因此 Windows CE 的虚拟寻址能力可以达到 4 GB，但是与 Windows XP 的每个进程独享 4 GB 虚拟地址空间不同，Windows CE 中所有的进程共享一个 4 GB 的虚拟地址空间。

Windows CE 的内存是基于页式管理的，Windows CE 操作系统支持两种页大小：1 KB 和 4 KB。在 Windows CE 中，与桌面 Windows 一样，虚拟内存的申请分为保留(Reserve)和提交(Commit)两个过程，虚拟地址空间的保留是以 64 KB 为边界的，也就是说，任何一次虚拟内存申请都会返回一个 64 KB 的整数倍的地址。但是把虚拟内存提交到物理内存是以页为粒度的。

管理虚拟内存的硬件是内存管理单元(Memory Management Unit，MMU)。MMU 负责把虚拟地址映射到物理地址，并且提供一定的内存保护。尽管 Windows CE 支持台式机的硬盘，但是基于 Windows CE 的设备中通常都没有硬盘，因此 Windows CE 无法把一些暂时不用的页换出到硬盘上来空出一些 RAM。然而，虚拟内存是 Windows CE 中的重要模块，它把进程申请的内存映射到物理内存，并且提供系统 4 GB 的寻址能力。在程序启动时，虚拟内存可以按照需要即时申请程序代码空间所需要的物理内存，而不是在程序启动时就把它完全加载到物理内存中。此外，应用程序也不需要关心到底还剩余多少物理内存，程序需要的内存会被申请并且映射到虚拟地址空间中。如果没有剩余的物理内存，内存申请就会失败。Windows CE 的 4 GB 地址空间如图 6.39 所示。

这 4 GB 的虚拟地址空间又被分为两个 2 GB 区域，低地址 2 GB 是用户空间，供应用程序使用，应用程序申请的内存都会从低 2 GB 地址空间中返回。高地址 2 GB 是内核空间，

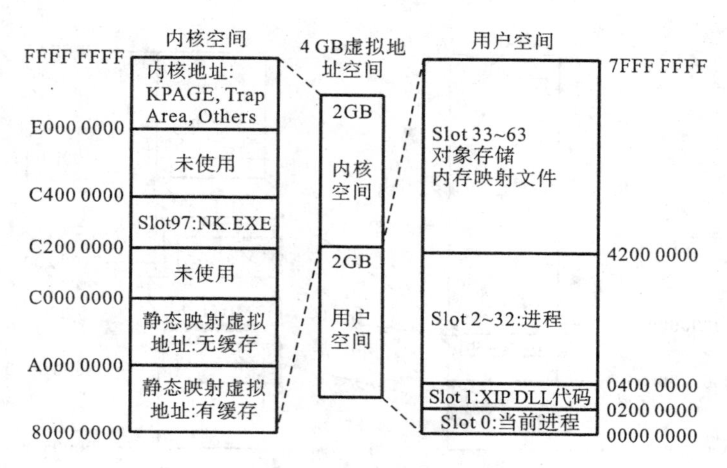

图 6.39　Windows CE 的 4 GB 地址空间

供 Windows CE 操作系统本身使用。

Windows CE 把 4 GB 虚拟地址空间分成若干个 Slot，每个 Slot 占 32 MB，Slot 的编号从 0 开始。Slot 0 到 Slot 32 对应的虚拟地址是 0x0000 0000 到 0x41FF FFFF，它们用于存放进程的虚拟地址空间。其中 Slot 0 用于映射当前在处理器上执行的进程(确切地说，当前在处理器上执行的线程属于哪个进程)。Slot 1 由 XIP 的 DLL 代码使用。Slot 2 到 Slot 32 对应 Windows CE 中每个进程的 32 MB 虚拟地址空间，其中 Slot 2 通常被 Filesys. exe 占用。也就是说，理论上在 Windows CE 中最多可以有 30 个用户进程，对应 Slot 3 到 Slot 32。但实际上，通常的 Windows CE 除了 NK. exe 和 Filesys. exe 还会产生很多进程，因此用户实际可以用的进程数大大少于 30 个。

Slot 33 到 Slot 63 对应的虚拟地址空间是 0x4200 0000 到 0x7FFF FFFF。这块虚拟内存是由所有进程共享的，由于每个进程只有 32 MB 的虚拟地址空间，如果应用程序希望使用更多的虚拟内存，就可以在这个范围内申请。这个范围包括对象存储和内存映射文件。此范围内的最后一个 Slot 从 0x7E00 0000 到 0x 7FFFF FFFF，也就是 Slot 63，用来存放纯资源 DLL，如果某个 DLL 里面只有资源信息(如图标、位图、菜单、对话框、字符串表等)，这个 DLL 就会被加载到这个空间内。

从 0x8000 0000 开始是 Windows CE 内核使用的虚拟地址空间。虚拟地址 0x8000 0000 到 0x9FFF FFFF 一段用来静态映射所有的物理地址。也就是说，Windows CE 会把所有的物理内存 1∶1 地映射到这段虚拟地址上。这段地址一共有 512 MB，这也就是 Windows CE 所支持的物理地址的最大值为 512 MB 的由来。

虚拟地址 0xA000 0000 到 0xBFFF FFFF 会重复映射所有的物理内存，如图 6.40 所示。这一段对物理内存的映射与 0x8000 0000 一段最大的不同是，从 0x8000 0000 开始的一段物理内存是有缓冲的，而从 0xA000 0000 开始的一段是没有缓存的。通常，缓冲可以提高系统的 I/O 效率，但是对于一些 OAL 或者 Bootloader 中的设备驱动程序来说，使用缓冲有可能会造成灾难性后果，因为缓冲有可能会更改对设备的写操作顺序。因此在驱动程序中，如果需要直接访问设备 I/O 或寄存器，通常使用 0xA000 0000 一段物理地址。

从 0xC2000000 到 0xC3FFFFFF 是 Slot 97，这个 Slot 是 Windows CE 的核心进程

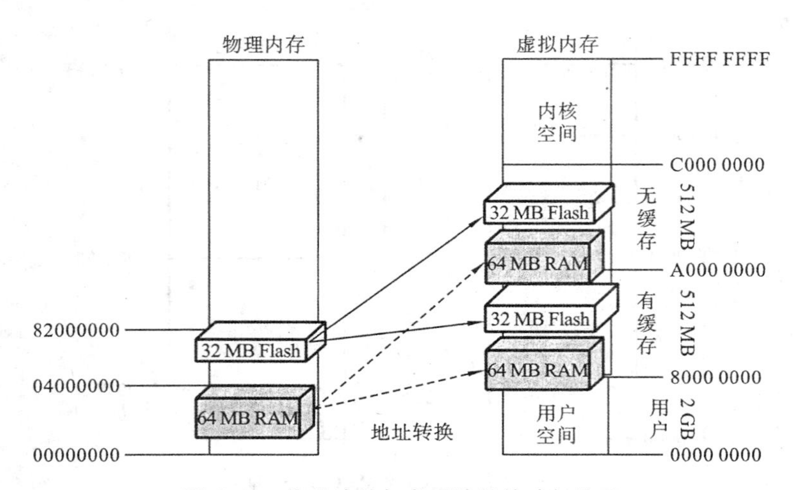

图 6.40　物理地址与虚拟地址的映射关系

NK. exe 专用的。可见实现 Windows CE 操作系统的一些主要功能的 NK. exe 本身的地址空间还是在核心态中的。

从 0xE0000000 到 0xFFFFFFFF 一段最高的地址是内核使用的地址空间。对于不同的处理器体系结构这里保存着不同的东西。通常会放置一些供虚拟内存用的页表、中断向量表等内核使用的数据结构。

下面就 Slot 0 来看看一个进程中虚拟地址空间的使用情况。在一个进程的 32 MB 虚拟地址空间中,最低的 64 KB 地址,也就是 0x0000 0000 到 0x0001 0000 是用来捕获野指针,通常是空指针 NULL 的。如果某个指针访问了低于 64 KB 的内存区域,Windows CE 就可以捕捉这个错误。但是这样并不能捕获代码中所有的野指针。

64 KB 之上是进程的代码和数据,以及一些堆和栈。进程申请虚拟内存是从低地址往高地址增长的。从 32 MB 虚拟地址空间最高地址开始,存放的是进程加载的 ROM DLL 的读/写数据,以及 RAM DLL 的数据(ROM DLL 的代码对所有进程来说可以共享一个拷贝,放在 Slot 1 中,但对于 DLL 的数据,就不得不为每个进程设立单独的拷贝),DLL 代码和数据的增长是从高地址往低地址增长的。如果这两个高低增长相撞,就预示着进程已经耗尽了它的虚拟地址空间。尽管这个时候有可能还有多余的物理内存,但是已经没法使用它了。因为进程的虚拟地址空间已经用完了,如图 6.41 所示。

2. 实验所需函数

(1) VirtualAlloc()函数用来分配其内的各个区域,对其进行保留。

```
LPVOID VirtualAlloc(
  LPVOID lpAddress,   //待分配区域的首地址
  DWORD dwSize,   //保留区域的大小
  DWORD flAllocationType, //分配类型
  DWORD flProtect //访问保护属性
);
```

flAllocationType 主要有两个参数,如表 6.1 所示。

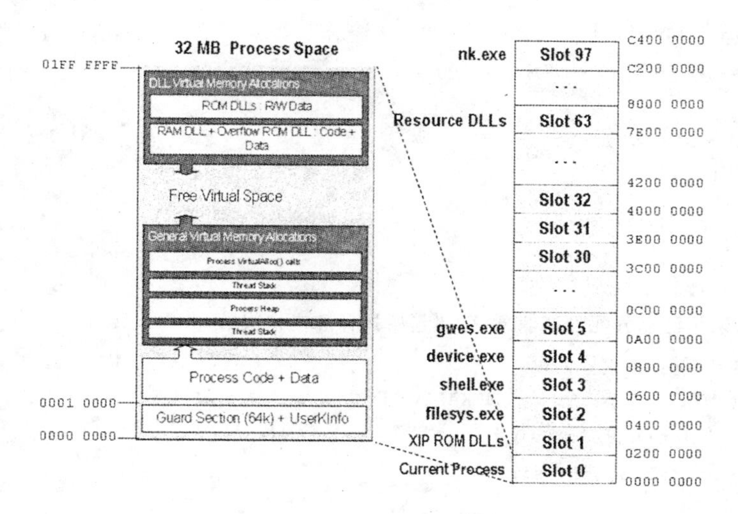

图 6.41 进程的虚拟地址空间

表 6.1 flAllocationType 的参数

分配类型	类型说明
MEM_COMMIT	为特定的页面区域分配内存中或磁盘的页面文件中的物理存储
MEM_RESERVE	保留进程的虚拟地址空间,而不分配任何物理存储。保留页面可通过继续调用 VirtualAlloc()而被占用

(2) VirtualFree()函数用来释放由 VirtualAlloc()函数申请的内存。

```
BOOL VirtualFree(
  LPVOID lpAddress,      //待释放页面区域的指针
  DWORD dwSize,          //释放的地址空间区域的大小
  DWORD dwFreeType       //释放操作的类型
);
```

dwFreeType 主要有两个参数,如表 6.2 所示。

表 6.2 dwFreeType 的参数

分配类型	类型说明
MEM_DECOMMIT	对指定的占用页面区域进行占用的解除
MEM_RELEASE	指明要释放指定的保留页面区域

四、实验步骤

(1) 在 EVC 下新建一个静态链接库(WCE static library),命名为 shiyan4static,在工程中新建一个 MemMana.cpp,里面定义两个函数 myMalloc(分配)和 myFree(释放)。代码如下:

```
#include "MemMana.h"
#include <windows.h>
#include <stdio.h>
```

```
//分配空间信息结构体
typedef struct myBlock
{
  void * startAddr;
  int size;
}MYBLOCK, * pMYBLOCK;

//分配和释放函数
//记录系统已经分配内存信息:存储起始指针和申请次数
#define MAXALLOC   1000
static MYBLOCK blkTrunk[MAXALLOC];
static int trunkSize =0;
void * myMalloc(int size)
{
  if(size <=0)
  {
      MessageBox(NULL,L"Wrong Para",L"!",MB_OK);
      return NULL;
  }
  if(trunkSize >=MAXALLOC)
  {
      MessageBox(NULL,L"Alloc Memory Error!",L"!",MB_OK);
      return NULL;
  }
  LPVOID startAddr =VirtualAlloc(
                              NULL,   // region to reserve or commit
                              size,   // size of region
                              MEM_COMMIT|MEM_RESERVE,     // type of allocation
                              PAGE_READWRITE   // type of access protection
                            );
    if(startAddr ==NULL)
    {
        MessageBox(NULL,L"Alloc Memory Error!",L"!",MB_OK);
        return NULL;
    }
      blkTrunk[trunkSize].startAddr =startAddr;
      blkTrunk[trunkSize++].size =size;
      return startAddr;
}
bool myFree(void * startAddr)
{
  if(startAddr ==NULL)
```

```
    {
        MessageBox(NULL,L"Wrong Para!",L"!",MB_OK);
        return false;
    }
    for(int i =0; i <trunkSize; i++)
    {
        if(startAddr ==blkTrunk[i].startAddr)
        {
          break;
        }
    }
        if(i ==trunkSize)
   {
        MessageBox(NULL,L"Wrong Addr!",L"!",MB_OK);
        return false;
    }
    if(!VirtualFree(
        startAddr,  // address of region
        0,       // size of region
        MEM_RELEASE// operation type
        ))
    {
        TCHAR tmp[256];
        wsprintf(tmp,L"% d",blkTrunk[i].size);
        MessageBox(NULL,L"Free Mem Error!",tmp,MB_OK);
        return false;
    }
    for(int j =i; j <trunkSize; j++)
    {
        blkTrunk[j].startAddr=blkTrunk[j+1].startAddr;
        blkTrunk[j].size=blkTrunk[j+1].size;
    }
    trunkSize--;
    return true;
}
```

(2) 编译生成 shiyan4static. lib 后，再在 EVC 下新建一个 MFC 应用程序，命名为 testEmu，图形界面如图 6.42 所示。

(3) 单击“allocate”按钮时，内存就分配 1000×100 的空间，下面是响应函数：

```
void CTestEmuDlg::OnButton1()
{
// TODO: Add your control notification handler code here
```

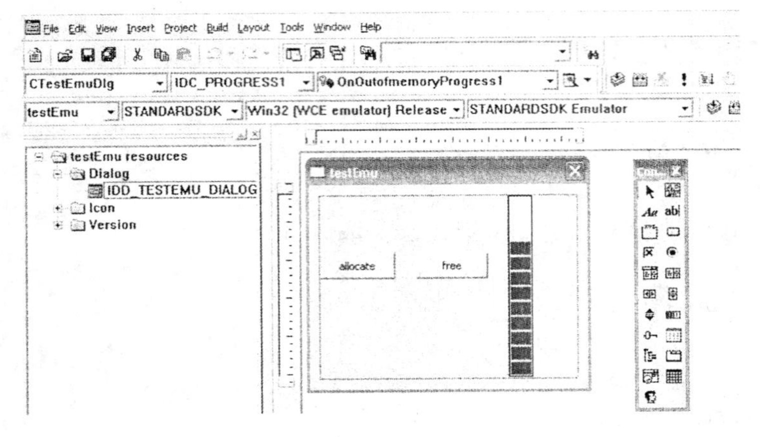

图 6.42　新建一个 MFC 应用程序

```
    if(m_MyMemNum<10)
  {
      void * p =myMalloc(1000 * 100);
        if(p!=0){
          m_MyMemArrary[m_MyMemNum++] =p;
          m_usedVirtual +=100000;
      }
    }
    else MessageBox(L"Not Enough Memory to allocate!",L"!",MB_OK);
    int process=100-100 * m_usedVirtual/m_totalVirtual;
    m_process.SetPos(process);
    UpdateData(FALSE);
  }
```

(4) 单击“free”按钮时，就释放 1000×100 的空间，相应函数如下：

```
  void CTestEmuDlg::OnButton2()
  {
    // TODO: Add your control notification handler code here
        int i=m_MyMemNum-1;
        if(i >=0)
        {
            if(myFree(m_MyMemArrary[i]))
                {--m_MyMemNum;m_usedVirtual -=100000;}
        }
        else MessageBox(L"Not Enough Memory to free!",L"!",MB_OK);
        int process =100-100 * m_usedVirtual/m_totalVirtual;
        m_process.SetPos(process);
        UpdateData(FALSE);
  }
```

(5) 编译时需要将上面生成的 shiyan4static.lib 拷贝到 testEmu 的工程目录下，然后在 Project 下拉菜单中选择“Settings”选项，在 Link 选项卡的 Object/library modules 一栏中输入 shiyan4static.lib，如图 6.43 所示。

(6) 在模拟器中运行的结果如图 6.44 所示，单击“allocate”按钮时进度条减少，单击“free”按钮时进度条增多。

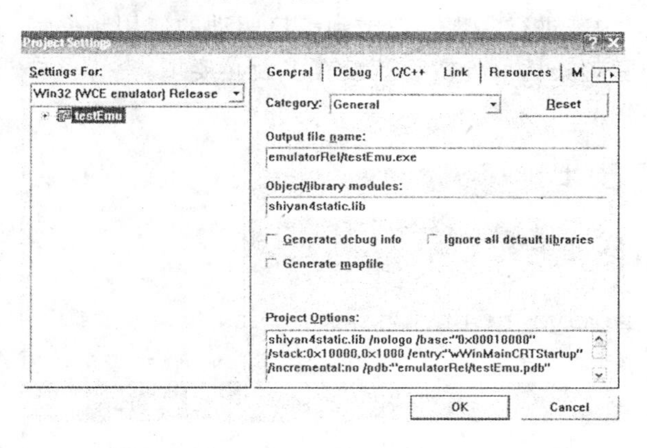

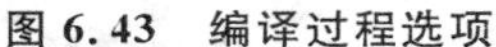

图 6.43　编译过程选项

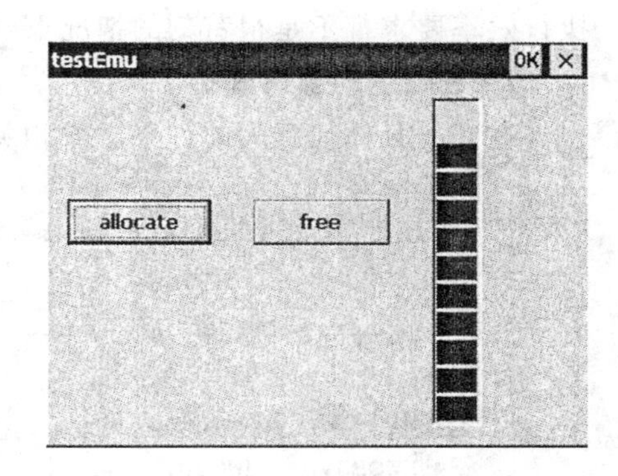

图 6.44　在模拟器中运行的结果

6.4.5　实训五　Windows CE.NET 设备驱动程序开发

一、实验目的

通过实验理解驱动程序的特点以及 Windows CE 下驱动程序的实现原理，掌握流式驱动接口的工作原理，掌握中断处理的架构、方法、过程以及 DMA 的方法和 ISR、IST 等概念。

二、实验内容

阅读 XSBase255 系统中 Windows CE 4.2 的 BSP 中串口驱动的源代码，理解 Windows CE 下驱动程序的基本结构，了解串口驱动的原理和开发流程。最后编写一个简单的串口通信程序，理解底层函数的调用过程。

三、实验原理

1. Windows CE 驱动程序框架

在 Windows CE 中串口的驱动实现是有固定模型的，Windows CE 中的串口模型遵循 ISO/OSI 网络通信模型(7 层)，就是说串口属于 Windows CE 网络模块的一个部分(见图 6.45)。其中 rs232 界面(或其他的物理介质)实现网络的物理层，而驱动和 serialAPI 共同组成数据链路层，其他部分都没有做定义。

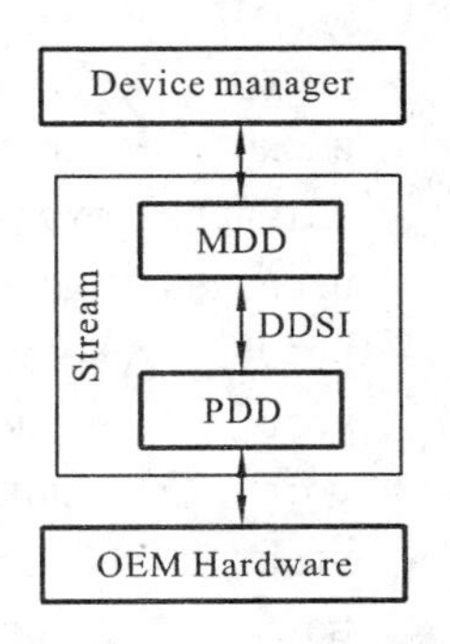

图 6.45　Windows CE 驱动程序框架

在 Windows CE 提供的驱动例程中，串口驱动采用分层结构设计，MDD 提供框架性的实现，负责提供 OS 所需的基本实现，代码设计与具体的硬件设计无关。而

PDD 提供了对硬件操作相应的代码。这些代码通过结构 HWOBJ 来相互联系。对于 MDD ＋PDD 的整体驱动来看，串口驱动模型是作为流驱动来实现的。DDSI 就是指这两个部分之间的接口，实现接口的关键在于结构指针 HWOBJ 的使用和具体函数的实现。在实际的驱动应用中仅仅需要实现 HWOBJ 相关的一系列函数，而无需从驱动顶层完全开发。

事实上，如果需要的话完全可以将该驱动进行一体化设计(抛开 PDD-MDD 的划分，也就无需 DDSI)。也就是不使用现有的驱动架构来进行实现。考虑到串口驱动的使用频率和执行效率要求都不是很苛刻的情况下，抛弃驱动架构另外实现就没有多大必要了。

2. 串口驱动源码分析

在开始具体代码之前先来看看相关的一些结构。

```
typedef struct __HWOBJ {
// Flags controlling MDD behaviour. Se above.
ULONG     BindFlags;
//Interrupt Identifier used if THREAD_AT_INIT or THREAD_AT_OPEN
DWORD     dwIntID;
PHW_VTBL  pFuncTbl;
} HWOBJ, * PHWOBJ;
```

HWOBJ 是相应的硬件设备操作的抽象集合。结构定义后的注释与实际的用途有点出入，BindFlags 指定 ISR 的启动时间，可选为在初始化过程启动或是在打开设备的时候启动 ISR。而第二个参数则是指定拦截的具体的系统中断号。最后一个参数是一个结构，该结构定义了硬件操作的各种行为函数的指针，MDD 正是通过这些函数来访问具体的 PDD 操作。

而 HW_VTBL 则是代表具体硬件操作函数指针的集合，该结构所指向的函数包括初始化、打开、关闭、接收、发送、设置 Baudrate 等一系列操作。结构就像纽带一样联系着 PDD 中的具体实现和 MDD 中的抽象操作。PDD 的实现必须遵循 HW_VTBL 中所描述的函数形式，并构造出相应的 HW_VTBL 实例。驱动的编写就是针对这些函数来一一进行实现的。

```
typedef struct __HW_VTBL     {
  PVOID     (* HWInit)(ULONG Identifier, PVOID pMDDContext, PHWOBJ pHWObj);
  BOOL      (* HWPostInit)(PVOID pHead);
  ULONG     (* HWDeinit)(PVOID pHead);
  BOOL      (* HWOpen)(PVOID pHead);
  ULONG     (* HWClose)(PVOID pHead);
  INTERRUPT_TYPE (* HWGetIntrType)(PVOID pHead);
  ULONG     (* HWRxIntrHandler)(PVOID pHead, PUCHAR pTarget, PULONG pBytes);
  VOID      (* HWTxIntrHandler)(PVOID pHead, PUCHAR pSrc, PULONG pBytes);
  VOID      (* HWModemIntrHandler)(PVOID pHead);
  VOID      (* HWLineIntrHandler)(PVOID pHead);
  ULONG     (* HWGetRxBufferSize)(PVOID pHead);
  BOOL      (* HWPowerOff)(PVOID pHead);
  BOOL      (* HWPowerOn)(PVOID pHead);
```

```
    VOID        (* HWClearDTR)(PVOID pHead);
    VOID        (* HWSetDTR)(PVOID pHead);
    VOID        (* HWClearRTS)(PVOID pHead);
    VOID        (* HWSetRTS)(PVOID pHead);
    BOOL        (* HWEnableIR)(PVOID pHead, ULONG BaudRate);
    BOOL        (* HWDisableIR)(PVOID pHead);
    VOID        (* HWClearBreak)(PVOID pHead);
    VOID        (* HWSetBreak)(PVOID pHead);
    BOOL        (* HWXmitComChar)(PVOID pHead, UCHAR ComChar);
    ULONG       (* HWGetStatus)(PVOID pHead, LPCOMSTAT lpStat);
    VOID        (* HWReset)(PVOID pHead);
    VOID        (* HWGetModemStatus)(PVOID pHead, PULONG pModemStatus);
    VOID        (* HWGetCommProperties)(PVOID pHead, LPCOMMPROP pCommProp);
    VOID        (* HWPurgeComm)(PVOID pHead, DWORD fdwAction);
    BOOL        (* HWSetDCB)(PVOID pHead, LPDCB pDCB);
    BOOL        (* HWSetCommTimeouts)(PVOID pHead, LPCOMMTIMEOUTS lpCommTO);
    BOOL        (* HWIoctl)(PVOID pHead, DWORD dwCode,PBYTE pBufIn,DWORD dwLenIn,
PBYTE pBufOut,DWORD dwLenOut,PDWORD pdwActualOut);
    } HW_VTBL, * PHW_VTBL;
```

下面我们来看看具体的代码，Windows CE 中串口驱动的 MDD 层代码在%WINCEROOT%\PUBLIC\COMMON\OAK\DRIVERS\SERIAL\COM_MDD2\mdd.c 下实现，由于串口驱动由 Device.exe 直接调用，所以 MDD 部分是以完整的 Stream 接口给出的。也就具备基于 Stream 接口的驱动程序所需的函数实现，包括 COM_Init、COM_Deinit、COM_Open、COM_Close、COM_Read、COM_Write、COM_Seek、COM_PowerUp、COM_PowerDown、COM_IOControl 几个基本实现。由于串口发送/接收的信息并不能定位，而仅仅是简单的传送，所以 COM_Seek 仅仅是形式上实现了一下。具体函数的功能这里就不一一介绍了。

PDD 层的代码在 XSBase 的 BSP 中实现，它分为两部分：一部分实现了所定义的 DDSI 函数接口，它在%WINCEROOT%\PLATFORM\XSBase255\DRIVERS\SERIAL\XSC1_SERIALPDD\xsc1_ser_pdd.c 中实现；另一部分实现了与串口芯片 16550 相关的一些初始化和寄存器配置等操作，它在%WINCEROOT%\PLATFORM\XSBase255\DRIVERS\SERIAL\XSC1_SER16550\xsc1_ser16550.c 中实现。

下面给出 xsc1_ser_pdd.c 中 HWOBJ 结构体的定义：

```
//HWOBJ for FFUART product serial
HWOBJ  SerObj1  =
{
    THREAD_AT_INIT,
    SYSINTR_SERIAL,
    (PHW_VTBL) &XSC1_SerVTbl
};
```

```
//HWOBJ for BTUART product serial
HWOBJ  SerObj2  =
{
    THREAD_AT_INIT,
    SYSINTR_SERIAL2,
    (PHW_VTBL) &XSC1_SerVTbl
};
```

其中 XSC1_SerVTbl 定义如下：

```
// HW_VTBL for normal serial
const HW_VTBL  XSC1_SerVTbl =
{
        XSC1_SerPDDInitSerial,
        HW_XSC1_PostInit,
        XSC1_SerPDDDeinit,
        XSC1_SerPDDOpen,
        XSC1_SerPDDClose,
        HW_XSC1_GetInterruptType,
        HW_XSC1_RxIntr,
        HW_XSC1_TxIntrEx,
        HW_XSC1_ModemIntr,
        HW_XSC1_LineIntr,
        HW_XSC1_GetRxBufferSize,
        XSC1_SerPDDPowerOff,
        XSC1_SerPDDPowerOn,
        HW_XSC1_ClearDTR,
        HW_XSC1_SetDTR,
        HW_XSC1_ClearRTS,
        HW_XSC1_SetRTS,
        XSC1_SerPDDEnableIR,
        XSC1_SerPDDDisableIR,
        HW_XSC1_ClearBreak,
        HW_XSC1_SetBreak,
        HW_XSC1_XmitComChar,
        HW_XSC1_GetStatus,
        HW_XSC1_Reset,
        HW_XSC1_GetModemStatus,
        XSC1_SerPDDGetCommProperties,
        HW_XSC1_PurgeComm,
        HW_XSC1_SetDCB,
        HW_XSC1_SetCommTimeouts,
        HW_XSC1_Ioctl
};
```

上面这些函数由 MDD 层的 COM_XXX 函数调用，实现了串口的打开、关闭、设置等操作，它们全都在 xsc1_ser_pdd.c 中实现。具体的实现细节这里就不一一介绍了，感兴趣的同学可以阅读相关的源代码。

四、实验步骤

为了对串口驱动程序的调用过程有更清楚的认识，下面编写一个简单的利用串口与 PC 的通信程序。该程序功能很简单：当按钮被按下时，打开开发板上的串口，并读取当前的配置信息；然后设置串口的波特率、奇偶校验位等参数；最后发一串字符到串口并关闭端口。如果串口工作正常的话，在 PC 端就可以看到发送过来的字符串。

(1) 在 EVC 下新建一个 MFC 工程，绘制窗口如图 6.46 所示。

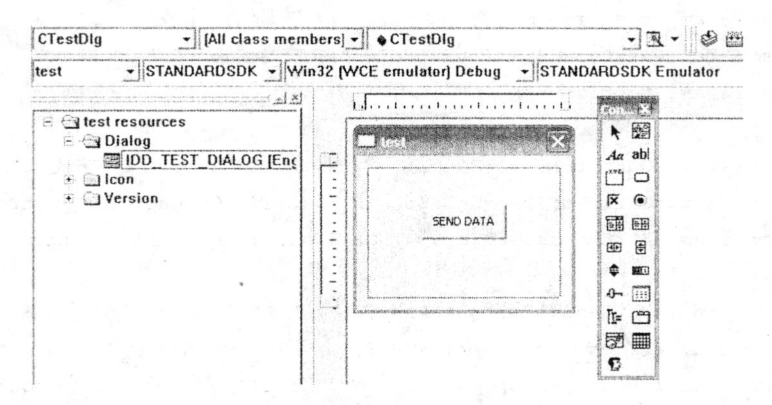

图 6.46　新建一个 MFC 工程

(2) 为 SEND DATA 按钮添加如下响应函数：

```
void CTestDlg::OnButton1()
{
  // TODO: Add your control notification handler code here
  HANDLE hSer;
  hSer =CreateFile (TEXT ("COM1:"), GENERIC_READ | GENERIC_WRITE,
  0, NULL, OPEN_EXISTING, 0, NULL);
  //第三个参数为 0 说明对这个所创立的文件是独享的
  if(hSer ==INVALID_HANDLE_VALUE)//说明创建文件不成功(无效句柄)
  {
    MessageBox(L"CreateFailed",L"Failed");
    return;
  }

  DCB commParam;
  if (!GetCommState(hSer,&commParam))//获取串口状态
  {
    MessageBox(L"GetCommState",L"Failed");
    return ;
```

```
}

WCHAR s[20];
wsprintf(s,L"baud:% d bytesize:% d stopbits:% d",
commParam.BaudRate,commParam.ByteSize,commParam.StopBits);
MessageBox(s);

commParam.BaudRate =38400;              // 设置波特率
commParam.fBinary =TRUE;                // 设置二进制模式,此处必须设置 TRUE
commParam.fParity =TRUE;                // 支持奇偶校验
commParam.ByteSize =8;                  // 数据位,范围为 4~8
commParam.Parity =NOPARITY;             // 校验模式
commParam.StopBits =1;                  // 停止位

commParam.fOutxCtsFlow =FALSE;          // No CTS output flow control
commParam.fOutxDsrFlow =FALSE;          // No DSR output flow control
commParam.fDtrControl =DTR_CONTROL_ENABLE; // DTR flow control type

commParam.fDsrSensitivity =FALSE;       // DSR sensitivity
commParam.fTXContinueOnXoff =TRUE;      // XOFF continues Tx
commParam.fOutX =FALSE;                 // No XON/XOFF out flow control
commParam.fInX =FALSE;                  // No XON/XOFF in flow control
commParam.fErrorChar =FALSE;            // Disable error replacement
commParam.fNull =FALSE;                 // Disable null stripping
commParam.fRtsControl =RTS_CONTROL_ENABLE; // RTS flow control
commParam.fAbortOnError =FALSE;         // 当串口发生错误,并不终止串口读/写
/**/
if (!SetCommState(hSer, &commParam))
{
  MessageBox(L"SetCommState",L"Failed");
  return;
}
int RC;
DWORD cByte_send,cByte_written;
char ch[20];
cByte_send =sizeof(ch);
sprintf(ch,"test COM1 good!");//把后面的字符串写入前面的缓冲区中
RC=WriteFile(hSer,&ch,cByte_send,&cByte_written,NULL);
                        //第四个参数用于返回指向该函数所写入的字符串个数
WCHAR ret[10];
wsprintf(ret,L"% d",cByte_written) ;//同前
if(RC)
```

```
        {
          MessageBox(L"Send Ok!");
          MessageBox(ret);
          CloseHandle(hSer);
          return;
        }
      wsprintf(ret,L"% d",GetLastError());
      MessageBox(ret);
          CloseHandle(hSer);
      }
```

(3) 由于要用到串口，所以不能在模拟器上运行该程序。编译通过后需要将可执行文件通过 USB 数据线下载到开发板上运行，PC 端还要装一个 ActiveSync 的同步软件。下载后程序运行界面如图 6.47 所示。

(4) 用串口线将实验箱的串口和 PC 的串口连接好(注意，实验箱一共有两个串口，板子上一个，电源插口旁边一个，板子上的是用来输出调试信息的，因此这里应该要接下面那个作为通信的串口)，并打开 Windows 下的超级终端，设置波特率设为 38 400，无流控，如图 6.48 所示。

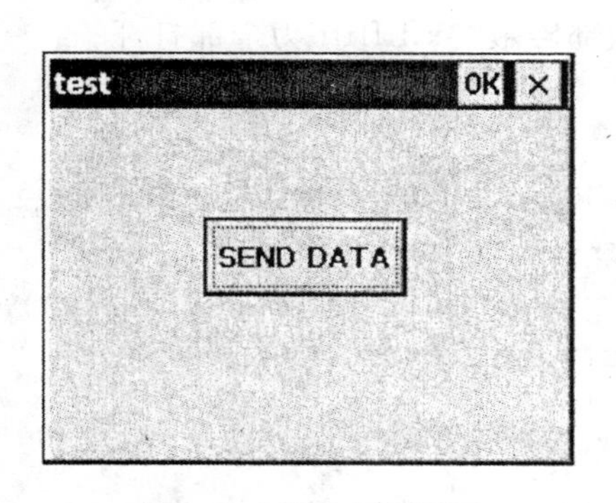

图 6.47　程序运行界面

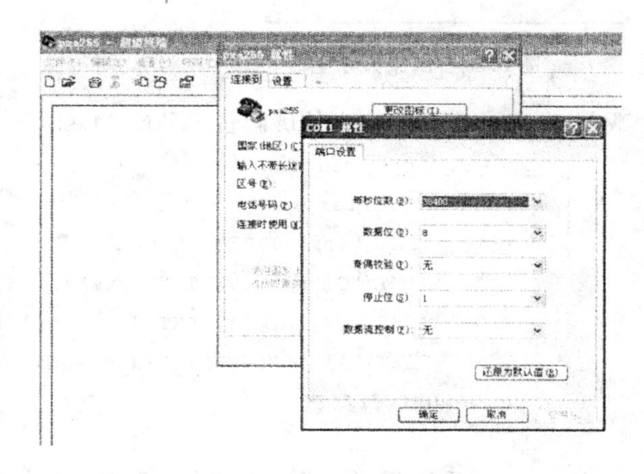

图 6.48　超级终端设置

(5) 单击"SEND DATA"按钮后，会弹出一个对话框，显示串口当前的配置信息，如图 6.49 所示。

(6) 单击"OK"按钮后，实验箱的串口开始向 PC 的串口发送数据，如果成功，显示"Send OK!"，如图 6.50 所示。

(7) 接下来会显示发送的字节数如图 6.51 所示。

(8) 如果串口连接正常的话，在 PC 的超级终端上就能够看到发送的信息了，如图 6.52 所示。

(9) 另外，为了看到程序执行时的调试信息，稍微修改一下%WINCEROOT%\PUBLIC\COMMON\OAK\DRIVERS\SERIAL\COM_MDD2\mdd.c 的代码，只需要在定义变量 dpCurSettings 的地方，将结构体中的第三个成员由 0 改成 0xffffffff 即可。这里

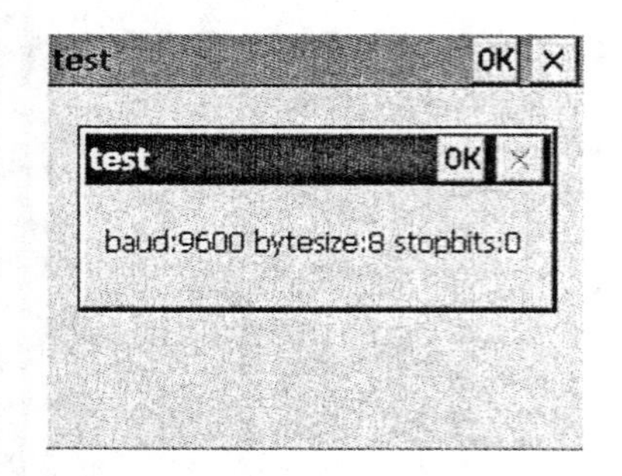

图 6.49　串口当前配置信息

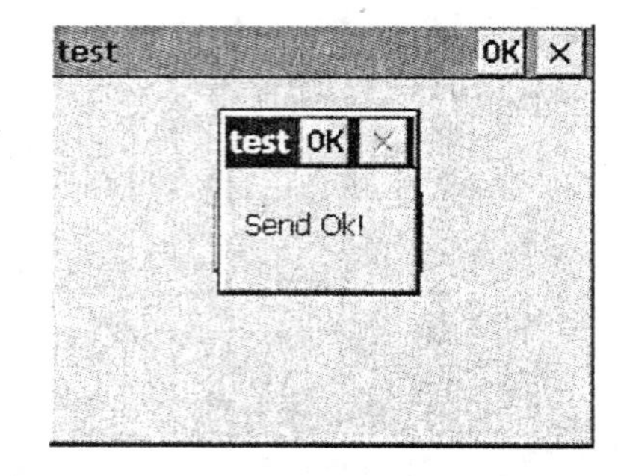

图 6.50　结束显示

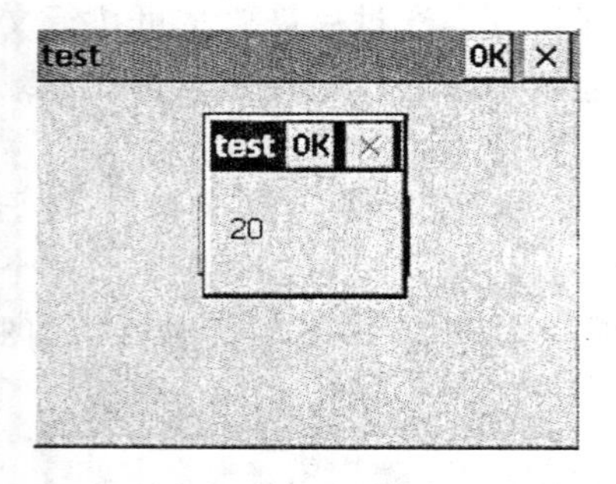

图 6.51　结束显示

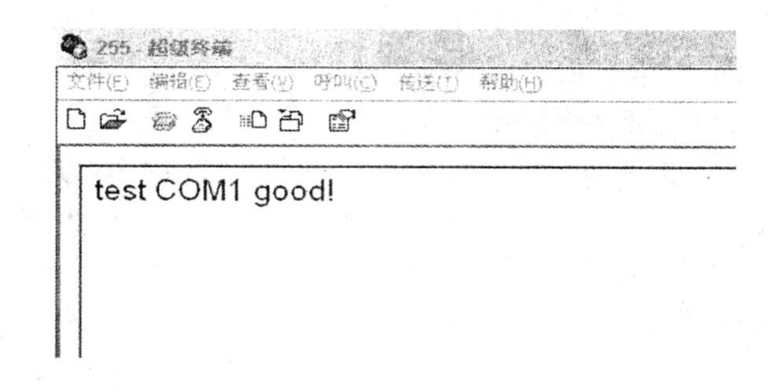

图 6.52　发送信息显示

实际上改变了 debug 输出的屏蔽位 ulZoneMask，0 为全部屏蔽，0xffffffff 为全部打开。

```
DBGPARAM dpCurSettings ={
    TEXT("Serial"), {
        TEXT("Init"),TEXT("Open"),TEXT("Read"),TEXT("Write"),
        TEXT("Close"),TEXT("Ioctl"),TEXT("Thread"),TEXT("Events"),
        TEXT("CritSec"),TEXT("FlowCtrl"),TEXT("Infrared"),TEXT("User Read"),
        TEXT("Alloc"),TEXT("Function"),TEXT("Warning"),TEXT("Error")},
    0->0xffffffff
};
```

(10) 需要重新编译一下内核，并配置为 debug 版。编译好之后将内核下载到实验箱并再次运行串口测试程序(注意要将调试用的串口与 PC 的串口连接)，在超级终端就能看到以下的调试信息，这里可以很清楚地看到 MDD 层函数和 PDD 层函数的调用顺序。

```
SENDING command id 0x03E8 to CDialog target.
0x838ac348: +COM_Open handle x30CC0, access xC0000000, share x0
0x838ac348: COM_Open: Access permission handle granted x5D8B0
0x838ac348: COM_Open: First open : Do Init x5D8B0
0x838ac348: +HW_XSC1_SetDCB 0x30DE0
0x838ac348: -HW_XSC1_SetDCB 0x30DE0
0x838ac348: +HW_XSC1_SetCommTimeout 0x30DE0
0x838ac348: -HW_XSC1_SetCommTimeout 0x30DE0
0x838ac348: +XSC1_SerPDDOpen(irmode=0x0)
```

```
0x838ac348: XSC1_SerPDDOpen -OpenCount 0x1
0x838ac348: XSC1_SerPDDOpen -Calling HW_XSC1Open
0x838ac348: +HW_XSC1_Open 0x30DE0
0x838ac348: HW_XSC1_Open Setting DCB parameters
0x838ac348: +HW_XSC1_SetbaudRate 0x30DE0, x2580
0x838ac348: -HW_XSC1_SetbaudRate 0x30DE0 (9600 Baud)
0x838ac348: +HW_XSC1_SetByteSize 0x30DE0, x8
0x838ac348: -HW_XSC1_SetByteSize 0x30DE0
0x838ac348: +HW_XSC1_SetStopBits 0x30DE0, x0
0x838ac348: -HW_XSC1_SetStopBits 0x30DE0
0x838ac348: +HW_XSC1_SetParity 0x30DE0, x0
0x838ac348: -HW_XSC1_SetParity 0x30DE0
0x838ac348: +HW_XSC1_PostInit, 0x30DE0
0x838ac348: +HW_XSC1_ClearPendingInts, 0x30DE0
0x838ac348: !!IIR C1
0x838ac348: +HW_XSC1_ReadLSR
0x838ac348: +HW_XSC1_ReadMSR
0x838ac348: -HW_XSC1_ReadMSR
0x838ac348: -HW_XSC1_PostInit, 0x30DE0
0x838ac348: +HW_XSC1_ReadMSR
0x838ac348: -HW_XSC1_ReadMSR
0x838ac348: +HW_XSC1_ReadLSR
0x838ac348: -HW_XSC1_Open 0x30DE0, IIR 0xC1
0x838ac348: XSC1_SerPDDOpen -Calling XSC1_SerPDDSetOutputMode to enable Uart
0xa6300000 Serial:0x1 IR :0x0
0x838ac348: +XSC1_SerPDDSetOutputMode
0x838ac348: XSC1_SerPDDOpen -Enabling Interrupt on Uart 0xa6300000
0x838ac348: +HW_XSC1_PurgeComm 0x30DE0
0x838ac348: ???? HW_XSC1_PurgeComm 0x30DE0 : Resetting RX FIFO
0x838ac348: -HW_XSC1_PurgeComm 0x30DE0
0x838ac348: -COM_Open handle x5D8B0, x30CC0, Ref x1
0x838ac348: +COM_IOControl(0x5D8B0, 1769552, 0x0, 0, 0xE02EFFC, 28, 0xE02EFA4)
0x838ac348:  IOCTL_SERIAL_GET_DCB
0x838ac348: -COM_IOControl Success Ecode=1814 (len=28)
0x838ac348: DlgMgr: FindDlgItem id 1 returning NULL.
0x838ac348: +COM_IOControl(0x5D8B0, 1769556, 0xE02EFFC, 28, 0x0, 0, 0xE02EFA4)
0x838ac348: IOCTL_SERIAL_SET_DCB
0x838ac348: +HW_XSC1_SetDCB 0x30DE0
0x838ac348: +HW_XSC1_SetbaudRate 0x30DE0, x9600
0x838ac348: -HW_XSC1_SetbaudRate 0x30DE0 (38400 Baud)
0x838ac348: +HW_XSC1_SetStopBits 0x30DE0, x1
0x838ac348: -HW_XSC1_SetStopBits 0x30DE0
```

```
0x838ac348: -HW_XSC1_SetDCB 0x30DE0
0x838ac348: +HW_XSC1_ClearRTS, 0x30DE0
0x838ac348: -HW_XSC1_ClearRTS, 0x30DE0
0x838ac348: -COM_IOControl Success Ecode=1814 (len=1)
0x838ac348: +COM_WRITE(0x5D8B0, 0xE02F03C, 20)
0x838ac348: COM_Write wait for CritSec 30cc0.
0x838ac348: COM_Write Got CritSec 30cc0.
0x838ac348: COM_Write wait for CritSec 30d94.
0x838ac348: COM_Write got CritSec 30d94.
0x838ac348: COM_Write released CritSec: 30d94.
0x838ac348: DoPutBytes wait for CritSec 30d94.
0x838ac348: DoPutBytes got CritSec 30d94.
0x838ac348: TxRead =0, TxLength =20, TxBytesAvail =20.
0x838ac348: About to copy 20 bytes
0x838ac348: Transmit Event
0x838ac348: +HW_XSC1_TxIntrEx 0x30DE0, Len 20
0x838ac348: HW_XSC1_TxIntrEx wait for CritSec 30e98.
0x838ac348: HW_XSC1_TxIntrEx got CritSec 30e98.
0x838ac348: HW_XSC1_TxIntrEx -Write max of 0 bytes
0x838ac348: +HW_XSC1_ReadLSR
0x838ac348: Tx:t
0x838ac348: Tx:e
0x838ac348: Tx:s
0x838ac348: Tx:t
0x838ac348: Tx:
0x838ac348: Tx:C
0x838ac348: Tx:O
0x838ac348: Tx:M
0x838ac348: Tx:1
0x838ac348: Tx:
0x838ac348: Tx:g
0x838ac348: Tx:o
0x838ac348: Tx:o
0x838ac348: Tx:d
0x838ac348: Tx:!
0x838ac348: Tx:0x838ac348: Tx:
0x838ac348: Tx: 0x838ac348: Tx: 0x838ac348: Tx: 0x838ac348: HW _XSC1 _TxIntrEx:
Enable INTR_TX.
0x83c5ac0c: +SerialEventHandler, pHead 0x30CC0
0x83c5ac0c: -HW_XSC1_GetInterruptType 0x30DE0, 0x4
0x83c5ac0c: SerialEventHandler, Interrupts 0x4
0x83c5ac0c: Tx Event
```

```
0x83c5ac0c: DoPutBytes wait for CritSec 30d94.
0x838ac348: HW_XSC1_TxIntrEx released CritSec 30e98.
0x838ac348: -HW_XSC1_TxIntrEx -sent 20.
0x838ac348: 20 bytes actually copied.
0x83c5ac0c: DoPutBytes got CritSec 30d94.
0x83c5ac0c: Transmit Event
0x83c5ac0c: +HW_XSC1_TxIntrEx 0x30DE0, Len 0
0x83c5ac0c: HW_XSC1_TxIntrEx: Disable INTR_TX.
0x83c5ac0c: Transmission complete, 0 bytes sent
0x83c5ac0c: DoPutBytes released CritSec: 30d94.
0x83c5ac0c: -HW_XSC1_GetInterruptType 0x30DE0, 0x0
0x83c5ac0c: SerialEventHandler, No Interrupt.
0x83c5ac0c: -SerialEventHandler, Fifo(R=0,W=0,L=2048)
0x83c5ac0c: Event A3C5ED0A, 19
0x838ac348: DoPutBytes released CritSec: 30d94.
0x838ac348: COM_Write wait for transmission complete event a3c5ed2e.
0x838ac348: COM_Write completed normally.
0x838ac348: COM_Write wait for CritSec 30d94.
0x838ac348: COM_Write got CritSec 30d94.
0x838ac348: COM_Write released CritSec: 30d94.
0x838ac348: COM_Write released CritSec: 30cc0. Exiting
0x838ac348: CommEvent -Event 0x4, Global Mask 0x0
0x838ac348: -COM_WRITE, returning 20
0x838ac348: DlgMgr: FindDlgItem id 1 returning NULL.
0x838ac348: DlgMgr: FindDlgItem id 1 returning NULL.
0x838ac348: +COM_Close
0x838ac348: COM_Close: (0 handles) total RX 0, total TX 20, dropped (mdd, pdd) 0,0
0x838ac348: About to call HWClose
0x838ac348: +XSC1_SerPDDClose
0x838ac348: XSC1_SerPDDClose, closing device
0x838ac348: XSC1_SerPDDClose -Powering down UART
0x838ac348: +XSC1_SerPDDSetOutputMode
0x838ac348: XSC1_SerPDDClose -Calling HW_XSC1_Close
0x838ac348: +HW_XSC1_Close 0x30DE0
0x838ac348: -HW_XSC1_Close 0x30DE0
0x838ac348: ************ XSC1_SerPDDClose -Masking FFUART
0x838ac348: -XSC1_SerPDDClose
0x838ac348: Returned from HWClose
0x838ac348: COM_Close: Closed access owner handle
0x838ac348: -COM_Close
```

用粗体标记的是所调用的 MDD 层的函数，依次是 COM_Open、COM_IOControl（一次读串口配置，一次写串口配置）、COM_Write 和 COM_Close。在这些 MDD 层函数之间，调用了很多PDD层的函数，均以HW_开头，“test COM1 good!”的字符串传送是在COM_Write函数内通过中断服务程序HW_XSC1_TxIntrEx来完成的。

6.4.6 实训六 Windows CE.NET文件系统开发

一、实验目的

了解文件系统的原理和工作过程。

二、实验内容

(1) 实现RAMDisk的功能：通过程序动态加载RAMDisk的驱动，并实现自动分区和格式化，并将其挂载到根目录下。然后编写程序从RAMDisk中读入0号扇区的参数内容，并对其值进行解析。

(2) 文件系统和目录结构：设计实现一个打印目录列表的函数，编写一个函数可以由当前的目录返回上一层目录，或进入一个子目录。

三、实验原理

Windows CE .NET文件系统是一种灵活的模块化设计，它允许自定义文件系统、筛选器和多种不同的块设备类型。文件系统和所有与文件相关的API都是通过FileSys.exe进程来管理的。这个模块实现了对象存储和存储管理器，并将所有文件系统统一到一个根“\”下面的单个系统中。在Windows CE .NET中，所有文件和文件系统都存在于从“\”作为根开始的单个命名空间中。所有文件均以在层次结构树中从根开始的唯一路径进行标志。这类似于桌面计算机版本的Windows，只是没有驱动器号。在Windows CE中，驱动器作为文件夹装入根的下面。因此，添加到系统中的新存储卡将装入树的根中，其路径类似于“\Storage Card”。

FileSys.exe由下列几个组件组成：

(1) ROM文件系统；

(2) 存储管理器；

(3) 对象存储。

对象存储是一个内存堆，由FileSys.exe控制。对象存储包含RAM系统注册表、RAM文件系统和属性数据库。它们都是FileSys.exe模块的可选组件。RAM文件系统和属性数据库是完全可选的，并且在某些系统中可能根本不存在。对每个Windows CE设备来说，以某些形式存在的注册表是必需的，它可以作为文件存在于外部装入的文件系统(如磁盘)中。

基于RAM的文件系统通常连接到呈现给应用程序的统一文件系统的根。也就是说，文件“\MyFile.txt”位于统一系统的根和RAM文件系统的根中。ROM文件系统连接到统一文件系统中的“\Windows”文件夹。这意味着，ROM中所有文件均可作为“\Windows”文件夹中的只读文件来访问。

存储管理器(Storage Manager)是Windows CE .NET的新功能。它负责管理系统中的存储设备，以及用于访问它们的文件系统。存储管理器处理4种主要项目。

(1) 存储驱动程序。它们是物理存储介质的设备驱动程序，有时称为“块驱动程序”，提供对数据存储的随机寻址块的访问。

(2) 分区驱动程序。它们为单个存储设备上的多个分区提供管理。Windows CE .NET允许物理磁盘包含多个分区，并且每个分区可以格式化为不同的文件系统。分区驱动程序实际上是存储驱动程序的转换器。它公开与存储驱动程序相同的接口，并将分区的块地址转换为存储设备块的真实地址，然后将调用传递给存储驱动程序。

(3) 文件系统驱动程序。这些驱动程序将存储设备上的数据组织为文件和文件夹。Windows CE .NET 附带了几个不同的系统，包括用于 CD 和 DVD 的 UDFS，以及 FAT 文件系统(包括 FAT32 支持)。在 4.2 版本中，有一个新的系统，称为事务安全 FAT 文件系统(TFAT)。

(4) 文件系统筛选器。文件系统筛选器用于处理对文件系统的调用，此后，文件系统才能获得这些调用。这就允许对文件访问进行某些特殊的处理，以便进行数据加密、压缩和使用统计数据进行监视。

图 6.53 说明了文件系统的各个组件之间的关系。

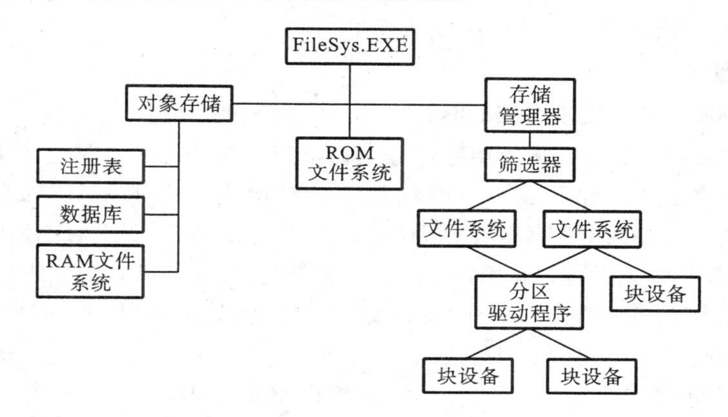

图 6.53　各组件之间的关系图

操作系统启动时，NK. exe 将直接从 ROM 文件系统加载 FileSys. exe。FileSys. exe 从 ROM 文件系统内的默认注册表对注册表进行初始化；然后，FileSys. exe 将读取注册表项，以便启动各种应用程序。列在注册表中的一个应用程序通常是 Device. exe，即设备管理器。设备管理器从 HKEY_LOCAL_MACHINE\Driver\BuiltIn 项加载驱动程序。正常情况下，任何内置的磁盘设备(如硬盘)列在该项下面，所以将加载块驱动程序。块驱动程序通过一个特定的设备类标识符 BLOCK_DRIVER_GUID 进行标志。

内置到 FileSys. exe 中的存储管理器向设备管理器通知系统注册，以便接收有关块驱动程序加载和卸载的通知。然后，存储管理器打开块驱动程序，并向它查询配置文件名称。每个块设备类型都有一个与它相关的配置文件。PROFILE 是一个注册表项，用于指定特定类型设备的分区驱动程序和默认文件系统。

存储管理器读取有关设备的分区驱动程序的信息，并加载适当的驱动程序(Microsoft 提供了一个称为“mspar”的分区驱动程序，用于通过磁盘的主启动记录中的分区表进行标准硬盘分区)。

一旦分区驱动程序已加载，存储管理器将请求分区驱动程序枚举磁盘上的分区，并标志每个分区上的文件系统。分区驱动程序将从主启动记录 (MBR)中读取有关分区和文件系

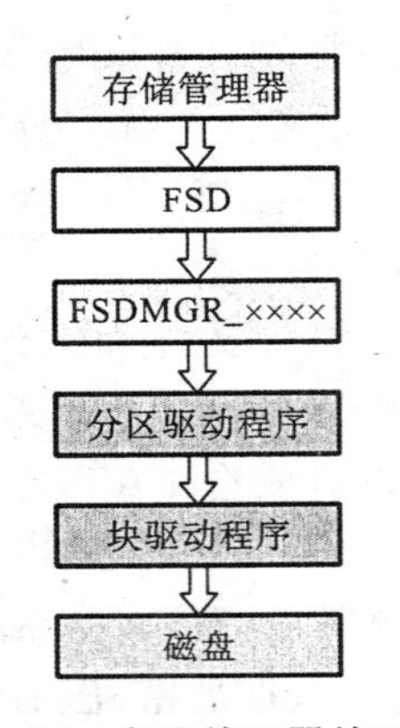

图 6.54 存储管理器的工作流程和分层结构

统的信息，并向存储管理器提供信息，然后，存储管理器使用该信息来加载每个分区的文件系统驱动程序，并将文件系统装入统一文件系统的根中。

图 6.54 所示为存储管理器的工作流程和分层结构。

FSDMGR 是存储管理器的一部分，负责向文件系统驱动程序提供服务。因为文件系统并不需要知道数据是否来自磁盘上的分区或者直接来自磁盘，所以，FSDMGR 对文件系统驱动程序进行包装，以便为驱动程序的高端或低端提供接口。

存储管理器调用文件系统驱动程序(FSD)，而 FSD 使用 FSDMGR_ API 从设备检索数据。如果是 CD(没有分区)，则设备通过 FSDMGR 与块驱动程序通信。如果它是有多个分区的硬盘，那么它以同样方式使用 FSDMGR_ API。但这之后 FSDMGR 会将工作转交给适当的分区驱动程序。

四、实验步骤

1. 在 Windows CE 下实现 RAMDisk

简单来说，RAMDisk 就是指使用一部分内存空间来模拟出一个硬盘分区，从而可以像对待硬盘空间一样在其上保存文件。微软其实已经给出一个 RAMDisk 的实例代码，在 %WINCEROOT%\PUBLIC\COMMON\OAK\DRIVERS\BLOCK\RAMDISK 目录下分别实现了 RAMDisk 的驱动程序(DRIVER)和加载程序(LOADER)。只需要编译生成驱动程序 ramdisk. dll 和加载程序 ceramdrv. exe 文件，然后将其拷贝到 Wince 的“/Windows”目录下运行 ceramdrv. exe 即可。其步骤如下。

(1) 在 PB 下新建一个定制内核的工程，先编译整个工程(详细步骤参见实验一)，然后选择 Build 下拉菜单中的 Open Build Release Directory，在命令行下输入如下命令来对 RAMDisk 模块进行编译：

sysgen ramdisk

(2) 输入如下命令对 ceramdrv 模块进行编译：

sysgen ceramdrv

(3) 执行完毕后，在工程目录的 WINCE420\Emulator\cesysgen\oak\target\x86\debug 下会生成 ramdisk. dll 和 ceramdrv. exe 可执行文件(这是 X86 模拟器的目录，ARMV4 的路径可能会有所不同)。

(4) 在 PB 的模拟器上运行刚刚定制好的内核，然后通过模拟器的 share folder 功能将上面生成的两个文件拷贝到模拟器的“\windows”目录下。

(5) 打开模拟器的命令行，输入 ceramdrv 命令来运行 ceramdrv. exe，运行完后，在根目录下将会出现一个 Storage Card 的目录，这便是 RAMDisk 挂载的目录，表示 RAMDisk 已经加载成功了。现在可以在里面创建文件和目录，下面是运行 ceramdrv. exe 时的调试信息：

```
0x838a0684: ++CERAMDRV:(1)
0x838a0684: CERAMDRV : Settings custom disk size 1 MB
0x838a0684: DEVICE!ActivateDeviceEx(Drivers\Builtin\RamDisk) entered
```

```
0x838a0684: RAMDISK: DLL_PROCESS_ATTACH
0x838a0684: RAMDISK: DSK_Init entered
0x838a0684: +CreateDiskObject
0x838a0684: -CreateDiskObject
0x838a0684: RAMDISK : ActiveKey =Drivers\Active\18
0x838a0684: RAMDISK : ActiveKey (copy) =Drivers\Active\18 (@0x00059F90)
0x838a0684: RAM:GetDiskSize -Drivers\Active\18
0x838a0684: RAM:GetDiskSize -1024
0x838a0684: RAM:GetDiskAddress -Drivers\Active\18
0x838a0684: RAM:GetDiskAddress -RegQueryValueEx(Size) returned 2
0x838a0684: RAMDISK: sectors =2
0x838a0684: RAMDISK: RAMInit returning 0x53c7d0
0x838a0684: RAMDISK: DSK_Open(0x53c7d0)
0x838a0684: RAMDISK: DSK_Open(0x53c7d0) returning 5490640
0x838a0684: +DSK_IOControl (4)
0x838a0684: RAMDISK: DSK_Close entered
0x838a0684: RAMDISK: DSK_Close done
0x838a0684: PNP interface class {A4E7EDDA-E575-4252-9D6B-4195D48BB865} (DSK1:)
            ATTACH
0x838a0684: --CERAMDRV: DONE!
0x83c397bc: TAPI:OldAddTapiDevice RegQueryValueEx(Tsp) returned 2
0x83ca523c: RAMDISK: DSK_Open(0x53c7d0)
0x83ca523c: RAMDISK: DSK_Open(0x53c7d0) returning 5490640
0x83ca523c: +DSK_IOControl (1)
0x83ca523c: +DSK_IOControl (464896)
0x83ca523c: -DSK_IOControl (device info)
0x83ca523c: +DSK_IOControl (465956)
0x83ca523c: Loading partition driver mspart.dll hModule=8386CD8C
0x83ca523c: Driver mspart.dll loaded
0x83ca523c: +DSK_IOControl (1)
0x83ca523c: +DSK_IOControl (2)
0x83ca523c: RAMDISK:DoDiskIO -Number of scatter/gather descriptors 1
0x83ca523c: RAMDISK:DoDiskIO -Bytes left for this sg 512
0x83ca523c: RAMDISK:DoDiskIO -reading 512 bytes at sector 8388607
0x83ca523c: Opened the store hStore=000A3EE0
0x83ca523c: +DSK_IOControl (2)
0x83ca523c: RAMDISK:DoDiskIO -Number of scatter/gather descriptors 1
0x83ca523c: RAMDISK:DoDiskIO -Bytes left for this sg 512
0x83ca523c: RAMDISK:DoDiskIO -reading 512 bytes at sector 8388607
0x83ca523c: NumSec=2 BytesPerSec=512 FreeSec=0 BiggestCreatable=0
0x83cb4934: NOTIFICATION::XCeEventHasOccurred
0x83cb4934: NOTIFICATION::HandleSystemEvent 7 /ADD DSK1:
0x83cb4934: NOTIFICATION::HandleSystemEvent::Don't want \\.\Notifications\
```

```
                    NamedEvents\DSTTimeChange
0x83cb4934: NOTIFICATION::HandleSystemEvent::Don't want \\.\Notifications\
                    NamedEvents\DSTTzChange
0x83cb4934: NOTIFICATION::HandleSystemEvent::Don't want repllog.exe
0x83cb4934: NOTIFICATION::XCeEventHasOccurred
0x83c397bc: TAPI:OldAddTapiDevice RegQueryValueEx(Tsp) returned 87
0x83cb4934: NOTIFICATION::HandleSystemEvent 7 /ADD DSK1:
0x83cb4934: NOTIFICATION::HandleSystemEvent::Don't want \\.\Notifications\
                    NamedEvents\DSTTimeChange
0x83cb4934: NOTIFICATION::HandleSystemEvent::Don't want \\.\Notifications\
                    NamedEvents\DSTTzChange
0x83cb4934: NOTIFICATION::HandleSystemEvent::Don't want repllog.exe
```

(6) 为了进一步验证是否加载成功，打开 PB 的 tools 下拉菜单下的注册表编辑器(remote registry editor)，可以看到，在 HKEY_LOCAL_MACHINE\Driver\Active 下的一个名为 18 的项就是所加载的 RAMDisk，其设备名为“DSK1:”，如图 6.55 所示。

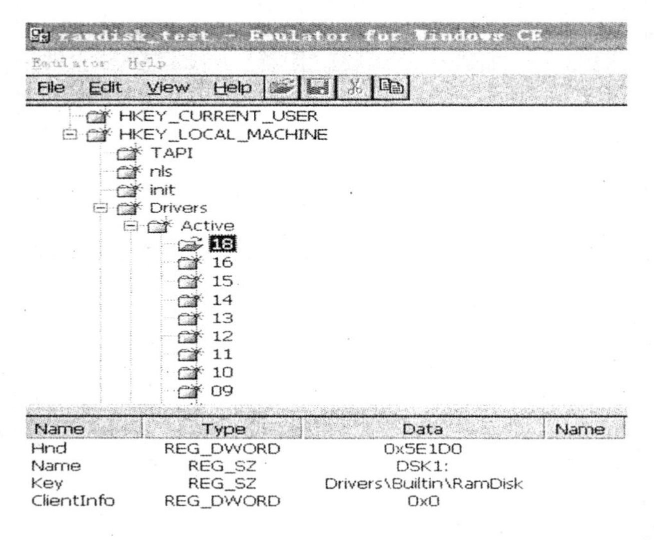

图 6.55 PB 下的注册表编辑器

2. 迷你文件浏览器

最后编写一个简单的文件浏览器，实现打印文件目录列表、进入一个子目录和返回上一级目录的功能，来进一步了解 Windows CE 文件系统的 API。

(1) 在 EVC 下新建一个 MFC 的 exe 工程，命名为 DirectoryOp，并设计如图 6.56 所示的对话框。

(2) 在 OnInitDialog()函数中添加如下代码，以获取当前路径信息。

```
BOOL CDirectoryOpDlg::OnInitDialog()
{
  CDialog::OnInitDialog();
```

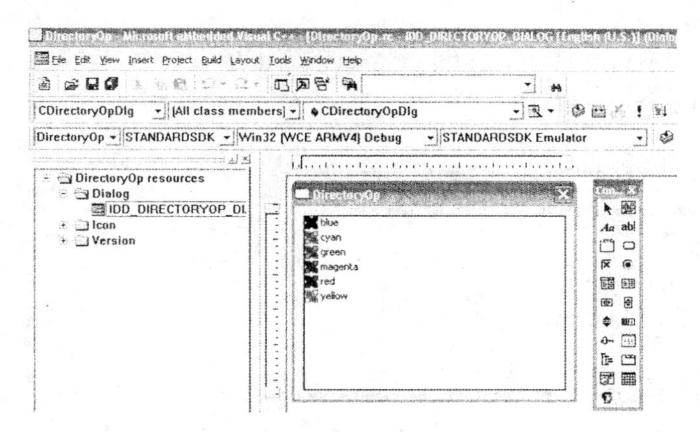

图 6.56　对话框设计

```
// Set the icon for this dialog.  The framework does this automatically
//  when the application's main window is not a dialog
SetIcon(m_hIcon, TRUE);        // Set big icon
SetIcon(m_hIcon, FALSE);      // Set small icon

CenterWindow(GetDesktopWindow());  // center to the hpc screen

// TODO: Add extra initialization here

//初始化默认路径
DWORD dirBuffSize = 0;
TCHAR tmp[1024];

dirBuffSize = sizeof(lastValidDir);

memset(tmp,0,sizeof(tmp));

GetModuleFileName(
  GetModuleHandle(NULL),      // handle to module
  tmp,  // file name of module
  1024          // size of buffer
  );

int j = 0;
for(int i = wcslen(tmp) -1; i >= 0; i--)
{
if(tmp[i] == '\\')
    break;
  j++;
```

```
    }
    memset(lastValidDir,0,sizeof(lastValidDir));
    memcpy(lastValidDir,tmp,wcslen(tmp) * 2 -(j +1) * 2);

    memset(currentDir,0,sizeof(currentDir));
    wcscpy(currentDir,lastValidDir);

    ShowDirContent();
    UpdateData(FALSE);

    return TRUE;   // return TRUE  unless you set the focus to a control
}
```

（3）添加一个 ChangeDrectory()函数，实现改变当前目录的功能。

```
void CDirectoryOpDlg::ChangeDrectory(TCHAR cmdPara[])
{
    //用户自己指定了全局路径
    memset(lastValidDir,0,sizeof(lastValidDir));
    wcscpy(lastValidDir,currentDir);
    if(wcscmp(cmdPara,L".") ==0)
    {
        return;
    }
    else if(wcscmp(cmdPara,L"..") ==0)
    {
        int j =0;
        for(int i =wcslen(currentDir) -1; i >=0; i--)
        {
            if(currentDir[i] =='\\')
            break;
            j++;
        }
        memset(currentDir+wcslen(currentDir) -(j+1),0,(j+1) * 2);
    }
    else
    {
        wcscat(currentDir,L"\\");
        wcscat(currentDir,cmdPara);
    }
}
```

（4）添加一个 ShowDirContent()函数，实现显示当前目录内容的功能。

```
void CDirectoryOpDlg::ShowDirContent()
{
```

```
WIN32_FIND_DATA FindFileData;
TCHAR dirPara[1024];
int item =0;
memset(dirPara,0,sizeof(dirPara));
//if(strlen(dirCmd) ==0)
{
    wcscpy(dirPara,currentDir);
    wcscat(dirPara,L"\\* ");
}
HANDLE hFind =  FindFirstFile(dirPara,                // file name
                          &FindFileData  // data buffer
                          );

if (hFind ==INVALID_HANDLE_VALUE)
{
    MessageBox(L"Not A Valid Directory!!",L"",MB_OK);
    memset(currentDir,0,sizeof(currentDir));
    wcscpy(currentDir,lastValidDir);
    return;
}
else
{
    COLORREF crBkColor =::GetSysColor(COLOR_3DFACE);
    m_list.SetTextBkColor(crBkColor);
    ASSERT(m_list.GetTextBkColor() ==crBkColor);
    m_list.DeleteAllItems();
    m_list.InsertItem(item++,L".");
    m_list.InsertItem(item++,L"..");
    m_list.InsertItem(item++,FindFileData.cFileName);
}
while(FindNextFile(hFind,  &FindFileData ))
{
    m_list.InsertItem(item++,FindFileData.cFileName);
}
}
```

(5) 添加响应鼠标事件，实现当鼠标点击对话框文件列表时，就获取该列表内容(即文件或文件夹名称的功能)，使得程序更加可视化。

```
void CDirectoryOpDlg::OnDblclkList3(NMHDR* pNMHDR, LRESULT* pResult)
{
  NM_LISTVIEW* pNMListView = (NM_LISTVIEW*)pNMHDR;
  int m_nCurrentSel =pNMListView->iItem;
if(m_nCurrentSel <0)
```

```
        return;
    CString str;
    str=m_list.GetItemText(m_nCurrentSel, NULL);
    ChangeDrectory(str.GetBuffer(str.GetLength() * 2));
    ShowDirContent();
    UpdateData(FALSE);
    * pResult =0;
}
```

(6) 编译生成 DirectoryOp. exe 后，即可在实验箱或者模拟器上运行，图 6.57 所示是在模拟器上运行的结果：最开始运行时，列表框内会显示 DirectoryOp. exe 所在目录下的文件列表，这里是在“/Windows”目录下。

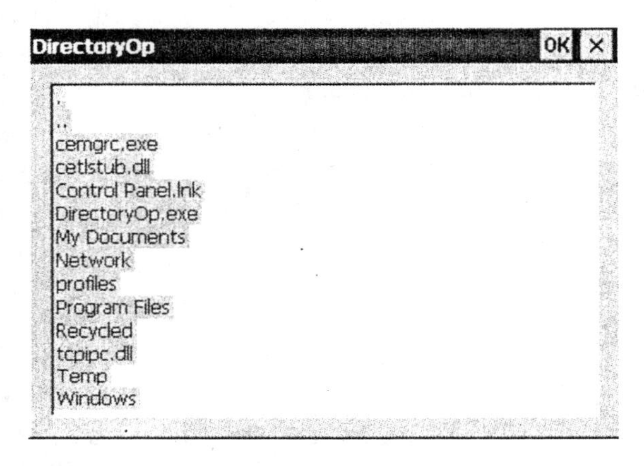

图 6.57 运行结果

(7) 当鼠标双击文件列表的一个子项时，如果该子项为文件夹，程序就会切换到该子目录中，并显示子目录的内容。要想再切换到上一层目录只需要双击“…”即可。

(8) 当鼠标双击的文件列表中的子项不是目录或者目录为空时，程序就会打出一个错误提示对话框，并保留在当前目录不变(见图 6.58)。

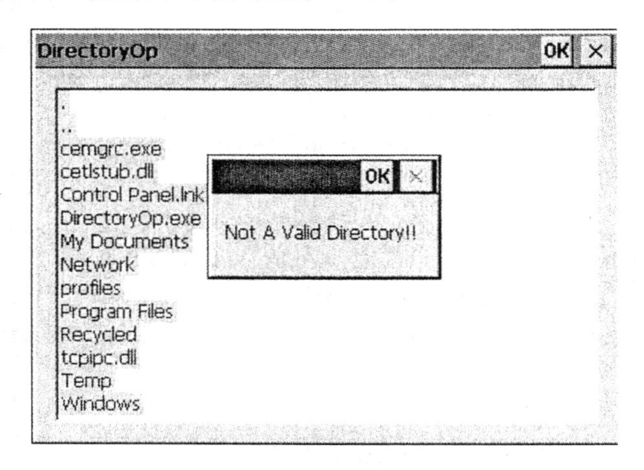

图 6.58 错误提示对话框

6.4.7　实训七　个人通信录

一、实验目的

在 Windows CE. NET 下实现一个简单的个人通信录程序。

二、实验内容

创建一个通信录程序，要求可以添加姓名、电话号码和邮箱，并且将添加的数据保存在文件中。可以编辑和删除已经添加的数据，将数据上移和下移查看，并且可以直接移动到第一条和最后一条数据。

三、实验原理

根据 CFile 类对文件读写、创建等操作，并根据 CList 类来创建链队列，用链队列与文件相结合，完成该实验。

四、实验步骤

(1) 首先将需要保存的记录(如姓名、电话号码和邮箱)写为一个结构体。

```
typedef struct _CComData
{
  TCHAR name[21]; //学生姓名
  TCHAR number[21]; //出生日期
  TCHAR mail[21]; //班级名称
}CComData;
```

(2) 建立需要保存记录的文件地址。

```
const LPCTSTR FILEPATH = _T("\\My Documents\\communication.dat");
```

(3) 在派生出的对话框类中，根据 Clist 模板用 CComData 结构体建立一个链队列 m_lstCom，同时建立两个标志位 m_operID 和 m_iCurPos 来确定当前控件的状态及记录的位置。

```
private:
CList<CComData,CComData&>m_lstCom;
int m_operID;
int m_iCurPos;
/* 然后建立设置控件状态和编辑框状态的两个函数 */
private:
  void SetControlEnable(bool aValue);
  void SetButtonEnable(int aValue);
```

(4) 在对话框中拖入所需要的按钮，包括添加、删除、编辑、上移、下移等按钮。

(5) 添加完毕之后，就可以编写相应的函数。首先，需要编写 OnInitDialog() 函数，这个函数主要用来判定在打开程序时，是否能打开文件已存在记录，如果无法打开文件，则按照路径创建该文件，创建失败则提示错误，如果可以打开并且存有记录，则显示第一条记录。主要代码如下：

```
CFile ComFile;
CComData ComData;
```

```
DWORD dwRead;
ZeroMemory(&ComData,sizeof(ComData));
if(ComFile.Open(FILEPATH,CFile::modeRead))
{
  do
  {
    dwRead=ComFile.Read(&ComData,sizeof(ComData));
    if(dwRead!=0)
    {
      m_lstCom.AddTail(ComData);
    }
  }while(dwRead>0);

  ComFile.Close();
}
else
{
  if(!ComFile.Open(FILEPATH,CFile::modeCreate|CFile::modeWrite))
  {
    AfxMessageBox(_T("Fail to create the DataBase!"));
    return FALSE;
  }
  ComFile.Close();
}
if(m_lstCom.GetCount()>0)
{
  ComData=m_lstCom.GetHead();
  m_iCurPos=0;
  m_Name=ComData.name;
  m_Number=ComData.number;
  m_Mail=ComData.mail;
  UpdateData(FALSE);
}
SetControlEnable(FALSE);
SetButtonEnable(m_iCurPos);
return TRUE;  // return TRUE  unless you set the focus to a control
}
```

(6) 编写 SetControlEnable()函数，该函数主要用来设置输入框、指针及操作按钮的有效性。

```
void CLCComDlg::SetControlEnable(bool aValue)
{
```

```
    /*设置输入框的有效性*/
    ((CEdit*)GetDlgItem(IDC_EDIT_NAME))->EnableWindow(aValue);
    ((CEdit*)GetDlgItem(IDC_EDIT_NUMBER))->EnableWindow(aValue);
    ((CEdit*)GetDlgItem(IDC_EDIT_MAIL))->EnableWindow(aValue);
    /*设置指针移动按钮的有效性*/
    ((CButton*)GetDlgItem(IDC_BUTTON_FIRST))->EnableWindow(!aValue);
    ((CButton*)GetDlgItem(IDC_BUTTON_UP))->EnableWindow(!aValue);
    ((CButton*)GetDlgItem(IDC_BUTTON_DOWN))->EnableWindow(!aValue);
    ((CButton*)GetDlgItem(IDC_BUTTON_LAST))->EnableWindow(!aValue);
    /*设置操作按钮的有效性*/
    ((CButton*)GetDlgItem(IDC_BUTTON_ADD))->EnableWindow(!aValue);
    ((CButton*)GetDlgItem(IDC_BUTTON_EDIT))->EnableWindow(!aValue);
    ((CButton*)GetDlgItem(IDC_BUTTON_SAVE))->EnableWindow(aValue);
    ((CButton*)GetDlgItem(IDC_BUTTON_DELETE))->EnableWindow(!aValue);
}
```

(7) 编写 SetButtonEnable()函数，用来在移动记录时，设置指针的有效性。例如，当移动到最后一条记录时，指针按钮 DOWN 及 LAST 都是不可用的，当文件中剩下的记录小于两条时，四个指针按钮都应为不可用状态。部分代码如下：

```
if(m_lstCom.GetCount()<2)
  {
    ((CButton*)GetDlgItem(IDC_BUTTON_FIRST))->EnableWindow(FALSE);
    ((CButton*)GetDlgItem(IDC_BUTTON_UP))->EnableWindow(FALSE);
    ((CButton*)GetDlgItem(IDC_BUTTON_DOWN))->EnableWindow(FALSE);
    ((CButton*)GetDlgItem(IDC_BUTTON_LAST))->EnableWindow(FALSE);
    return;
  }
```

(8) 添加操作比较简单，只要将输入框设为可用，并且清除输入框中的内容，处于输入状态即可。

```
void CLCComDlg::OnButtonAdd()
{
  // TODO: Add your control notification handler code here
  m_operID=0; //表示添加操作
  m_Name=_T("");
  m_Number=_T("");
  m_Mail=_T("");
  UpdateData(FALSE);
  SetControlEnable(TRUE);


}
```

(9) 编写 OnButtonDelete()函数，首先要从 m_ListCom 链表中删除这条记录，删除之后判定是否还有其他记录，如果有的话，显示它的前一条记录，若没有，则显示空，并且输入框状态为不可用。然后重新遍历这个链表并且按照路径创建文件，将这个链表中的记录一条条地再写回文件中。

```
void CLCComDlg::OnButtonDelete()
{
  // TODO: Add your control notification handler code here
  if (m_lstCom.IsEmpty())
  {
    AfxMessageBox(_T("There is no Data!"));
    return;
  }
  //先从队列中移除
  POSITION pos =m_lstCom.FindIndex(m_iCurPos);
  m_lstCom.RemoveAt(pos);//
  if (m_iCurPos!=0)
  {
    m_iCurPos--;
  }
  if (!m_lstCom.IsEmpty())
  {
    pos =m_lstCom.FindIndex(m_iCurPos);
    CComData ComData =m_lstCom.GetAt(pos);
    //更新显示
    m_Name =ComData.name;
    m_Number =ComData.number;
    m_Mail =ComData.mail;
    UpdateData(FALSE);
  }
  else
  {
    //更新显示
    m_Name = _T("");
    m_Number = _T("");
    m_Mail = _T("");
    UpdateData(FALSE);
  }
  SetControlEnable(FALSE);
  //设置指针移动按钮有效性
  SetButtonEnable(m_iCurPos);
  //将文件重写
  CComData ComData;
  CFile ComFile;
```

```
ComFile.Open(FILEPATH,CFile::modeCreate | CFile::modeWrite);

  pos =m_lstCom.GetHeadPosition();//遍历这个列表,然后一个接一个地将记录写回去
  for (int i=0;i<m_lstCom.GetCount();i++)
  {
  //  ZeroMemory(&ComData,sizeof(ComData));
    ComData =m_lstCom.GetNext(pos);
    ComFile.Write(&ComData,sizeof(ComData));
  }
  ComFile.Close();
}
```

(10) 编写 OnButtonEdit()函数,若链队列中没有数据,则提示错误,否则将输入框的状态改为可用,并设置 m_operID 为编辑操作即可。

```
void CLCComDlg::OnButtonEdit()
{
  // TODO: Add your control notification handler code here
  if (m_lstCom.IsEmpty())
  {
    AfxMessageBox(_T("No record to edit!"));
    return;
  }
  m_operID =1 ; //表示编辑操作
  SetControlEnable(TRUE);
}
```

(11) 编写 OnButtonSave()函数,根据 m_operID 来判定是添加操作之后进行的保存操作,还是编辑之后进行的保存操作。如果是添加操作之后进行的保存,那么将输入的记录复制到结构体中相应的数组中,然后打开文件,将文件指针移到最末端,把该条记录写入即可。如果是编辑之后进行的保存操作,则将输入的记录复制到结构体中相应的数组中后,根据 m_iCuiPos来找到该条记录在文件中存取的位置,然后重写该条记录之后再进行保存即可。

```
void CLCComDlg::OnButtonSave()
{
  // TODO: Add your control notification handler code here
  CComData ComData;
  CFile ComFile;
  UpdateData(TRUE);
  switch (m_operID)
  {
  case 0 :  /*添加操作*/
    {
      /*将添加的东西写入文件*/
      ZeroMemory(&ComData,sizeof(ComData));
```

```
            wcscpy(ComData.name,m_Name);
            wcscpy(ComData.number,m_Number);
            wcscpy(ComData.mail,m_Mail);
            ComFile.Open(FILEPATH,CFile::modeRead | CFile::modeWrite);
            ComFile.SeekToEnd();
            ComFile.Write(&ComData,sizeof(ComData));
            ComFile.Close();
            //更新内存队列
            m_lstCom.AddTail(ComData);
            SetControlEnable(FALSE);
            //设置指针移动按钮有效性
            m_iCurPos =m_lstCom.GetCount()-1;
            SetButtonEnable(m_iCurPos);
            break;
        }
    case 1: /* 编辑操作 */
        {
            /* 将添加的东西写入文件 */
            ZeroMemory(&ComData,sizeof(ComData));
            wcscpy(ComData.name,m_Name);
            wcscpy(ComData.number,m_Number);
            wcscpy(ComData.mail,m_Mail);
            ComFile.Open(FILEPATH,CFile::modeRead | CFile::modeWrite);
            ComFile.Seek(sizeof(ComData) * (m_iCurPos),CFile::begin);
            ComFile.Write(&ComData,sizeof(ComData));
            ComFile.Close();
            //更新内存队列
            m_lstCom.SetAt(m_lstCom.FindIndex(m_iCurPos),ComData);
            SetControlEnable(FALSE);
            //设置指针移动按钮有效性
            SetButtonEnable(m_iCurPos);
            break;
        }
    }
}
```

（12）操作按钮函数编完之后，再来编写指针按钮。由于与指针移动按钮的原理相同，在此只以 OnButtionUp()函数为例来说明，其他的不再赘述。向上移动一条记录时，首先要将 m_iCurPos 减一，来表示移向了上一条记录，然后根据 m_iCurPos 做索引来找到相应的在 m_lstCom 中的记录，再将这条记录复制给输入框变量并显示，同时设置控件的有效性。

```
void CLCComDlg::OnButtonUp()
{
```

```
    // TODO: Add your control notification handler code here
    m_iCurPos--;
    POSITION pos =m_lstCom.FindIndex(m_iCurPos);
    CComData ComData =m_lstCom.GetAt(pos);
    //更新显示
    m_Name =ComData.name;
    m_Number =ComData.number;
    m_Mail =ComData.mail;
    UpdateData(FALSE);
    //设置指针移动按钮有效性
    SetButtonEnable(m_iCurPos);
}
```

五、实验总结

通过这个实验，熟悉了在 EVC 中对文件的读/写操作，并了解 Clist 的用法。部分实验截图如图 6.59、图 6.60、图 6.61 所示。

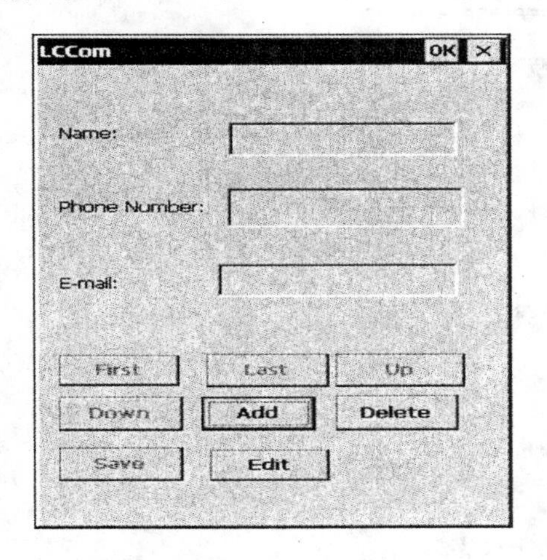

图 6.59　程序界面

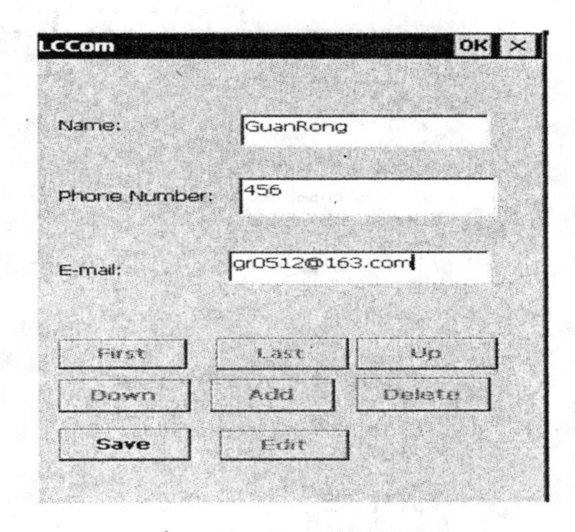

图 6.60　输入数据界面

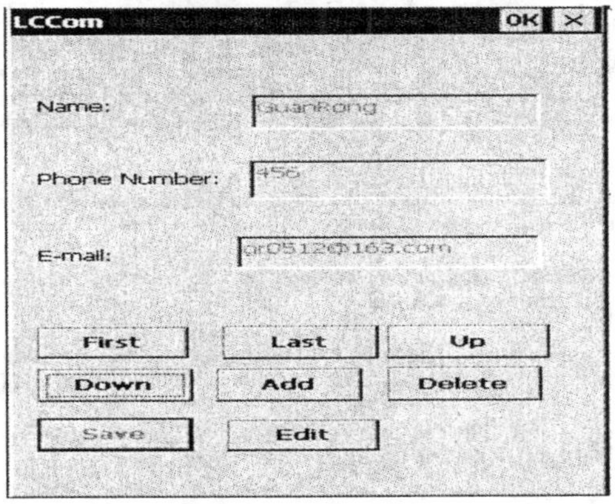

图 6.61　下一个数据录入

部分函数用法截图如下。

CList

template< class *TYPE*, class *ARG_TYPE* >
class CList : public CObject

Parameters

TYPE

Type of object stored in the list.

ARG_TYPE

Type used to reference objects stored in the list. Can be a reference.

Example

```
// CList is a template class that takes two template arguments.
// The first argument is type stored internally by the list, the
// second argument is the type used in the arguments for the
// CList methods.

// This code defines a list of ints.
CList<int,int> myList;

// This code defines a list of CStrings
CList<CString,CString&> myList;

// This code defines a list of MYTYPEs,
//NOTE: MYTYPE could be any struct, class or type definition
CList<MYTYPE,MYTYPE&> myList;
```

#include <afxtempl.h>

CFile

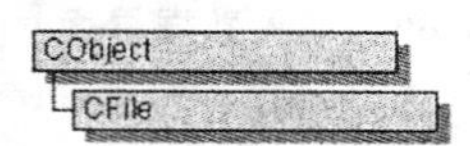

CFile is the base class for Microsoft Foundation file classes. It directly provides unbuffered, binary disk input/output services, and it indirectly supports text files and memory files through its derived classes. **CFile** works in conjunction with the **CArchive** class to support serialization of Microsoft Foundation Class objects.

The hierarchical relationship between this class and its derived classes allows your program to operate on all file objects through the polymorphic **CFile** interface. A memory file, for example, behaves like a disk file.

Use **CFile** and its derived classes for general-purpose disk I/O. Use **ofstream** or other Microsoft iostream classes for formatted text sent to a disk file.

Normally, a disk file is opened automatically on **CFile** construction and closed on destruction. Static member functions permit you to interrogate a file's status without opening the file.

For more information on using **CFile**, see the article Files in MFC in *Visual C++ Programmer's Guide* and File Handling in the *Run-Time Library Reference*.

#include <afx.h>

6.4.8　实训八　画图程序

一、实验目的

在 Windows CE. NET 下实现一个简单的画图程序。

二、实验内容

创建一个画图程序，要求可以在屏幕上画出矩形、直线、椭圆等图像，并将添加的数据保存在文件中，而且可以重新打开文件并在画图程序中重画。

三、实验原理

根据 CArchive 类对文件读写、创建等操作，实现对类的可串行化，并根据 CobArray 来创建队列，用队列与文件相结合的方法完成该实验。

四、实验步骤

(1) 首先将需要保存的图像信息（类型、开始位置、结束位置）写为一个类，并且实现对该类的可串行化。

```
//类的定义：
class CGraph:public CObject
{
  DECLARE_SERIAL(CGraph)//可串行化必须要的宏说明
public:
  void Draw(CDC* pDC);
  CPoint m_ptOrigin;//起始点
  CPoint m_ptEnd;//结束点
  UINT m_nDrawType;//图像的类型
  CGraph();
  CGraph(UINT m_nDrawType,CPoint m_ptOrigin,CPoint m_ptEnd);
  void Serialize(CArchive& ar);//实现可串行化的函数
  virtual ~CGraph();

};
//具体的构造函数和方法
// Graph.cpp: implementation of the CGraph class.
//
//////////////////////////////////////////////////////////////////////

#include "stdafx.h"
//#include "Graphic.h"
#include "Graph.h"

#ifdef _DEBUG
#undef THIS_FILE
static char THIS_FILE[]=__FILE__;
```

```
#define new DEBUG_NEW
#endif

//////////////////////////////////////////////////////////////////////
// Construction/Destruction
//////////////////////////////////////////////////////////////////////

IMPLEMENT_SERIAL(CGraph, CObject, 1 )

CGraph::CGraph()
{

}

CGraph::CGraph(UINT m_nDrawType,CPoint m_ptOrigin,CPoint m_ptEnd)
{
  this->m_nDrawType=m_nDrawType;
  this->m_ptOrigin=m_ptOrigin;
  this->m_ptEnd=m_ptEnd;
}

CGraph::~CGraph()
{

}

void CGraph::Serialize(CArchive& ar)
{
  if(ar.IsStoring())
  {
    ar<<m_nDrawType<<m_ptOrigin<<m_ptEnd;
  }
  else
  {
    ar>>m_nDrawType>>m_ptOrigin>>m_ptEnd;
  }
}

void CGraph::Draw(CDC *pDC)
{
  CBrush *pBrush=CBrush::FromHandle((HBRUSH)GetStockObject(NULL_BRUSH));
  CBrush *pOldBrush=pDC->SelectObject(pBrush);
```

```
    switch(m_nDrawType)
    {
    case 1:
      pDC->SetPixel(m_ptEnd,RGB(0,0,0));
      break;
    case 2:
      pDC->MoveTo(m_ptOrigin);
      pDC->LineTo(m_ptEnd);
      break;
    case 3:
      pDC->Rectangle(CRect(m_ptOrigin,m_ptEnd));
      break;
    case 4:
      pDC->Ellipse(CRect(m_ptOrigin,m_ptEnd));
      break;
    }
    pDC->SelectObject(pOldBrush);
  }
```

(2) 添加应该有的变量：

- 在 doc 类中加入变量 CObArray m_obArray；
- 在 view 类中加入变量 CPoint m_ptOrigin;int m_nDrawType。

(3) 修改菜单，如图 6.62 所示。

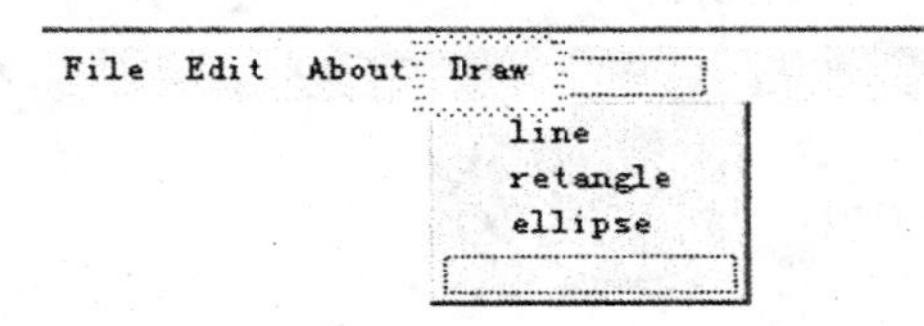

图 6.62　菜单修改图

(4) 在 view 类中添加以下的消息响应函数：

```
//View 类中的消息响应函数
void CGraphicView::OnDraw(CDC* pDC)
{
  CGraphicDoc* pDoc =GetDocument();
  ASSERT_VALID(pDoc);
  // TODO: add draw code for native data here
  int nCount;
  //nCount=m_obArray.GetSize();
  nCount=pDoc->m_obArray.GetSize();
  for(int i=0;i<nCount;i++)
  {
    //((CGraph*)m_obArray.GetAt(i))->Draw(pDC);
```

```
        ((CGraph * )pDoc->m_obArray.GetAt(i))->Draw(pDC);
    }
    // TODO: add draw code for native data here
}

void CGraphicView::OnLButtonDown(UINT nFlags, CPoint point)
{
    // TODO: Add your message handler code here and/or call default
    m_ptOrigin=point;
    CView::OnLButtonDblClk(nFlags, point);
}

void CGraphicView::OnLButtonUp(UINT nFlags, CPoint point)
{
    // TODO: Add your message handler code here and/or call default
    CClientDC dc(this);
    CBrush * pBrush=CBrush::FromHandle((HBRUSH)GetStockObject(NULL_BRUSH));
    dc.SelectObject(pBrush);

    switch(m_nDrawType)
    {
    case 1:
      dc.SetPixel(point,RGB(0,0,0));
      break;
    case 2:
      dc.MoveTo(m_ptOrigin);
      dc.LineTo(point);
      break;
    case 3:
      dc.Rectangle(CRect(m_ptOrigin,point));
      break;
    case 4:
      dc.Ellipse(CRect(m_ptOrigin,point));
      break;
    }
    CGraph * pGraph=new CGraph(m_nDrawType,m_ptOrigin,point);
    //m_obArray.Add(pGraph);
    CGraphicDoc * pDoc=GetDocument();
    pDoc->m_obArray.Add(pGraph);
    CView::OnLButtonUp(nFlags, point);
}
```

```
void CGraphicView::OnDrawRectangle()
{
  m_nDrawType=3;
  // TODO: Add your command handler code here

}

void CGraphicView::OnDrawEllipse()
{
  m_nDrawType=4;
  // TODO: Add your command handler code here

}
void CGraphicView::OnDrawLine()
{
  m_nDrawType=2;
  // TODO: Add your command handler code here

}
//doc类的函数
void CGraphicDoc::Serialize(CArchive& ar)
{
  POSITION pos=GetFirstViewPosition();
  CGraphicView *pView=(CGraphicView*)GetNextView(pos);
  if (ar.IsStoring())
  {

    // TODO: add storing code here
  }
  else
  {
    // TODO: add loading code here
  }
  m_obArray.Serialize(ar);
}
```

五、实验总结

通过这个实验，熟悉了在 EVC 中对文件的读/写操作，并了解 CObArray、CArchive 的用法。实验结果如图 6.63 所示，保存文件如图 6.64 所示。

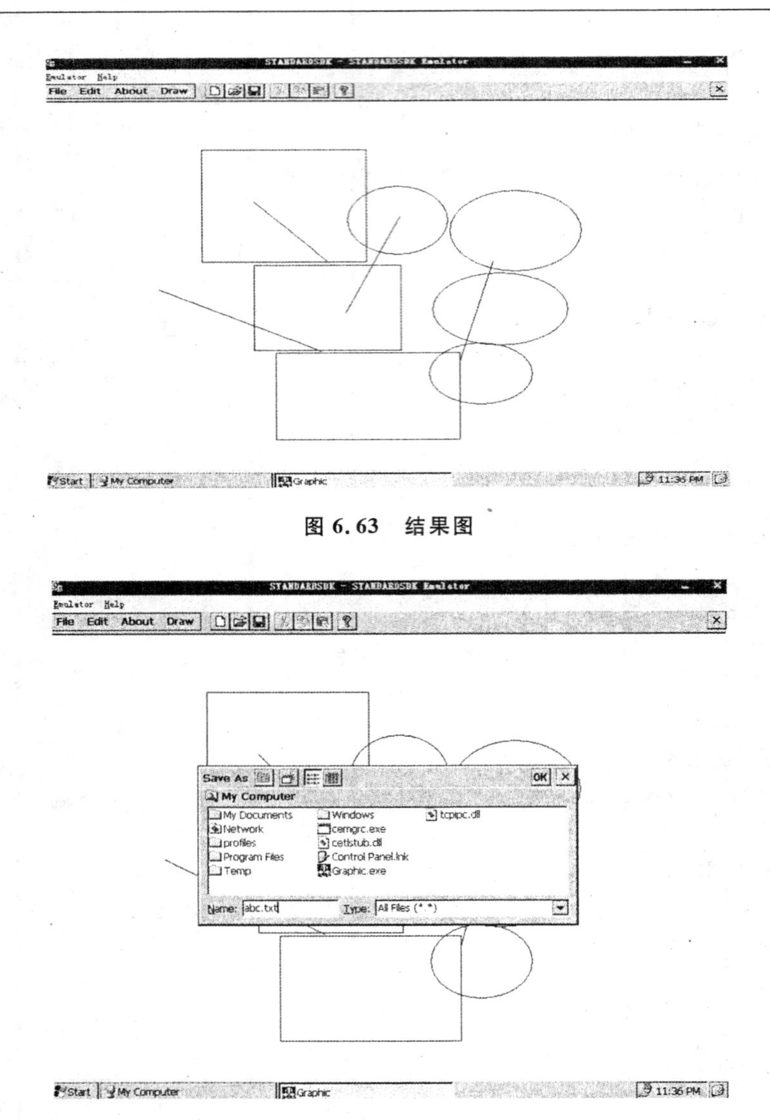

图 6.63　结果图

图 6.64　保存文件图

6.4.9　实训九　计算器程序编制

一、实验目的

在 Windows CE. NET 下设计一个简单的计算器。

二、实验内容

创建一个嵌入式计算器程序，实现加减乘除四则运算，并且运算次数可以进行多次，如两个数加完之后还可以进行运算。

三、实验原理

通过运用 EVC，使用类似于 MFC 的设计，创建并调用功能函数，用来实现计算器程序。

四、实验步骤

1. 框架布局设置

单击“jsq”—>选择 MFC AppWizard(exe)—>选择“基本对话框”选项新建工程，单击“完成”—>“根据计算器模式”创建 17 个按钮，如图 6.65 所示。

注：包括 0～9 十个数字键，加减乘除四个功能键，=、小数点、清零、1 个编辑框（用于显示运算结果）。

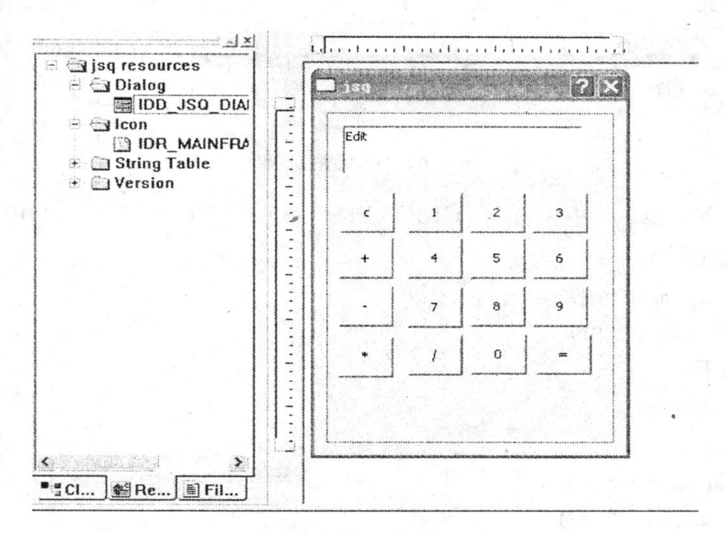

图 6.65　界面图

2. 更改按钮及编辑框属性

(1) 对右键十个数字键的属性进行修改：ID 设置为 ID_0～ID_9；标题为 0～9；+ － * / 四个功能键以及“= 清零”的 ID；标题自定义，如图 6.66 所示。

（例如，加设为 ID_add；减设为 ID_dec；乘设为 ID_mul；除设为 ID_div）

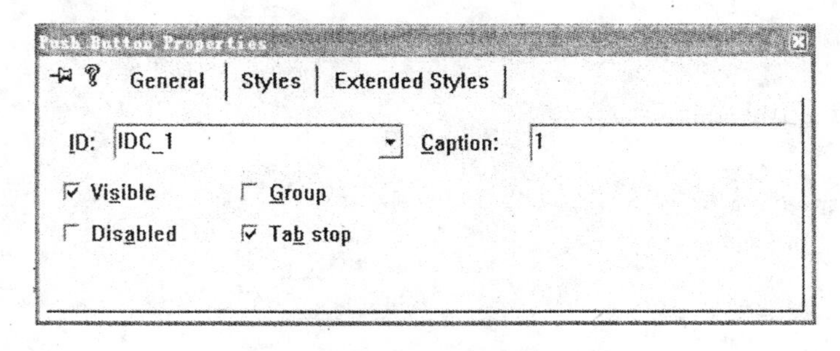

图 6.66　按钮属性

(2) 单击右键选择编辑框—>建立类向导—>选择“Member Variables”—>选择“Add Variable”，在该对话框 m_后填写“display”，单击“OK”按钮，再单击“确定”按钮，如图 6.67 所示。

3. 添加函数

(1) 查看—>建立类向导—>选择“Messages Maps”—>选中 Object IDs 中的

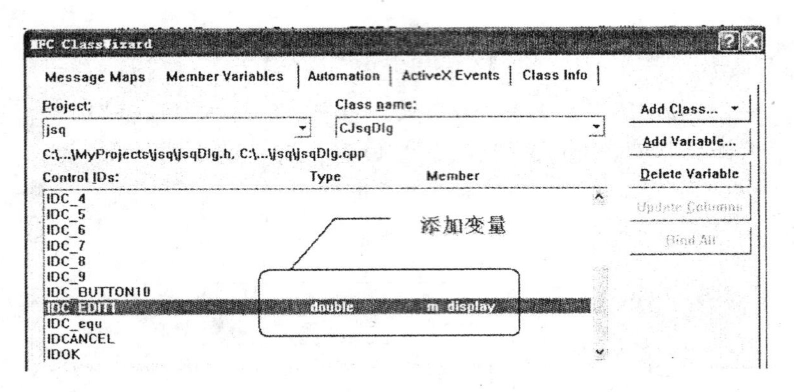

图 6.67　对话框选择

IDC_0—>选中 Messages 中的 BN_CLICKED—>Add Function—>OK—>Edit Code—>在{}里添加代码如下：

```
m_display=m_display+0
UpdateData(FALSE);
```

具体代码如下：

```
void CJsqDlg::On1()
{
  m_display=m_display+1;
  UpdateData(FALSE);
}

void CJsqDlg::On0()
{
  m_display=m_display+0;
  UpdateData(FALSE);
}

void CJsqDlg::On2()
{
  m_display=m_display+2;
  UpdateData(FALSE);
}

void CJsqDlg::On3()
{
  m_display=m_display+3;
  UpdateData(FALSE);
}

void CJsqDlg::On4()
```

```
{
  m_display=m_display+4;
  UpdateData(FALSE);
}

void CJsqDlg::On5()
{
  m_display=m_display+5;
  UpdateData(FALSE);
}

void CJsqDlg::On6()
{
  m_display=m_display+6;
  UpdateData(FALSE);
}

void CJsqDlg::On7()
{
  m_display=m_display+7;
  UpdateData(FALSE);
}

void CJsqDlg::On8()
{
  m_display=m_display+8;
  UpdateData(FALSE);
}

void CJsqDlg::On9()
{
  m_display=m_display+9;
  UpdateData(FALSE);
}
```

(2) 在 ClassView 里的 CJsqDlg 类中建立 2 个变量：double operater 和 int key。其中 operater 用来存放操作数，key 用来标记是哪种四则运算。

具体代码如下：

```
public:
    CJsqDlg(CWnd* pParent =NULL);// standard constructor
    double operater  ;  int key;
```

(3) 为四个功能键按钮添加函数及代码。

在 FileView 中的 jsqDlg. cpp 里的"Onadd()"中添加如下代码：

```
void CJsqDlg::Onadd()
{
operater=m_display;
key=1;
m_display=0;
//UpdateData(FALSE);
}
```

其他三个功能函数添加与此相似，只需将 key 值换为 2、3、4。

具体代码如下：

```
void CJsqDlg::Onadd()
{
  operater=m_display;
  key=1;
  m_display=0;
  //UpdateData(FALSE);
}

void CJsqDlg::Ondec()
{
  operater=m_display;
  key=2;
  m_display=0;
  //UpdateData(FALSE);
}

void CJsqDlg::Onmul()
{
  operater=m_display;
  key=3;
  m_display=0;
  //UpdateData(FALSE);
}

void CJsqDlg::Ondiv()
{
  operater=m_display;
  key=4;
  m_display=0;
  //UpdateData(FALSE);
```

```
}
```

(4) 为清零按钮添加代码。

在“Onclear ()”里添加如下代码：

```
m_display=0;
UpdateData(FALSE);
```

(5) 为等于按钮添加代码。

在“Onequ()”里添加如下代码：

```
void CJsqDlg::Onequ()
{
double result=0;
switch(key)
{
case 1:
m_display=operater +m_display;
break;
case 2:
m_display =operater -m_display;
break;
case 3:
m_display =operater * m_display;
break;
case 4:
if (m_display!=0)
{
m_display =operater / m_display;
break;
}
else
{
  MessageBox(_T("can't use zero!"));
}
return;
}
UpdateData(FALSE);
}
```

4. 编译程序，并下载运行

测试一下(3 * 5＋9)/2＝12 的例子，这样可以运用到加减乘除四则运算，结果如图 6.68 所示。

五、实验中遇到问题的解决

【问题一】开始写每一个按键的函数时，总是失效。

【解决方法】原来一开始仅在 jsq. cpp 中添加了它们的函数，而没有把它们关联起来。

正确的方法是在 class wizard 中先为每一个函数关联好函数名，再在 jsq. cpp 中添加。

【问题二】原来创建的 button 因为更改了名字造成的错误。

【解决方法】在图 6.69 所示区域，内容要删除。

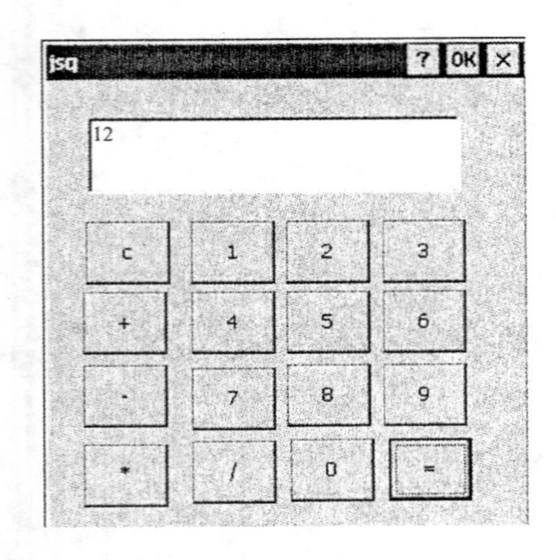

图 6.68　结果图

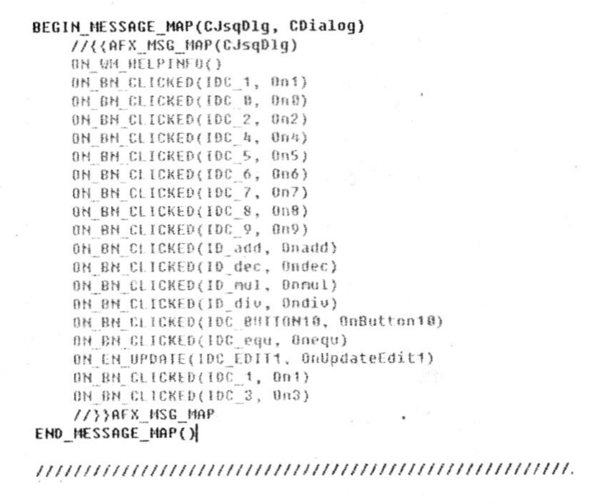

```
BEGIN_MESSAGE_MAP(CJsqDlg, CDialog)
    //{{AFX_MSG_MAP(CJsqDlg)
    ON_WM_HELPINFO()
    ON_BN_CLICKED(IDC_1, On1)
    ON_BN_CLICKED(IDC_0, On0)
    ON_BN_CLICKED(IDC_2, On2)
    ON_BN_CLICKED(IDC_4, On4)
    ON_BN_CLICKED(IDC_5, On5)
    ON_BN_CLICKED(IDC_6, On6)
    ON_BN_CLICKED(IDC_7, On7)
    ON_BN_CLICKED(IDC_8, On8)
    ON_BN_CLICKED(IDC_9, On9)
    ON_BN_CLICKED(ID_add, Onadd)
    ON_BN_CLICKED(ID_dec, Ondec)
    ON_BN_CLICKED(ID_mul, Onmul)
    ON_BN_CLICKED(ID_div, Ondiv)
    ON_BN_CLICKED(IDC_BUTTON10, OnButton10)
    ON_BN_CLICKED(IDC_equ, Onequ)
    ON_EN_UPDATE(IDC_EDIT1, OnUpdateEdit1)
    ON_BN_CLICKED(IDC_1, On1)
    ON_BN_CLICKED(IDC_3, On3)
    //}}AFX_MSG_MAP
END_MESSAGE_MAP()

/////////////////////////////////////////////////////////////
```

图 6.69　删除内容

【问题三】每次按运算符，输出屏幕上都会清零。

【解决方法】需要把运算符函数中的 UpdateData(FALSE)删除。

```
void CJsqDlg::Ondiv()
{
 operater=m_display;
key=4;
m_display=0;
//UpdateData(FALSE);

}
```

【问题四】运算结果总是为零。

【解决方法】equ()函数中的 UpdateData(FALSE)；这句话不应该放在这里。

六、实验总结

通过设计嵌入式计算器程序，不仅可以运用以前所学的 MFC，而且在 EVC 上设计时，发现与在 VC 上进行设计几乎是一样的。

习　题　六

请用 EVC 开发下列嵌入式应用程序，有条件的可导入到嵌入式系统开发实验箱。

1. 个人事务管理(包括任务提醒，任务管理)；
2. 网络视频、语音会议系统分为客户端(嵌入式试验平台)和服务器(PC 或者试验平台)；
3. 嵌入式多媒体播放器(音频、视频)；

4. 嵌入式浏览器；
5. 餐馆点单系统；
6. 金融计算机；
7. 小型聊天室；
8. 小型嵌入式设备的 telnet 终端；
9. 适合嵌入式设备的游戏(操作简单)；
10. 小型图像编辑器；
11. 画图板，支持触摸屏输入。

第 7 章　驱动程序开发

7.1　驱动程序概述

驱动程序是将物理设备或者虚拟(逻辑)设备抽象的软件,设备驱动程序是操作系统与硬件交互的方式,是连接硬件与操作系统之间的桥梁。

通常,设备驱动程序在操作系统与硬件之间扮演着无名英雄的角色,它们是一个个独立的“黑盒子”,使某个硬件可以响应一些定义良好的编程接口,同时完全隐藏了设备工作的细节。由于驱动程序的存在,大多数操作系统上的应用程序都是与硬件无关的,应用程序的开发者和最终用户通常都不必关心底层的硬件到底是如何工作的。

驱动程序所提供的标准化接口通常由操作系统定义,它们通常与驱动程序的类型相关而与具体的硬件无关。驱动程序的作用,就是实现这些接口,将这些接口的实现“映射”到具体的对硬件的某个操作上。通常,这些接口被称为驱动程序接口。

7.1.1　设备驱动程序

Windows CE 的设备驱动模型与传统的 Windows 驱动程序不同,在 Windows CE 下,所有的驱动程序都是动态链接库(DLL),这就使得设计和编写 Windows CE 下的驱动程序用到的方法和工具与编写普通的 DLL 是完全一样的,在 Windows CE 下的设备驱动程序 DLL 都是被动态加载的。

一般来说,Windows CE 的设备驱动程序分为本地设备驱动程序和流式设备驱动程序。

1. 本地设备驱动程序

本地设备驱动程序(Native Device Driver)在把 Windows CE 移植到目标平台上的过程中,必须为在平台上的内建设备提供驱动程序。一些类型的设备如键盘、显示器和 PC 卡插槽等对操作系统都有一个定制的、专用于 Windows CE 的接口。这类设备的驱动称为本地设备驱动程序。

本地设备驱动程序一般用于低级、内置的设备,向用户提供一组定制的接口,可以通过移植、定制微软提供的驱动样例来进行开发。

一般来说,只有原始设备制造商对本机设备驱动程序感兴趣,他们建立基于 Windows CE 的平台。而独立的硬件销售商只开发附加硬件的驱动程序,不需要设计或设置内部设备驱动程序。因此,下述关于内部设备驱动程序的这一部分内容主要是针对原始设备制造商的。

2. 流式设备驱动程序

流式设备驱动程序(Streams Device Driver)是由设备管理器动态加载的 DLL,也称为可安装驱动程序(Installable Driver)。流式设备驱动程序使用流接口驱动架构并借助文件系统调用从设备管理器或应用程序获得命令。所有的 Windows CE 设备都可以用此模型来实现。

7.1.2　Windows Embedded CE 6.0 驱动程序的新特性

在 Windows Embedded CE 6.0 之前，设备驱动程序是加载在 Device.exe 进程之中的，而 Device.exe 与普通应用程序一样也是用户模式的进程。所以每次应用程序希望能够与外设进行交互时，都需要通过操作系统内核转发请求到相应的驱动程序。这样一个请求就可以需要反复地进出内核多次，还需要在不同的进程间进行切换。这样做的好处和缺点同样明显，优点是操作系统的稳定性得到了提高，不会因为某个设备驱动中的缺陷而使整个操作系统崩溃。但缺点是完成请求的效率太低。显示、键盘和触摸屏这 3 个驱动分别由图像窗口事件子系统(Gwes.exe)加载。在 Windows CE 5.0 中，文件进程可以直接加载块模块的磁盘驱动。所有的驱动程序都是在用户模式下运行的。

在 Windows Embedded CE 6.0 中，其内核被重新设计，设备驱动程序能够工作在用户模式和内核模式两种不同的模式。其结构如图 7.1 所示。

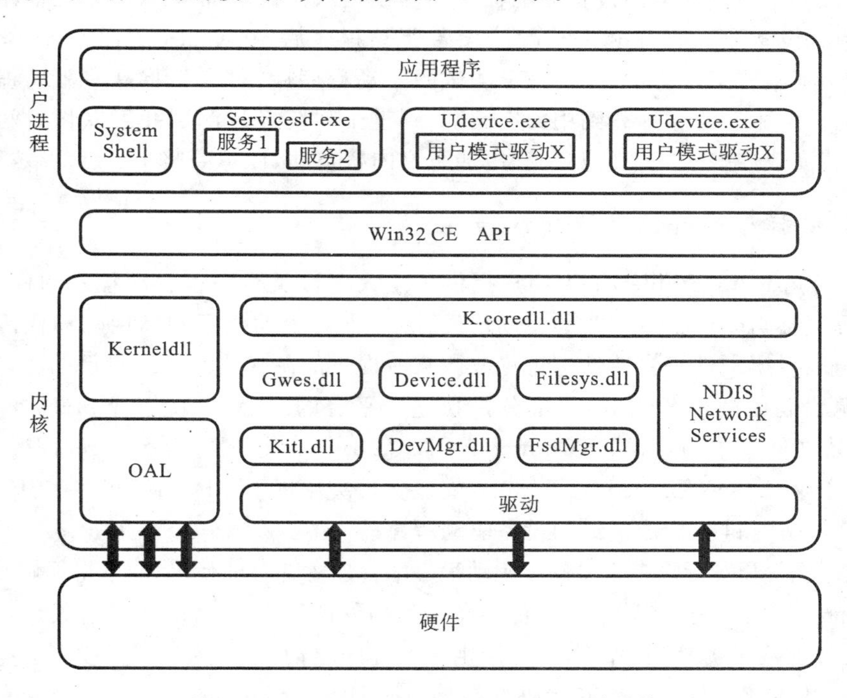

图 7.1　Windows Embedded CE 6.0 系统结构

由于在 Windows Embedded CE 6.0 新的体系结构中将操作系统关键的部件如文件系统 Filesys.exe、设备驱动程序管理 Device.exe 等都移进了操作系统内核之中，驱动程序通过 Device.dll、Gwes.dll、FileSys.dll 在内核模式中被加载。驱动程序完成一个请求不再需要在不同的进程下进行切换，也不需要反复地进出内核，所以内核模式下的驱动程序完成请求的效率将会大大地提高。但是这样的效率提高也是要有代价的。内核模式下的驱动程序需要有很高的稳定性，任何一个错误都可能引起整个操作系统的崩溃。为了解决这个问题，Windows Embedded CE 6.0 中还设计了另一类称为用户模式的设备驱动程序。

Windows Embedded CE 6.0 中设计了一个用户进程 Udevice. exe 用来加载设备驱动程序,驱动程序被用户模式设备管理器(User Mode Device Manager)加载到 Udevice. exe。因为是被用户模式的进程所加载,所以这类驱动程序就工作在用户空间,这类驱动程序就成为用户模式下的设备驱动程序。用户模式的驱动程序无疑将增加操作系统的稳定性,并且由于这类驱动程序工作在用户空间,所以能力有限,不能使用诸如 VirtualCopy 这样的特权 API,也不能对系统中的硬件资源有任意的访问权限。

用户模式的设备驱动程序还有一个特点,就是它们与内核模式的设备驱动程序具有高度的兼容性。一个好的用户模式的设备驱动程序的源代码不需要做任何的改动就可以作为内核模式的设备驱动程序而被加载进内核空间。区分用户模式的设备驱动程序和内核模式的设备驱动程序标志,就是设备驱动程序在系统注册表中的 Flag 值。当 Flag 具有 DEVFLAGS_LOAD_AS_USERPROC(0x10)时,系统会将设备驱动程序加载成用户模式,如果没有该标志就加载成内核模式。

总的来说,用户模式下的设备驱动程序和内核模式下的设备驱动程序是很相似的。在有了用户模式设备驱动程序和内核模式设备驱动程序后,在 OEM 厂商开发 BSP 的过程中,如果采用了某些第三方的、未经充分测试的驱动程序后,可以先将这些驱动程序作为用户模式下的设备驱动程序加载到用户空间,等到整个系统经过测试并可以长时间稳定运行后,再将其转变成内核模式下的驱动程序加载到内核空间,以提高整个系统的效率。

7.1.3 驱动程序的样例源程序代码

微软在 Platform Builder 中为用户提供了绝大多数类型设备驱动程序的样例源代码,这些源代码包括与硬件平台相关的驱动代码、芯片支持驱动代码和通用驱动代码。用户可以通过移植和根据硬件平台特性进行修改微软所提供的源代码来开发自己的驱动程序。

这些源代码由两部分组成:一部分是独立于平台的源代码,位于 Windows Embedded CE 6.0 安装文件夹中的\Public\Common\OAK\Drivers 文件夹下;另一部分是与平台相关的代码,位于 Windows Embedded CE 6.0 安装文件夹中的 Platform 下的各 BSP 文件夹中。这两部分代码进行链接构成最终的设备驱动程序。

一般情况下,开发者没有必要修改驱动程序平台独立部分的代码,而不得不修改驱动程序平台相关部分的代码以适应特定的硬件。在实际的驱动程序开发中,即使开发者使用了微软提供的独立于平台的源代码,那么,一旦产生了最终的驱动程序,都建议开发者完整地测试这个驱动程序,因为这里提供的所有代码都是驱动样例源代码。Windows Embedded CE 6.0 中的驱动样例源代码路径与之前的版本有所变化,表 7.1 列出了驱动样例源代码的路径。

表 7.1 驱动样例源代码的路径及说明

路　径	说　明
\Platform\<Platform 名称>	即一个 BSP 包,一般由硬件平台开发商提供,包含了与硬件平台相关的源代码,包括 OAL、配置文件及 BSP 中的驱动。一般情况下,驱动程序开发者没有必要对\Platform\<Platform 名称>\SRC\Drivers 中与硬件平台相关的驱动代码进行修改

续表

路　　径	说　　明
\Public\Common\OAK\CPULIBS	包含了CPU驱动的源代码，这些驱动通常面向集成了许多内置设备的高集成度微处理器，包括处理器的相关OAL驱动，如实时时钟、计数器、调试网卡等。采用相同处理器的硬件平台，可以使用相同的驱动
\Public\Common\OAK\Drivers	包含了非内置的通用驱动，如即插即用的PC卡或与硬件平台直接连接的设备。通用驱动中包含的代码是与硬件平台无关的，需要与硬件平台相关的代码连接来创建完整的设备驱动程序。通用驱动不面向特定的硬件平台或处理器，任何开发板上都可以使用通用驱动程序

在Windows Embedded CE 6.0安装文件下的\Public\Common\OAK\Drivers子文件夹下的CalibrUI、NetUI、OomUI、StartUI、SkinnableUI和WaveUI子文件夹包含Windows CE用户界面可定制部分的源代码，以便开发者在想定制自己平台的用户界面时能够修改它们。

图7.2所示是微软在Platform Builder中提供的部分设备驱动样例源程序代码各自对应所属的驱动程序类型以及驱动的加载方式。其中由Gwes.dll加载的为本地设备驱动程序，而由Device.dll加载的为流式设备驱动程序。这些驱动在Windows Embedded CE 6.0的新内核下都是被加载到内核模式下的，而Windows Embedded CE 6.0是通过Udevice.exe这一用户进程来加载用户模式的驱动程序的，在后面的章节将作详细的介绍。

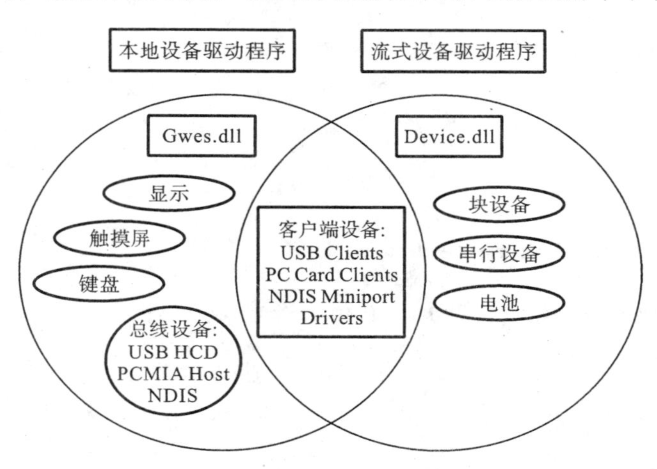

图7.2　样例源程序代码分类与加载方式

7.2　Windows Embedded CE 6.0驱动程序分类

为了更好地理解Windows Embedded CE 6.0众多的设备驱动程序，以及在以后的章节更好地说明,很有必要对驱动程序进行分类。下面按照不同的分类标准,如实现的结构、加载模式、载入内存、系统加载时间、支持设备种类等进行分类。

1. 实现的结构

(1) 分层设备驱动程序(Layered Device Driver):分层设备驱动将驱动程序代码区分为模型设备驱动(Model Device Driver)的上层和平台相关驱动(Platform Dependent Driver)的下层。

(2) 单体设备驱动程序(Monolithic Device Driver):通常由中断服务线程代码和平台特定代码组成。

(3) 混合驱动程序(Hybrid Driver)。

2. 加载模式

(1) 本地设备驱动程序:由图形窗口事件子系统加载(Gwes. dll)。

(2) 流式设备驱动程序:由设备管理器加载(Device. dll)。

(3) 文件系统驱动程序:由文件系统加载(FileSys. dll)。

3. 载入内存

(1) 系统模式驱动:载入到内核内存中。

(2) 用户模式驱动:载入到特定的用户进程中(Udevice. exe)。

4. 系统加载时间

(1) 启动时加载驱动程序。

(2) 需要时加载驱动程序。

5. 支持设备种类

(1) 串行端口;

(2) 显示适配器;

(3) 网卡;

(4) 触摸屏;

(5) 键盘;

(6) 鼠标;

(7) 人机接口(Human interface device HID)等。

7.2.1 分层驱动程序、单体驱动程序和混合驱动程序

按照驱动程序实现的结构,Windows CE 的驱动程序分为分层驱动程序(Layered Device Driver)、单体设备驱动程序(Monolithic Device Driver)和混合驱动程序(Hybrid Driver)。

7.2.1.1 分层驱动程序

分层设备驱动将驱动程序代码区分为模型设备驱动(Model Device Driver)的上层和平台相关驱动(Platform Dependent Driver)的下层,通常简称 MDD 和 PDD。

MDD 层包含给定类型所有驱动程序所通用的代码,而 PDD 层是由特定的硬件或平台专用的代码组成。当操作系统访问硬件的时候,MDD 层会调用特定的 PDD 函数来访问硬

件或硬件特定的信息。在编写分层驱动程序的时候，通常微软提供了特定类型的 MDD 层公用代码，即 Platform Builder 中会自带这个类型驱动的 MDD 代码，MDD 代码是不需要更改的，当开发者将一个样例驱动导入到一个新的硬件平台时，只需要导入 PDD 层的代码。换言之，当移植示例驱动程序代码的时候，只需要对 PDD 层的代码进行修改。其结构如图 7.3 所示。

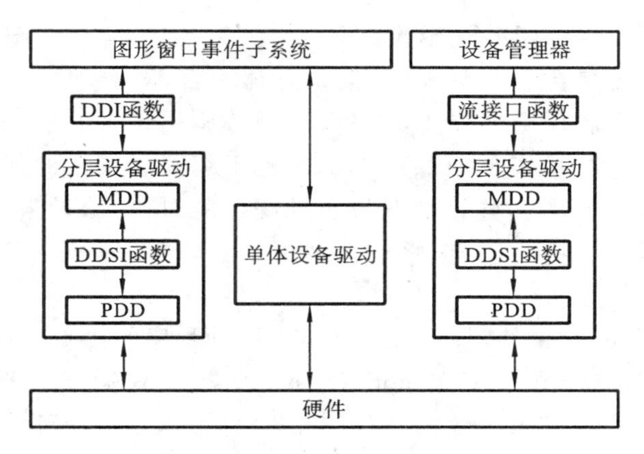

图 7.3　分层和单体设备驱动

分层结构给驱动程序分层带来了一定的灵活性，使驱动程序的编写变得更为清晰、简单，但分层的驱动程序并不适用于所有的驱动，尤其是将驱动程序分为两层将会导致在驱动程序操作时附加功能的调用，这无疑会降低驱动程序的效率，对于时间或性能要求高的实时操作系统，不分层的单体设备驱动程序将更适合。

分层模型中有两类接口函数：在操作系统与 MDD 之间的 DDI(Device Driver Interface)和在 MDD 与 PDD 之间的 DDSI(Device Driver Service provider Interface)。当操作系统访问硬件的时候，首先需要通过使用 DDI 函数与驱动程序交互，然后在驱动程序内部，MDD 再通过 DDSI 函数与 PDD 进行交互，PDD 完成真正的硬件访问操作。

通常，MDD 层的代码与 PDD 层的代码会被编译成独立的静态 Lib 库，然后进行链接，形成可执行的驱动程序。因此，MDD 和 PDD 的划分只是在源代码逻辑层面上，在驱动程序的二进制可执行代码中不会存在 MDD 与 PDD 的分层。

MDD 层主要完成下列任务：

(1) 包含某一类驱动程序所通用的代码；

(2) 调用 PDD 层访问硬件设备；

(3) 与 PDD 层代码链接，定义 PDD 层必须实现的 DDSI 函数，并且在代码中使用这些函数；

(4) 对于操作系统实现 DDI 函数，供操作系统与驱动程序交互；

(5) 进行中断处理；

(6) 对于同一类型的驱动程序，代码可以重用；

(7) 编译后生成的 Lib 库可以与不同的 PDD 库进行链接；

(8) 通常不需要改动，改动可能会在未来的操作系统版本中带来移植问题；

(9) 中断处理线程 IST 通常位于这一层。

PDD 层主要完成下列任务：

(1) 包含与某款硬件相关的代码；

(2) 对于不同的硬件产品或标准，有不同的实现；

(3) 只能与某一类 MDD 协同工作；

(4) 实现 MDD 所需要的 DDSI 函数。

虽然对驱动程序分层会有一些弊端，但是总体而言，对驱动程序分层带来的利大于弊。除非性能对于驱动程序至关重要，而 DDSI 函数调用带来的额外开销的确给性能带来影响，成为驱动的瓶颈(事实上瓶颈通常都是由于编写了糟糕的代码或对硬件的不理解造成的，而不是 DDSI 函数)，建议在开发驱动程序的时候，尽量采用分层的驱动程序。因为这样不但可以重用一些代码，把驱动程序向以后的 Windows CE 中移植也会变得相对简单。

在 Platform Builder 自带的驱动程序中，声卡驱动程序的代码是典型的分层驱动程序的例子，示例代码可以在\Public\Common\OAK\Drivers\WAVEDEV 目录下找到。声卡驱动程序的代码提供了在 Windows CE 下声卡的一种工作方式。当然，声卡驱动并不需要这样做，如果用户喜欢，甚至可以用轮循的方式实现声卡驱动的代码。

7.2.1.2 单体驱动程序

单体驱动程序顾名思义，所有的驱动程序代码包括中断处理、I/O 操作、硬件控制等都被放在一起，这是比较传统的驱动程序编写方法。如果一个设备的能力正好匹配 MDD 层的函数要完成的任务，那么采用单体驱动将更加简单和更加有效。单体驱动程序的代码会直接与硬件交互，因此它包含与特定的某款硬件相关联的代码。通常，单体驱动程序会"暴露"DDI(Device Driver Interface)接口给操作系统，DDI 函数是操作系统与驱动程序交互的接口协议。

因为单体驱动程序对驱动程序的代码不做分层处理，因此驱动程序的代码相对紧凑，对于一些效率要求比较高的场合，选用单体驱动程序可能会提高驱动的性能。同时，对于一些比较简单的硬件设备驱动，使用单体驱动程序模型，可以更加清晰明了。

7.2.1.3 混合驱动程序

分层设备驱动程序用 MDD/PDD 二层模型实际意味着固定的 MDD 层、所有的 PDD 层都使用相同的 MDD 层代码，当需要将给定设备的 MDD/PDD 分层模型具体实现的逻辑扩展作为特有的设备功能提供给操作系统的时候，可以通过克隆 MDD 的具体实现来扩展 MDD 和 PDD 之间的接口，即 DDSI 函数，同样也以此方式来扩展 MDD 层和操作系统之间的接口。混合驱动程序的模型如图 7.4 所示。

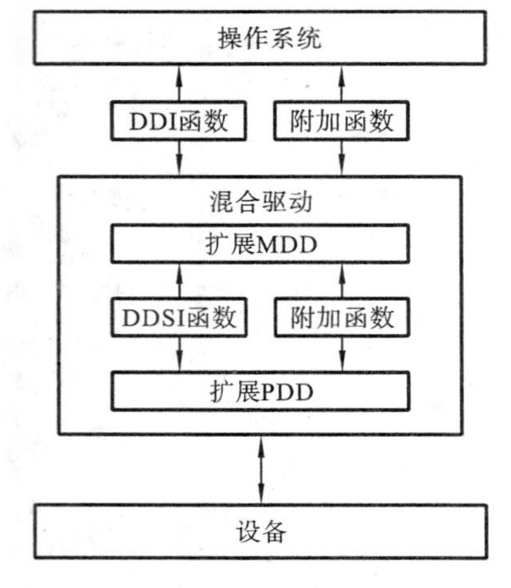

图 7.4 混合驱动

7.2.2　Windows Embedded CE 6.0 驱动程序加载

与之前版本的 Windows CE 不同，Windows Embedded CE 6.0 的内核被重新设计，不再是以前版本通过 Device.exe、Gwes.exe、FileSys.exe 将设备驱动程序加载到用户模式，而是通过 Device.dll、Gwes.dll、FileSys.dll 将驱动程序加载到内核模式，从而提高效率。而用户模式的驱动也可以被加载，即通过 Udevice.exe 加载某些特定的用户模式驱动主进程。

Device.dll 在 Windows CE 中又被称为设备管理器。它负责加载和管理 Windows CE 下绝大多数的设备驱动程序，包括网卡驱动、电池驱动、声卡驱动、串口驱动、USB 设备驱动、PCMCIA 驱动等。

Gwes.dll 加载的驱动程序通常是一些与图形界面相关的输入/输出设备驱动，如鼠标和键盘的驱动、显卡的驱动、触摸屏的驱动等，由于这些驱动程序的功能通常与图形界面的功能紧密联系，被 Gwes.dll 来加载和使用可以提高驱动能力和图形处理的效率。

FileSys.dll 在系统中负责管理 Windows CE 中的对象存储和文件系统。因此，FileSys.exe 需要负责加载所有的文件系统驱动程序，如 FAT 文件系统驱动程序、CDFS 文件系统驱动程序等。

与之前版本的 Windows CE 所有的驱动程序都是用户模式不同，Windows Embedded CE 6.0 通过这三者加载的驱动程序都是内核模式的。

Udevice.exe 是运行在用户模式下的进程，Windows Embedded CE 6.0 中通过这种方式加载用户模式的驱动程序。

不同种类的驱动程序有不同的加载方式，在图 7.1 中已经有所体现，图 7.1 所示的是微软提供的样例源代码，而表 7.2 对现有的设备驱动进行了更具体的说明。

表 7.2　驱动程序的加载方式

加载方式	说明
设备管理器 (Device.dll)	加载： 本地设备驱动程序：PCMIA host Controller Driver、USB host Controller Driver、NIDS.dll 流式设备驱动程序：Audio Driver、Serial Port Driver、Parallel port Driver、Port Driver
图形窗口事件子系统 (Gwes.dll)	加载： 键盘鼠标驱动、触摸屏驱动、显示驱动、电池驱动、指示 LED 驱动等
文件系统 (FileSys.dll)	加载： FAT 文件系统驱动程序、CDFS 文件系统驱动程序
用户模式设备管理器 (Udevice.exe)	加载： 用户模式驱动主进程

7.2.3 本地驱动、流式驱动和文件系统驱动

7.2.3.1 本地设备驱动程序

一些类型的设备，如键盘和显示器，对操作系统有一个定制的接口，由于它们使用的接口是 Windows CE 特定的，所以这些类型的设备的驱动被称为本地设备驱动，在 Windows Embedded CE 6.0 中，本地设备驱动是由图形窗口事件子系统 Gwes.dll 加载的设备驱动，这些驱动是专用于 Windows CE 系统的驱动，如一些类型的设备（如键盘、显示器和 PC 卡插槽等）对操作系统都有一个定制的、专用于 Windows CE 的接口。

微软为每一种类型的本地设备驱动都定义了定制的接口。可是，虽然每一种类型的设备驱动都有一个定制的接口，但是本地设备驱动为特定类型的所有设备都给出了一组标准的功能，这使得 Windows CE 操作系统以相同的方式对待一个特定设备类的所有实例，而忽略它们在物理上的差别。

本地设备驱动为特定类型的所有设备都给出了一组标准的功能，这使得 Windows CE 操作系统以相同的方式对待一个特定设备类的所有实例，而忽略它们在物理上的差别。例如，许多基于 Windows CE 的平台都使用某种类型的 LCD 作为显示屏，而市面上有各种具有不同操作特征（如分辨率、位深度、内存交叉等）的 LCD 显示屏，通过使所有的显示驱动遵行相同的接口，Windows CE 忽略了显示设备本身的物理差别，以相同的方式对待所有的显示设备。

在之后的章节中，将对本地设备驱动程序的设计作详细介绍。

7.2.3.2 流式设备驱动程序

在 Windows Embedded CE 6.0 中，流式设备驱动程序是由 Device.dll 加载的，一般来说，所有的流式驱动程序都使用相同的接口并导出一组相同的函数——流接口函数。流接口适用于任何在逻辑上被认为是一个数据源或数据存储的 I/O 设备，即任何以产生或消耗数据流作为主要功能的外围设备都是流接口的最好选择。串口驱动是流接口驱动的一个典型例子。

图 7.5 所示为流式设备驱动程序的结构。应用程序通过文件系统 API 使用流式设备驱动程序和设备管理器来与硬件进行通信。所有的流接口驱动程序，无论是管理的何种设备，或者启动时加载还是需要时动态加载，都以相同的方式与其他系统组件进行交互。

在后面的学习中，将对本地设备驱动程序的设计作详细介绍。

7.2.3.3 文件系统驱动程序

文件系统（FileSys.dll）模块加载文件系统驱动，文件系统驱动是以 DLL 形式存在的，实现的是函数和 IOCTL 控制码。使用一些标准文件系统编程接口（APIs）来调用这些函数，应用程序通过文件系统驱动注册的特殊文件进行操作从而完成对设备的操作。

7.2.4 Windows Embedded CE 6.0 内核模式驱动和用户模式驱动

在 Windows Embedded CE 6.0 中，驱动可以被加载到用户模式或者内核模式，在之前的版本中，驱动程序都是在用户模式下运行的，Windows Embedded CE 6.0 中用户模式的

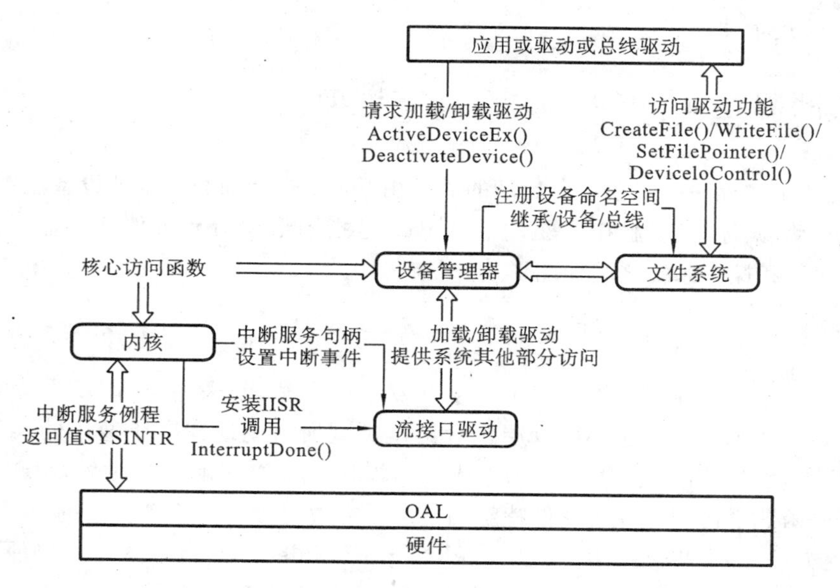

图 7.5 流式设备驱动程序的结构

驱动是由一个特殊的用户模式主进程 Udevice. exe 加载的。通过 Gwes 和 FileSys 子系统加载的驱动程序只能是内核模式驱动，而通过设备管理器(Device. dll)加载的驱动程序既可以是内核模式的驱动，也可以是用户模式的驱动。除非再注册设置一个特定的标记(DEVFLAGS_LOAD_AS_USERPROC(0x10))，驱动都是默认被加载到内核模式的。

设备驱动程序提供了物理或虚拟设备的接口，驱动的质量、可靠性和安全性影响整个系统的质量、可靠性和安全性。无论是何种驱动，必须是健壮的(Robust)。一个只有内核级驱动的系统是不安全的，因为内核级的驱动可以直接访问用户内存。因此，开发者必须考虑来自于不可信资源的输入，所有的输入都必须被严格检查。而用户模式的驱动并不能完全访问内核和用户内存，但是通过反射器(Reflector)服务，用户模式驱动也可以访问内核内存。低质量的用户模式驱动也会导致系统的不安全，因此，也必须以同样的方式保证驱动的安全。用户模式驱动架构中可以通过注册设置来限制对内核内存的访问。开发者必须时刻提醒自己要慎重处理对于用户模式的内核访问。

内核模式的驱动相比较于用户模式在效率、内核间访问和 API 上有一定的优势，内核模式的驱动程序可以直接、同步地访问用户缓存，因为它们可以直接访问用户内存。当加载驱动到内核中的时候，必须时刻考虑驱动的可靠性和安全性。一个驱动的错误可以导致内核的错误，最终导致系统的崩溃。为了重新加载驱动必须重新启动整个设备。

使用用户模式驱动可以改进系统的可靠性、安全性和容错性。用户模式的驱动通过不同的 Udevice. exe 主进程加载可以相互独立。相对于内核模式而言，当用户模式的驱动出错时，一般来说不需要重新启动整个系统来重载。不管如何，设计用户模式的驱动并不意味着可以忽略安全性和可靠性的需要。

必须认识到的是内核模式比用户模式的驱动更有效率，但是并不是所有类型的驱动都可以作为用户模式驱动程序。所有的文件系统驱动、所有的本地设备驱动、所有的网络驱动只能是内核模式驱动。

7.3 本地设备驱动程序的设计与样例

本地设备驱动程序一般在平台启动的时候由 Gwes 进行加载。本地设备驱动包括 LCD 驱动、键盘驱动、鼠标驱动、触摸屏驱动等(Gwes 是指图形窗口和事件管理器子系统,它是用户、应用程序和操作系统之间的图形用户接口)。

7.3.1 本地设备驱动的分层结构

一般来说,多数本地设备驱动为了方便开发者的移植,都采用了 MDD 层和 PDD 层的分层结构,如 7.2.1.1 节所述,MDD 层包含给定类型所有驱动程序所通用的代码,而 PDD 层是由特定的硬件或平台专用的代码组成。当操作系统访问硬件的时候,MDD 层会调用特定的 PDD 函数来访问硬件或硬件特定的信息。在编写分层的驱动程序的时候,通常微软提供了特定类型的 MDD 层公用代码,即 Platform Builder 中会自带这个类型驱动的 MDD 代码,MDD 代码是不需要更改的,当开发者将一个样例驱动导入到一个新的硬件平台时,只需要导入 PDD 层的代码。

MDD 层的代码在\Public\Common\OAK\Drivers\文件夹下,PDD 层的代码一般在\Plateform\<Platform 名称>\SRC\Drivers 对应文件下。

当应用程序需要向设备发送数据时,它调用由 Coredll. dll(Windows Embedded CE 6.0 专门用来提供操作系统核心函数的动态链接库文件)提供相应函数。所有的图形绘制和窗口调用操作均被发往 Gwes. dll。例如,LCD 驱动程序需要实现 DDI(显示设备驱动程序)函数。DDI 导出 DrvEnableDriver()函数,而 DrvEnableDrive 通过返回指向 27 个函数的指针来实现对这些函数的调用。这些函数可以随意命名,但必须符合头文件 Winddi. h 中的原型说明。Winddi. h 在\Public\Common\OAK\Inc 文件夹中。

除了 DDI 函数,大部分 Windows CE 的显示驱动程序使用了 GPE 的C++类,这些类提供了一些最基本的代码,帮助开发者实现自己的驱动程序。它负责处理 LCD 显示驱动程序接口(DDI)层与图形绘制之间的所有通信。GPE 类的定义在 PUBLIC\COMMON\OAK\INC\目录下的 gpe. h 文件中。

7.3.2 本地设备驱动程序样例

这里采用触摸屏的驱动作一个样例的说明,触摸屏驱动的主要功能是将用户在触摸屏上的输入操作化为触摸屏事件,并将其发送给图形窗口事件子系统(Gwes)。驱动中还会将未校正的坐标点转化为校正后的坐标点。

在 Windows Embedded CE 6.0 中,触摸屏的驱动也采用分层结构,其 MDD 层的代码在\Public\Common\OAK\Drivers\Touch\TchMain 文件夹下。其中 tchmain. c 实现了触摸屏驱动的 DDI 函数,这一部分代码适用于所有存在物理区别的触摸屏。一般来说,开发者只需要开发出对应的 PDD 部分代码,部分代码如下所示。

```
/* ++
    ............
    Abstract:
        This module contains the DDI implementation and the supporting administriva.
        if DBGCAL is defined, the results of the calibration calculations are
        displayed following the setting of calibration data. <nl>
    Functions:                    // 其中实现的所有 DDI 函数列表
    TouchPanelpDetach
    TouchPanelpAttach
    TouchPanelpISR
    TouchPanelGetDeviceCaps
    TouchPanelSetMode
    TouchPanelPowerHandler
    TouchPanelEnable
    TouchPanelDisable
    TouchPanelReadCalibrationPoint
    TouchPanelReadCalibrationAbort
    Notes:

    --* /

    #include    <windows.h>
    #include    <types.h>
    #include    <memory.h>
    #include    <nkintr.h>
    #include    <tchddi.h>      //函数必须符合头文件 tchddi.h 中的原型说明
    #include    <tchddsi.h>
    ............
```

tchddi.h 和 tchddsi.h 都在\Public\Common\OAK\Inc 文件夹中。

相对应的 PDD 部分代码一般存放在 BSP 包中，这部分代码由本地设备驱动程序的开发者编写，位于\Plateform\<Platform 名称>\SRC\Drivers\<触摸屏文件夹>\中，如 H4Sample 目标板 PDD 层代码在\Plateform\H4Sample\SRC\Drivers\Touch\中，有 touch.cpp 和 touch.h 两个文件。

当系统启动时，自动加载触摸屏驱动，此时 DDI 函数接口 TouchPanelEnable 会被调用。对硬件进行初始化工作，使得触摸屏硬件能够具备采样功能。另外，在这个函数的执行过程中初始化了触摸屏的硬件中断功能，并将触摸屏逻辑中断信号与时间挂接；接下来创建分支线程，并在该线程中调用 WaitforSingleObject 等待中断事件的触发，具体内容将在 7.6 节中介绍。这样，当发生用户点击触摸屏动作时，中断触发，使得该分支线程从阻塞状态恢复执行，此时，应在线程中调用 PDD 的 DDSI 接口函数 DdsiTouchPanelGetPoint()返回最近一次数据采样坐标值。PDD 层的 touch.cpp 的部分代码如下：

```
…………
// DESCRIPTION:
//  Implementation of the Windows CE touch screen PDD.
//  The following code is written for TI TSC2003 Touch Screen Controller.
//  It has the PENIRQ signal attached to GPIO 136.
//
// Functions:            // 实现的 DDSI 函数
//
//  TouchDriverCalibrationPointGet
//  DdsiTouchPanelGetDeviceCaps
//  DdsiTouchPanelSetMode
//  DdsiTouchPanelEnable
//  DdsiTouchPanelDisable
//  DdsiTouchPanelAttach
//  DdsiTouchPanelDetach
//  DdsiTouchPanelGetPoint
//  DdsiTouchPanelPowerHandler
//------------------------------------------------------------------------------
// Public
//
#include <windows.h>
#include <types.h>
#include <nkintr.h>
#include <creg.hxx>
#include <tchddsi.h>    //函数必须符合头文件 tchddsi.h 中的原型说明

//------------------------------------------------------------------------------
// Platform             // 对应开发板 BSP 中的一些头文件
//
#include <ceddkex.h>
#include <ceddk.h>
#include <omap2420.h>
#include <bsp_touch.h>

//------------------------------------------------------------------------------
// Local                // 对应触摸屏的头文件
#include "touch.h"

//------------------------------------------------------------------------------
…………
```

有时用户还需要调用 Windows CE 系统控制面板中的屏幕校准程序对触摸屏进行校正，以下介绍数据结构。

1. TOUCH_PANEL_SAMPLE_FLAGS

本数据结构给出返回到系统的坐标值属性。其声明如下：

```
typedef  UINT32  TOUCH_PANEL_SAMPLE_FLAGS,
             * P_TOUCH_PANEL_SAMPLE_FLAGS;
```

2. TPDC_CALIBRATION_POINT

本数据结构由函数 TouchDriverCailbrationPointGet()调用，并运行在系统启动时，用户会在屏幕上看到 X，从中间再到四周变化位置从而引导用户校正坐标值。TouchDriverCailbrationPointGet()例程通常利用屏幕的高和宽来确定中心和四周的坐标值。本数据结构申明如下：

```
struct TPDC_CALIBRATION_POINT
{
    INT     PointNumber;
    INT     cDisplayWidth;
    INT     cDisplayHeight;
    INT     CalibrationX;
    INT     CalibrationY;
};
```

3. TPDC_SAMPLE_RATE

本数据结构声明如下：

```
struct TPDC_SAMPLE_RATE
  {
    INT     SamplesPerSecondLow;         // 低采样率值
    INT     SamplesPerSecondHigh;        // 高采样率值
    INT     CurrentSampleRateSetting;    // 当前采用值 0 表示低，值 1 表示高
  };
```

当用户调整屏幕时，驱动中 MDD 层的 DDI 函数接口 TouchPanelGetDeviceCaps 会被调用，执行过程中会调用 PDD 层中 DDSI 函数 DdsiTouchPanelGetDeviceCaps 查询触摸屏设备的精度功能，根据系统的不同查询目的，返回不同值。

当 iIndex 为 TPDC_SAMPLE_RATE_ID 时，查询采样频率；

当 iIndex 为 TPDC_CALIBRATION_POINT _ID 时，返回指定精度的坐标值，精度由 lpOutput 的 PointNumber 域指定；

当 iIndex 为 TPDC_CALIBRATION_POINT_COUNT_ID 时，查询校准坐标所需的坐标样本数。

7.4　流式设备驱动程序设计与样例

Windows CE 的设备驱动程序都是简单的 DLL。在大多数情况下，编写一个设备驱动程序，基本上就是写一个 Windows CE 的 DLL，然后导出特定的入口函数。

逻辑上被认为是一个数据源或数据存储的 I/O 设备，即任何以产生或消耗数据流作为

主要功能的外围设备都可以被抽象成流式设备。串口是流式设备的一个典型例子。使用串口的时候，二进制数据会像流水一样，从一台设备经过串口线流到另外一台设备上。而显卡就不属于流式设备，它们通常会公开帧缓冲区(Frame Buffer)，将显卡驱动程序写入。

Windows CE 提供了流式接口驱动程序来管理流式设备。任何暴露了流式接口函数的驱动程序都可以被称为流式接口驱动程序(也就是在驱动程序的 DLL 中把这些函数作为 DLL 的导出函数)。在流式接口驱动程序中，驱动程序负责把外设抽象成一个文件，而应用程序则可以使用操作系统提供的文件 API 对外设进行访问。例如，串口驱动程序是典型的流式驱动，如果应用程序希望打开串口，则可以通过如下的语句实现：

```
HANDLE hComm;
hComm =CreateFile (TEXT ("COM1:"), GENERIC_READ | GENERIC_WRITE, 0, NULL, OPEN_
EXISTING, 0, NULL);
if (hComm ==INVALID_HANDLE_VALUE)
// error opening port; abort
```

值得注意的是，CreateFile()函数的第一个参数不再是文件名称，而是驱动程序的名字，在这个例子中为"COM1"。关于驱动程序的命名，在下文中有详细的叙述。同样的道理，如果需要向串口写入数据，只需要使用 WriteFile()函数，代码如下：

```
INT rc;
DWORD cBytes;
BYTE ch;
ch =TEXT ('a');
rc =WriteFile(hSer, &ch, 1, &cBytes, NULL);
```

流式接口驱动程序非常的简单、通用。它只定义了抽象的接口，而并不与任何硬件的工作原理或结构相关。原则上，几乎所有的驱动程序都可以用流式接口驱动程序来实现，虽然这样会带来诸多不便，但从另一方面显示了流式驱动接口的通用性。事实上，在 Windows CE 中有相当多的驱动程序都是通过流式接口来实现的。

此外，流式接口驱动程序还通常用来包装其他驱动程序，使其更简单、易用。例如，很多 GPS 设备都是通过串口与主机相连，通常可以通过流式接口驱动程序对串口访问 GPS 设备的操作进行封装，向上统一提供流式接口，这样使用 GPS 设备的应用程序就可以更简单地操作 GPS 设备，而无需在应用程序中进行串口操作。

7.4.1 流式驱动的接口函数

Windows CE 中一个流式设备驱动会定义 12 个流式接口函数，有些函数是直接与某个文件操作 API 对应的，而有些函数是为了某些特殊的目的，如电源管理函数。流式接口函数的列表如表 7.3 所示。

表 7.3 流式驱动的接口函数

函 数 名	对应文件操作 API	说 明
XXX_Init		当一个驱动实例被载入时使用
XXX_Deinit		当一个驱动程序被卸载时使用

续表

函　数　名	对应文件操作 API	说　　明
XXX_Open	CreateFile()	当一个驱动程序被应用程序用 CreateFile 打开时调用
XXX_Close	CloseHandle()	当驱动被应用程序用 CloseHandle 关闭时调用
XXX_Read	ReadFile()	当应用程序调用 ReadFile 时被调用
XXX_Write	WriteFile()	当应用程序调用 WriteFile 时被调用
XXX_Seek	SetFilePointer()	当应用程序调用 SetFilePointer 时被调用
XXX_IOControl	DeviceIoContro()	当应用程序调用 DeviceIoControl 时被调用
XXX_PreDeinit		当一个驱动程序即将被卸载前调用，此时操作系统仍将其视为已载入的驱动程序
XXX_PreClose		当驱动程序的 XXX_Close 函数在被调用前就已调用，此时驱动程序在技术上仍处于打开状态
XXX_PowerDown		当系统挂起前调用
XXX_PowerUp		当系统恢复挂起前调用

每一个函数名前的 XXX 代表驱动程序的 3 个字符长度的名字，如果驱动程序有名字的话，如驱动程序是一个 COM 驱动，函数会被命名为 COM_Init、COM_Deinit 等。对于没有名字的驱动程序(即注册表中 prefix 一项为空的驱动程序)，接口函数的名字就是除了开头的"XXX_"部分，如 Init 和 Deinit。其次，驱动程序也可以像普通程序一样，通过调用 CreateFile()函数打开另一个驱动来与之交互。

7.4.2　接口函数详细论述

由于流式驱动使用得非常广泛，以下对流接口函数进行详细的论述。

1. XXX_Init

这个接口函数在每次驱动程序被设备管理器加载的时候由设备管理器调用。函数的声明如下：

```
// 初始化设备，在设备被加载的时候调用，返回设备的上、下文句柄
DWORD XXX_Init(
LPCTSTR pContext,          //字符串，指向注册表中记录活动驱动程序的键
LPCVOID lpvBusContext      // ActivateDeviceEx 函数的第四个参数，VOID 指针
);
```

通常，在 XXX_Init 函数中，需要作硬件的初始化工作，对硬件的一次性初始化都在 XXX_Init 中完成，如映射设备的物理内存等操作。

这个函数不能被应用程序直接调用，当应用程序调用 ActivateDeviceEx()函数时由设备管理器调用这个函数。当用户开始使用一个设备时，设备管理器调用该函数来初始化设备。支持同一类型的特定设备文件名的多个实例流式驱动程序，应该让每一个实例调用一次 XXX_Init 函数。每次调用这个函数则返回一个单独的句柄。

这个函数完成以下的任务：

(1) 将已安装的设备初始化为默认状态；

(2) 分配设备用到的全局资源；

(3) 注册一个具有卡服务的状态回调函数，当设备的状态发生变化时，操作系统调用这个状态回调函数；

(4) 将系统内存和 I/O 空间映射到设备的内存和 I/O 空间；

(5) 请求关于特定回调时间的通知；

(6) 对于中断驱动的设备，注册一个中断回调函数，当设备产生一个中断时，操作系统调用中断回调函数。

2. XXX_ DeInit

这个接口函数在每次驱动程序被设备管理器卸载的时候由设备管理器调用。函数的声明如下：

```
// 释放设备，在设备被卸载的时候调用，返回设备卸载是否成功
BOOL XXX_Deinit(
DWORD hDeviceContext      // XXX_Init 函数返回的设备上、下文句柄
);
```

通常，在 XXX_Deinit 中，主要负责对设备进行清理工作，如停止 IST。如果驱动程序中有阻塞的线程，与这个句柄和设备实例相关的资源可能不能释放，为了避免这样，需要调用 XXX_PreClose 和 XXX_PreDeinit 接口函数。

3. XXX_Open

这个接口函数在设备每次被打开的时候会被调用，应用程序可以使用 CreateFile()函数打开设备。函数的声明如下：

```
// 打开设备进行读写，返回设备的打开上、下文句柄
DWORD XXX_Open(
DWORD hDeviceContext,      // 设备上、下文句柄，由 XXX_Init 函数创建
DWORD AccessCode,          // 设备的访问模式，从 CreateFile()函数传入
DWORD ShareMode            // 设备的共享模式，从 CreateFile()函数传入
);
```

通常，在 XXX_Open 函数中，需要为设备申请资源，一般是一些用于管理设备的数据结构。当该函数被调用时，设备应该为每个打开的上、下文分配资源并为下一个操作做好准备，这可能涉及为读/写操作做好准备，以及初始化操作将要用到的数据结构。

4. XXX_ Close

这个接口函数在设备每次被打开和关闭的时候会被调用。应用程序可以使用 CloseHandle()函数关闭设备。函数的声明如下：

```
// 关闭设备，返回设备关闭是否成功
BOOL XXX_Close(
DWORD hOpenContext      // 设备的打开上、下文句柄，由 XXX_Open()函数返回
);
```

通常，在 XXX_Close()函数中，为设备申请的用于管理设备的数据结构可以被释放。

在这个函数返回后，由 hOpenContext 定义文件句柄将不再有效，如果一个应用程序在调用 CloseHandle 之后又试图对这个句柄进行流 I/O 操作，那么操作将失败。

同样，如果驱动程序中有阻塞的线程，与这个句柄和设备实例相关的资源可能不能释放，为了避免这样，需要调用 XXX_PreClose 和 XXX_PreDeinit 接口函数。

5. XXX_ Read

对于设备的主要操作都是通过 ReadFile()、WriteFile()和 SetFilePointer()函数进行的，它们负责对设备进行读、写和移动当前指针。在流式接口驱动层面，XXX_Read、XXX_Write 和 XXX_Seek 三个函数提供对这些操作的支持。

在实际的设备中，可能有些设备与应用的交互是单向的，只需要读取数据或者只需要写入数据，因此，有可能不是所有的流式接口设备都需要这三个接口。XXX_Read 的声明如下：

```
// 从设备中读取数据，返回 0 表示文件结束，返回-1 表示失败，返回读取的字节数表示成功
DWORD XXX_Read(
DWORD hOpenContext,        // XXX_Open 返回的设备打开上、下文句柄
LPVOID pBuffer,            // 输出缓冲区的指针，读取的数据会被放在该缓冲区内
DWORD Count                // 要读取的字节数
);
```

当一个应用程序调用 ReadFile()函数时，操作系统会调用 XXX_Read()函数从由 hOpenContext 识别的设备中读取数据。

6. XXX_Write

该函数向由 hOpenContext 识别的设备中写入数据，XXX_Write 函数的声明如下：

```
// 向设备中写入数据，返回-1 表示失败，返回写入的字节数表示成功
DWORD XXX_Write(
DWORD hOpenContext,           // 由 XXX_Open 返回的设备打开上、下文句柄
LPCVOID pBuffer,              // 输入，指向要写入设备的数据的缓冲
DWORD Count                   // 缓冲中的数据的字节数
);
```

7. XXX_Seek

XXX_Seek 函数的声明如下：

```
// 移动设备中的数据指针，返回数据的新指针位置，-1 表示失败
DWORD XXX_Seek(
DWORD hOpenContext,       // XXX_Open 返回的设备打开上、下文句柄
long Amount,              // 要移动的距离，负数表示前移，正数表示后移
WORD Type                 // 移动的相对位置，有 FILE_BEGIN、FILE_CURRENT 和 FILE_END
);
```

8. XXX_ IOControl

对于一些硬件设备，通常还需要向设备发送控制命令，以命令设备做一些事情。例如，对于声卡驱动程序，可以发送控制命令得到当前的音量；对于串口驱动程序，可以发送控制命令来设置或获取串口驱动的一些当前设置。应用程序通过 DeviceIoControl()函数来向

驱动程序发送控制命令，电源管理器也会向支持电源管理的设备发送控制命令，来请求设备的电源状态或设置设备的电源状态。函数的声明如下：

```
// 向驱动程序发送控制命令
BOOL XXX_IOControl(
DWORD hOpenContext,          // 由 XXX_Open 返回的设备打开上、下文句柄
DWORD dwCode,                // 要发送的控制码，一个 32 位无符号数
PBYTE pBufIn,                // 输入，指向输入缓冲区的指针
DWORD dwLenIn,               // 输入缓冲区的长度
PBYTE pBufOut,               // 输出，指向输出缓冲区的指针
DWORD dwLenOut,              // 输出缓冲区的最大长度
PDWORD pdwActualOut          // 输出，设备实际输出的字节数
);
```

对于 XXX_IOControl()函数，在流式接口中应用非常广泛，一些不适合于像文件一样进行读/写的设备，都可以通过 XXX_IOControl()函数来控制。

当一个应用程序使用 DeviceIOControl()函数定义要完成的操作时，操作系统会调用 XXX_IOControl()函数，dwCode 参数包括要完成的输入或者输出操作，这些代码通常是特定于某个设备驱动的并借助于一个头文件导出给开发者。

9. XXX_PreClose 与 XXX_PreDeinit

这两个函数是在 Windows CE 5.0 中新引入的函数，目的是为了防止多线程操作时可能引发的一些竞态(Race Condition)。这两个函数都是可选的，如果一个驱动程序出现了其中的一个函数，那么也必须出现另外一个函数，否则驱动就无法被加载。它们的函数声明如下：

```
BOOL XXX_PreClose(
DWORD hOpenContext         // 设备的打开上、下文句柄
);

BOOL XXX_PreDeinit(
DWORD hDeviceContext       // 设备的打开上、下文句柄
);
```

设备管理器在对设备进行管理的时候，对于对 XXX_Init、XXX_Deinit、XXX_Open 和 XXX_Close 的调用，设备管理器内部会维持一个全局的 Critical Section 来保证操作的原子性。但是出于效率的考虑，在调用 XXX_Read、XXX_Write、XXX_Seek 和 XXX_IOControl 的时候，并没有对这些调用加锁，这就导致了引发竞态的可能。

设想这样一种情况，系统中有多个线程同时访问某个驱动程序，当某个线程调用了 XXX_Read 来读取打开的设备的时候，另外一个线程调用 XXX_Close 来关闭打开的设备，因为正如前文所述，设备管理器对 XXX_Read 的调用是没有 Critical Section 保护的，因此有可能调用 XXX_Read 的线程在没有执行完之前就被执行 XXX_Close 的线程抢占，并且关闭了设备。那么当 XXX_Read 的线程重新占有处理器的时候，它所要读取的设备已经被关闭了，这极有可能导致驱动程序崩溃。同样的问题也发生在设备卸载的时候。

在添加了这两个函数之后，就可以有效防止前面的情况发生。XXX_PreClose 在设备管理器调用 XXX_Close 之前被调用，在这个函数里，驱动程序需要唤醒在等待对设备进行操作的线程，并且释放申请的资源。这时，还会把 hOpenContext 设置为无效，因此后面对设备的访问都会直接返回失败，而不会使整个驱动程序崩溃。同样 XXX_PreDeinit 在设备管理器调用 XXX_Deinit 之前被调用，可以防止应用程序打开一个已经被卸载的设备。

10. XXX_PowerUp 与 XXX_PowerDown

XXX_PowerUp 和 XXX_PowerDown 电源处理函数都运行在内核模式，且不能被抢占。所以一般不允许进行系统调用。两个函数的声明如下：

```
BOOL XXX_PowerUp(
DWORD hDeviceContext    // 设备的打开上、下文句柄
);

BOOL XXX_PowerDown(
DWORD hDeviceContext    // 设备的打开上、下文句柄
);
```

其中，参数 hDeviceContext 是设备的打开上、下文句柄，由 XXX_Init 函数返回。

操作系统调用 XXX_PowerUp 函数恢复对设备的供电，调用 XXX_PowerDown 函数挂起设备的电源，操作系统进入省电模式。这两个函数不应该调用任何可能引起它们阻塞的函数，并应该尽早返回。XXX_PowerUp 和 XXX_PowerDown 回调函数可以使用 CeSetPowerOnEvent 来触发一个任意的驱动程序线程开启一个恢复或挂起周期。为了触发驱动程序中的中断服务线程（IST），应该使用 SetInterruptEvent()函数代替 CeSetPowerOnEvent()函数。

7.4.3　流式驱动程序工作流程

流式设备驱动程序的整个工作流程中，会涉及多个实体，一些重要的实体有硬件、流式接口驱动程序、系统注册表、设备管理器和应用程序。以下例子中的动态链接库为 sampledev. dll，其注册表中 prefix 一项的值为 SMP，即“XXX_”为“SMP_”，首先加载如下流式设备驱动程序。

(1) 加载驱动程序。加载驱动程序有两种方式：第一种，当系统启动的时候，设备管理器会搜寻注册表的 HKEY_LOCAL_MACHINE\Drivers\BuiltIn 键下面的子键，并逐一加载子键下的每一个驱动，这一过程称为 BusEnum；第二种，应用程序可以调用 ActivateDeviceEx()函数动态加载驱动程序。

(2) 设备管理器会从注册表的 dll 键值中获取驱动程序所在的 DLL 文件名，即 sampledev. dll。

(3) 设备管理器会调用 LoadDriver()函数把 sampledev. dll 加载到自己（也就是 Device. exe）的虚拟地址空间内。

(4) 设备管理器会在注册表的 HKEY_LOCAL_MACHINE\Drivers\Active 下面记录所有已经加载的驱动程序记录，通常会包含设备的名称等，ActivateDeviceEx()函数的第二

个参数就是要在 Active 键下增加的内容。

(5) 设备管理器会调用驱动程序中的 SMP_Init()函数，并把上一步中添加的注册表项的完整路径作为 SMP_Init()函数的第一个参数传入驱动程序内。

(6) 在 SMP_Init()函数中，通常需要对硬件进行一些最基本的初始化操作，如打开硬件设备、映射硬件的 I/O 端口或缓存等。

以上步骤完成后对驱动程序进行操作，将设备打开。

(1) 应用程序需要使用该设备。首先，它会调用 CreateFile(TEXT("SMP1")，…)来打开设备。

(2) 设备管理器会调用驱动程序中的 SMP_Open()函数来打开设备。在 SMP_Open()函数中，驱动程序可能会对硬件进行一些额外的初始化工作，使硬件进入工作状态。

(3) SMP_Open()函数会把打开设备的结果返回给设备管理器。

(4) 设备管理器会把 SMP_Open()函数返回的结果再返回给应用程序中的 CreateFile()函数调用。

接下来可以对设备进行读、写和控制操作，以从设备中读取数据。

(1) 应用程序使用 CreateFile()函数调用返回的句柄作为 ReadFile 的第一个参数，来向设备发送读请求，同样 ReadFile 要经过 FileSys. exe 转发给设备管理器。

(2) 设备管理器调用驱动程序中的 SMP_Read()函数，来读取设备的数据信息。

(3) 在流式驱动程序中，SMP_Read()函数可以与硬件交互，从硬件中读取必要的信息，然后返回给设备管理器，再返回给应用程序。

当应用程序不再使用该设备的时候，可以调用 CloseHandle()函数把设备关闭。当系统不再使用该设备的时候，应用程序可以调用 DeactivateDevice()函数把该驱动程序卸载。这时，设备管理器会负责把 sampledev. dll 从 device. dll 中移除，并且会从 HKEY_LOCAL_MACHINE\Drivers\Active 键下移除对该设备驱动的记录。这样，流式接口驱动程序的完整生命周期就结束了。

7.4.4 流式驱动程序样例

本节以步进电机驱动程序为例，介绍如何实现流式接口驱动程序。实现流式接口驱动程序通常只需以下四个步骤：

(1) 为流式接口驱动程序选择一个前缀；

(2) 实现流式接口驱动 DLL 所必需的接口函数；

(3) 编写 DLL 的导出函数定义文件. DEF；

(4) 为驱动程序配置注册表。

首先，在开发的目标板上，步进电机是通过 GPIO 与 CPU 相连。步进电机是一种将电脉冲转化为角位移的执行机构。与普通电机不同，步进电机的转动是一步一步进行的，每输入一个脉冲电信号，步进电机就转动一个角度。

在本样例中，假设目标板上 GPIO 的控制寄存器地址是 0x56000000，GPIO 的数据寄存器地址是 0x56000004，步进电机的寄存器地址是 0x10000000。

7.4.4.1 为流式设备驱动选择前缀

应用程序通常需要通过设备的名称来对驱动程序进行访问。这里采用由三个大写的英文字母，然后加一个 0～9 之间的数字构成的传统方式命名。把步进电机的前缀定义为“MOT”。也就是说，其注册表中 prefix 一项的值为 MOT，即“XXX_”为“MOT_”。

下面就需要为步进电机编写代码了，这一步可以在 Visual Studio 2005 中进行，也可以在 Windows Embedded CE 6.0 之前版本使用的 eMbedded Visual C++ 中进行，Windows CE 的驱动程序就是一个用户态的 DLL，因此，任何可以编写 Windows CE DLL 的工具都可以用来开发驱动程序。

7.4.4.2 实现流式驱动程序的接口函数

在 Visual Studio 2005 中新建一个 Win32 DLL 项目，命名为 MotorDriver。驱动前缀被定义为“MOT”，首先在 MotorDriver. cpp 中输入函数的前置声明：

```
DWORD MOT_Init( LPCTSTR pContext, LPCVOID lpvBusContext);
BOOL  MOT_Deinit( DWORD hDeviceContext );
DWORD MOT_Open( DWORD hDeviceContext, DWORD AccessCode, DWORD ShareMode );
BOOL  MOT_Close( DWORD hOpenContext );
BOOL  MOT_IOControl( DWORD hOpenContext, DWORD dwCode,
                     PBYTE pBufIn, DWORD dwLenIn, PBYTE pBufOut,
                     DWORD dwLenOut, PDWORD pdwActualOut );
DWORD MOT_Read( DWORD hOpenContext, LPVOID pBuffer, DWORD Count );
DWORD MOT_Write( DWORD hOpenContext, LPCVOID pBuffer, DWORD Count );
DWORD MOT_Seek( DWORD hOpenContext, long Amount, WORD Type );
void MOT_PowerUp( DWORD hDeviceContext );
void MOT_PowerDown( DWORD hDeviceContext );
```

然后，增加 GPIO 端口寄存器和步进电机寄存器的声明：

```
#define ELECTROMOTOR_6 (ELECTROMOTOR_1 +6)
#define ELECTROMOTOR_7 (ELECTROMOTOR_1 +7)
#define electromotor_sle (* (volatile unsigned long * )ELECTROMOTOR_GPACON)
#define electromotor_sle_data (
 * (volatile unsigned long * )ELECTROMOTOR_GPADATA)
unsigned long ELECTROMOTOR_1;
unsigned long ELECTROMOTOR_GPACON;
unsigned long ELECTROMOTOR_GPADATA;


PHYSICAL_ADDRESS GPACON ={0x56000000, 0};
PHYSICAL_ADDRESS GPADATA ={0x56000004, 0};
PHYSICAL_ADDRESS EMOTOR_1 ={0x10000000, 0};
```

要注意，Windows CE 中使用 PHYSICAL_ADDRESS 结构来表示物理地址，这是一个 64 位结构体，在 32 位地址空间的平台上，只需要把高位置为 0 即可。

接下来，为 DllMain()函数增加一些必要的调试信息，这样方便下文运行的时候查看驱动程序的运行效果。

```
BOOL APIENTRY DllMain( HANDLE hModule,
DWORD ul_reason_for_call,
LPVOID lpReserved
)
{
switch ( ul_reason_for_call )
{
case DLL_PROCESS_ATTACH:
OutputDebugString(L"MyDriver -DLL_PROCESS_ATTACH\r\n");
break;
case DLL_PROCESS_DETACH:
OutputDebugString(L"MyDriver -DLL_PROCESS_DETACH\r\n");
break;
case DLL_THREAD_ATTACH:
OutputDebugString(L"MyDriver -DLL_THREAD_ATTACH\r\n");
break;
case DLL_THREAD_DETACH:
OutputDebugString(L"MyDriver -DLL_THREAD_DETACH\r\n");
break;
}
return TRUE;
}
```

下面就要具体实现几个流式接口。首先，介绍 MOT_Init()和 MOT_Deinit()两个函数。这两个函数在驱动程序加载和卸载的时候被调用，在这两个函数中通常放置一些初始化工作代码，并在这两个函数里面做一些相关的物理寄存器映射工作。

```
DWORD MOT_Init( LPCTSTR pContext, LPCVOID lpvBusContext)
{
OutputDebugString(L"Electronic Motor Driver Init\r\n");
//映射物理寄存器地址到虚拟地址空间
ELECTROMOTOR_GPACON = (ULONG)MmMapIoSpace(GPACON, 4, FALSE);
ELECTROMOTOR_GPADATA = (ULONG)MmMapIoSpace(GPADATA, 4, FALSE);
ELECTROMOTOR_1 = (ULONG)MmMapIoSpace(EMOTOR_1, 8, FALSE);
return TRUE;
}

BOOL MOT_Deinit( DWORD hDeviceContext )
{
OutputDebugString(L" Electronic Motor Driver DeInit \r\n");
MmUnmapIoSpace(ELECTROMOTOR_GPACON, 4);
MmUnmapIoSpace(ELECTROMOTOR_GPADATA, 4);
```

```
MmUnmapIoSpace(ELECTROMOTOR_1, 8);
return TRUE;
}
```

然后是 MOT_Open()和 MOT_Close()函数，这两个函数在驱动程序被打开/关闭的时候被调用，并在这两个函数里面进行片选处理。

```
DWORD MOT_Open( DWORD hDeviceContext, DWORD AccessCode,
DWORD ShareMode )
{
OutputDebugString(L"MyDriver -MOT_Open\n");
/* 选择 NGCS2 */
electromotor_sle |=0x2000;
electromotor_sle_data &= (~0x2000);
return TRUE;
}

BOOL MOT_Close( DWORD hOpenContext )
{
OutputDebugString(L"MyDriver -MOT_Close\r\n");
electromotor_sle &= (~0x2000);
electromotor_sle_data |=0x2000;
return TRUE;
}
```

然后是 MOT_Write()函数，当应用程序写文件的时候会调用这个函数。在 MOT_Write()函数中，直接把从应用程序中传进来的数据写入步进电机：

```
DWORD MOT_Write( DWORD hOpenContext, LPCVOID pBuffer, DWORD Count )
{
OutputDebugString(L"MyDriver -MOT_Write\r\n");
/* 发送消息控制步进电机 */
(* (volatile unsigned char * ) ELECTROMOTOR_6) = * (unsigned char * )pBuffer;
return 1;
}
```

剩余的几个流式接口函数不进行任何实质性的操作，仅仅输出一些调试信息，以便观察调用：

```
BOOL MOT _ IOControl (DWORD hOpenContext, DWORD dwCode, PBYTE pBufIn, DWORD
                      dwLenIn, PBYTE pBufOut, DWORD dwLenOut, PDWORD pdwActualOut)
{
OutputDebugString(L"MyDriver -MOT_IOControl\r\n");
return TRUE;
}

void MOT_PowerUp( DWORD hDeviceContext )
```

```
{
OutputDebugString(L"MyDriver -MOT_PowerUp\r\n");
}

void MOT_PowerDown( DWORD hDeviceContext )
{
OutputDebugString(L"MyDriver -MOT_PowerDown\r\n");
}

DWORD MOT_Read( DWORD hOpenContext, LPVOID pBuffer, DWORD Count )
{
OutputDebugString(L"MyDriver -MOT_Read\r\n");
return NULL;
}

DWORD MOT_Seek( DWORD hOpenContext, long Amount, WORD Type )
{
OutputDebugString(L"MyDriver -MOT_Seek\r\n");
return 0;
}
```

此外，由于用到了 CEDDK 的函数，因此需要导入相应的头文件和库文件。在文件的开头加入如下语句：

```
#include <windows.h>
#include <ceddk.h>
// 链接 ceddk.lib
#pragma comment(lib, "ceddk.lib")
```

这样，所有流式接口驱动程序的导出函数就实现完毕了，但是现在还不能进行编译。我们知道，如果要在 DLL 中导出一个函数，有两种方法：一种是使用编译器扩展关键字 _declspec(dllexport)，如果采用这种关键字，还要注意C++编译器会对函数名称进行修饰，因此还要加上 extern “C”；另外一种更为简便的方法是使用.DEF 文件。.DEF 文件定义了 DLL 的导出函数列表。在 MotorDriver 中插入一个文本文件，命名为 MotorDriver.def，然后在该文件中输入如下内容：

```
LIBRARY MotorDriver
EXPORTS
MOT_Init
MOT_Deinit
MOT_Open
MOT_Close
MOT_IOControl
MOT_PowerUp
MOT_PowerDown
```

```
MOT_Read
MOT_Write
MOT_Seek
```

这样就可以进行编译了。如果没有错误，那么编译结束之后可以使用 Dumpbin 工具查看 DLL 是否能正确地导出这些函数。在 Visual Studio 2005 中选择 Build 菜单中的 Open Build Release Directory 来打开命令提示符。输入：

```
dumpbin /exports MotorDriver.dll
```

如果输出如图 7.6 所示信息，则说明函数都已经正常导出。

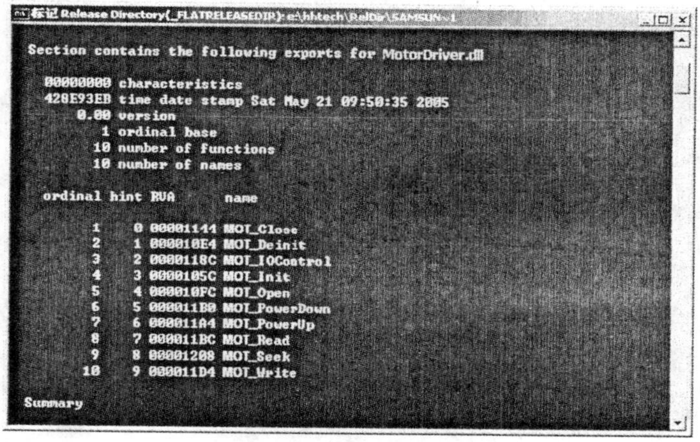

```
Section contains the following exports for MotorDriver.dll

    00000000 characteristics
    428E93EB time date stamp Sat May 21 09:50:35 2005
        0.00 version
           1 ordinal base
          10 number of functions
          10 number of names

    ordinal hint RVA      name

          1    0 00001144 MOT_Close
          2    1 000010E4 MOT_Deinit
          3    2 0000118C MOT_IOControl
          4    3 0000105C MOT_Init
          5    4 000010FC MOT_Open
          6    5 000011B0 MOT_PowerDown
          7    6 000011A4 MOT_PowerUp
          8    7 000011BC MOT_Read
          9    8 00001208 MOT_Seek
         10    9 000011D4 MOT_Write

  Summary
```

图 7.6　流式接口的导出函数

7.4.4.3　为驱动程序配置注册表

实现流式接口驱动程序的最后一步是为了让驱动程序正确地被设备管理器加载，需要初始化注册表。因为步进电机只与当前平台相关，因此把它放在 Project.reg 中。在 Project.reg 的最后，添加如下内容：

```
[HKEY_LOCAL_MACHINE\Drivers\BuiltIn\Motor]
"Dll" = "MotorDriver.dll"
"Prefix" = "MOT"
"Index" = dword:1
"Order" = dword:0
"FriendlyName" = "Motor Device Driver"
"Ioctl" = dword:0
```

这样，在系统启动的时候，步进电机驱动就可以被当做内置驱动程序自动加载了。

7.4.4.4　编写应用程序

要检测步进电机驱动程序的运行结果，需要编写一个应用程序来使用电机。同时，可以从调试控制台中查看输出信息。

在 Visual Studio 2005 中新建一个 Win32 WCE 应用程序，不需要有图形界面，然后添加如下函数：

```
void WriteToDriver()
{
DWORD dwWritten;
int count;
int ret;
// 打开驱动程序
HANDLE hDrv =CreateFile( L"MOT1:", GENERIC_WRITE, 0, NULL,
                        OPEN_EXISTING, FILE_ATTRIBUTE_NORMAL,
                        NULL);
if (INVALID_HANDLE_VALUE ==hDrv)
{
OutputDebugString(L"Failed to open Driver...\r\n");
return ;
}
// 向驱动程序写入数据
for (int i =0; i <100; i++)
{
ret =0x7;
count =WriteFile(hDrv, &ret, 1, &dwWritten, NULL);
Sleep(10);
ret =0x3;
count =WriteFile(hDrv, &ret, 1, &dwWritten, NULL);
Sleep(10);
ret =0xb;
count =WriteFile(hDrv, &ret, 1, &dwWritten, NULL);
Sleep(10);
ret =0x9;
count =WriteFile(hDrv, &ret, 1, &dwWritten, NULL);
Sleep(10);
ret =0xd;
count =WriteFile(hDrv, &ret, 1, &dwWritten, NULL);
Sleep(10);
ret =0xc;
count =WriteFile(hDrv, &ret, 1, &dwWritten, NULL);
Sleep(10);
ret =0xe;
count =WriteFile(hDrv, &ret, 1, &dwWritten, NULL);
Sleep(10);
}
// 关闭驱动程序
CloseHandle(hDrv);
}
```

这段代码首先使用 CreateFile()函数打开设备；然后循环使用 WriteFile()函数往驱动程序中写入不同的数值，这样就可以使步进电机转动了；最后使用 CloseHandle()函数关闭驱动程序。如果需要改变步进电机的转速，可以修改 Sleep()函数的参数。只需要在应用程序的 WinMain()入口函数的第一行调用该函数，然后重新编译应用程序，如果没有错误就可以进行下面的步骤了。

下载运行操作系统映像到目标板。当操作系统启动完毕后，在 Visual Studio 2005 的 Output 窗口中，可以找到如下的打印语句：

```
…………
4294770906 PID:a3fc9faa TID:a3fd1fae MyDriver -DLL_PROCESS_ATTACH
4294770906 PID:a3fc9faa TID:a3fd1fae Electronic Motor Driver Init
4294770906 PID:a3fc9faa TID:a3fd1fae
…………
```

这说明在操作系统启动的时候，设备管理器已经根据我们设置的注册表项，找到了 MotorDriver. dll 并且成功加载。

7.5　Windows Embedded CE 6.0 库函数与样例

在 Windows CE 中，把开发驱动程序的时候经常需要的一些操作集中起来，以库的形式提供给开发人员使用。这样不但为开发人员提供了方便，也抽象了不同硬件之间的差异，使代码有更好的移植性。

这里主要介绍两个库：一个是 CEDDK 库；另外一个是一些简化注册表操作的函数。

7.5.1　CEDDK 库

CEDDK 是一个动态链接库，它提供了大量的函数，来完成驱动程序的一些常用操作，如总线地址翻译、设备地址映射、设置 DMA 缓冲、处理 I/O 等。在驱动程序中，如果要使用 CEDDK，只需要导入 ceddk. h，然后链接 ceddk. lib 即可。

CEDDK 与桌面 Windows 的 DDK 有很多区别，最根本的区别是 CEDDK 是运行在用户态下的。虽然两者之间有很多函数的名字都是一致的，但是读者还是应该注意，这是一个全新的平台。

由于不同平台的硬件设备都不一致，因此对于每个平台，BSP 的提供商要负责提供针对该具体平台的 DDK 库，这样才可以保证 CEDDK 提供的函数在该平台上可用。微软提供了一份 CEDDK 的通用实现，源代码位于目录\Public\Common\OAK\Drivers\CEDDK\下，但是通常情况下，OEM 厂商需要针对自己的平台进行一些自定义，尤其是总线操作(位于 DDK_BUS 子目录)。以 SMDK2410 为例子在 SMDK2410 的 BSP 中，可以找到为 SMDK2410 平台特制的 DDK 库，位于\Platform\SMDK2410\SRC\Drivers\CEDDK 目录下。

提供 CEDDK 的另外一个原因是希望对驱动程序提供一层硬件抽象。当驱动程序希望访问硬件的时候，希望可以尽量通过 CEDDK 的函数访问而不是直接对硬件进行读写操作。

CEDDK 共提供了四大类操作，分别是地址映射函数、总线访问函数、DMA 函数和 I/O 操作函数。主要函数的功能列表分别如表 7.4～表 7.7 所示。

表 7.4 CEDDK 的地址映射函数

函数名称	功能
MmMapIoSpace	把一段物理地址映射到某个进程的虚拟地址空间内，使该进程具有直接访问设备地址的能力
MmUnmapIoSpace	取消 MmMapIoSpace()函数的映射
TransBusAddrToStatic	把总线地址转化为系统物理地址，然后再创建静态映射的无缓存的虚拟地址，新的程序应该使用 BusTransBusAddrToStatic()函数
TransBusAddrToVirtual	把总线地址映射到某个进程虚拟地址空间内，新的程序应该使用 BusTransBusAddrToVirtual()函数

表 7.5 CEDDK 的总线访问函数

函数名称	功能
BusIoControl	对总线进行 I/O 控制
BusTransBusAddrToStatic	把总线地址转化为系统物理地址，然后再创建静态映射的无缓存的虚拟地址
BusTransBusAddrToVirtual	把总线地址映射到某个进程虚拟地址空间内
CloseBusAccessHandle	关闭总线句柄
CreateBusAccessHandle	根据注册表，创建一个可访问总线的句柄
GetBusNamePrefix	根据总线句柄，返回总线的名称前缀
GetChildDeviceRemoveState	发送控制字查询设备是否被移除
GetDeviceConfigurationData	发送控制字查询设备的配置信息
GetDevicePowerState	查询设备的电源状态
GetParentDeviceInfo	查询父设备的信息
HalGetBusData	取得 I/O 总线上的地址或插槽配置信息
HalGetBusDataByOffset	取得 I/O 总线上的地址或插槽配置信息，从某个偏移开始
HalSetBusData	设置 I/O 总线上的地址或插槽配置信息
HalSetBusDataByOffset	设置 I/O 总线上的地址或插槽配置信息，从某个偏移开始
HalTranslateBusAddress	把物理总线地址转换成物理系统地址
SetDeviceConfigurationData	发送控制字设置设备的配置信息
SetDevicePowerState	设置设备的电源状态
TranslateBusAddr	把物理总线地址转换成物理系统地址
TranslateSystemAddr	把物理系统地址转化成物理总线地址

表 7.6 CEDDK 的 DMA 操作函数

函数名称	功能
HalAllocateCommonBuffer	为 DMA 操作申请缓冲区
HalFreeCommonBuffer	释放 HalAllocateCommonBuffer 申请的缓冲区
HalTranslateSystemAddress	把物理内存地址转化成总线相关的逻辑内存地址，然后可以直接送给总线上的控制器

表 7.7 CEDDK 的 I/O 操作函数

函数名称	功能
READ_PORT_BUFFER_XXX	把一系列端口中的数据连续读到一个缓冲区
READ_PORT_XXX	读取端口的数据
READ_REGISTER_BUFFER_XXX	把一系列寄存器中的数据连续读到一个缓冲区
READ_REGISTER_XXX	读取寄存器的数据
WRITE_PORT_BUFFER_XXX	把缓冲区中的数据写入一组端口中
WRITE _PORT_XXX	写数据到端口
WRITE_REGISTER_BUFFER_XXX	把缓冲区中的数据写入一组寄存器中

表 7.7 中的 XXX 可以是 UCHAR、USHORT 或 ULONG，分别表示 8 位、16 位和 32 位的操作。如果在编写驱动的时候用到上述的操作，应该尽量使用 CEDDK 提供的函数，这样可以最大限度地保证驱动程序代码的可移植性。

7.5.2 简化注册表操作的函数

在 Windows CE 中，很多驱动程序的配置信息（如 ISR、I/O 基地址等）都存放在注册表中，这样有利于驱动程序的通用性。因此，驱动程序需要经常读取注册表的这些信息。对于一些比较常用的操作，Windows CE 也作了封装，头文件声明在 ddkreg. h 中，主要函数如表 7.8 所示。

表 7.8 驱动中简化注册表操作的函数

函数名称	功能
DDKReg_GetIsrInfo	取得注册表中的 ISR 的信息，放在 DDKISRINFO 结构体中
DDKReg_GetPciInfo	在注册表中读取标准 PCI 设备需要设置的 PCI 信息，存放在 DDKPCIINFO 结构体中
DDKReg_GetWindowInfo	在注册表中读取驱动程序的地址信息（IO 基地址、长度等），存放在 DDKWINDOWINFO 结构体中

把驱动程序的配置信息放在注册表中并不是必须的，但是这样做可以增加驱动程序的可移植性与灵活性。读者应尽量采用这种方式来配置驱动程序。

7.5.3 库函数使用样例

在 Platform Builder 中自带的 ES1371 声卡驱动程序就使用了 CEDDK 库函数，使用7.5.2节的三个函数来读取注册表配置。

\Public\Common\OAK\Driver\WavEdev\Unified\Ensoniq\es1371.cpp 的部分代码如下：

```
……
#include "wavdrv.h"
#include <nkintr.h>
#include <ceddk.h>          // 包含 ceddk.h 头文件，调用 CEDDK 库函数
#include <cardserv.h>
#include <devload.h>
#include <giisr.h>
#include <ddkreg.h>          // 包含 ddkreg.h 头文件，调用简化注册表库函数
…………
            if ((pVirtAddr =HalAllocateCommonBuffer(&AdapterObject, ulSize,
&LogicalAddress, FALSE)) ==NULL)  //调用为 DMA 操作申请缓冲区函数
            {
            DEBUGMSG(ZONE_ERROR,(TEXT("AllocDMAChannel -unable to allocate %
d bytes of physical memory\r\n"), ulSize));
              // if this fails, there's not much point in trying it over and over
              return MMSYSERR_NOMEM;
          }
…………
// read window information
wini.cbSize =sizeof(wini);
dwStatus =DDKReg_GetWindowInfo(pRegKey->Key(), &wini);
//在注册表中读取驱动程序的地址信息(IO基地址、长度等)，存放在 DDKWINDOWINFO
//结构体中
if(dwStatus !=ERROR_SUCCESS) {
DEBUGMSG(ZONE_ERROR, (_T("Ensoniq: DDKReg_GetWindowInfo() failed % d\r\n"),
dwStatus));
return FALSE;
}

…………
// read ISR information
isri.cbSize =sizeof(isri);
dwStatus =DDKReg_GetIsrInfo (pRegKey->Key(), &isri);
//取得注册表中 ISR 的信息，放在 DDKISRINFO 结构体中
if(dwStatus !=ERROR_SUCCESS) {
```

```
    DEBUGMSG(ZONE_ERROR, (_T("Ensoniq: DDKReg_GetIsrInfo() failed % d\r\n"),
dwStatus));
    return FALSE;
    }

    …………

    // read PCI id
    pcii.cbSize =sizeof(pcii);
    dwStatus =DDKReg_GetPciInfo(pRegKey->Key(), &pcii);
    //在注册表中读取驱动程序的地址信息(IO基地址、长度等),存放在DDKWINDOWINFO
    //结构体中
    if(dwStatus !=ERROR_SUCCESS) {
    DEBUGMSG(ZONE_ERROR, (_T("Ensoniq: DDKReg_GetPciInfo() failed % d\r\n"),
dwStatus));
    return FALSE;
    }

    …………
```

7.6 中断处理与实例

大多数外部设备都会产生中断来请求操作系统的服务,在一般情况下,外部设备并不占用CPU,只有当外设需要工作时,才会通过中断来打断CPU的当前执行,请求CPU处理外部设备的数据。这时CPU会暂停当前的工作,来处理外部设备提出的请求。例如,片上时钟会定时产生时钟中断,当用户按下键盘上的键会产生键盘中断,麦克风、触摸屏等外设都会产生中断。外部设备通过中断来请求操作系统的服务是一个通用的原则。因为外设会产生中断,外设相对应的驱动程序就要处理这些中断。

物理中断请求(IRQ,Interrupt ReQuest)是外部设备通过CPU的中断引脚向CPU发送的中断信号。例如,在X86 CPU的PC上,使用两片8259A中断控制器级联进行中断处理,可以同时处理15个IRQ。而在ARM系统中,ARM CPU会提供标准中断(IRQ)和快速中断(FIQ)两个中断向量,各半导体厂家也会加入自己的中断控制器,使其支持诸如串口、时钟等硬件中断。

在Windows CE中还存在逻辑中断(SYSINTR)的概念,当中断发生时,OAL需要把物理的中断信号映射成OEM定义的逻辑的中断信号,然后供操作系统和驱动程序调用。逻辑中断是对硬件物理中断很好的抽象。举例来说,不同开发板上的键盘产生的IRQ号可能会不同,但是当键盘中断产生时,这些IRQ被统一转换成SYSINTR_KEYBOARD,然后进行统一处理。

Windows CE下的中断处理分为两个阶段:处于内核模式的中断服务例程(Interrupt Service Routine,ISR)和处于用户模式的中断服务线程(Interrupt Service Thread,IST)。ISR与IRQ是一对N的关系,也就是说每个IRQ都对应一个ISR,但是一个ISR可以处理多个 IRQ。大致来讲，ISR 负责把 IRQ 转化成逻辑中断并返回给内核，IST 则负责中断的逻辑处理。在其他一些操作系统中，ISR 是短小的汇编代码。但是在 Windows CE 中，内核会负责处理寄存器的保存与恢复，因此 ISR 可以用 C 语言来实现。

Windows CE 中的中断处理大致如下：物理中断通过 ISR 被映射为逻辑中断，然后操作系统会根据逻辑中断号激发所关联事件的内核对象，这将导致等待在该事件内核对象上的 IST 开始执行并处理中断。通过以上几个步骤，把一次物理中断的产生映射到 IST 的执行，从而实现中断处理的目的。

7.6.1 中断处理的过程

Windows CE 下的一次中断处理始于硬件中断产生，终止于 IST 调用 InterruptDone() 函数。整个中断处理的流程如图 7.7 所示，按时间顺序从左到右排列。该图的最底层是硬件和中断控制器的状态，硬件之上的是 OAL 层，它是 OEM 厂商应该实现的部分，OAL 之上是内核，这是微软提供的部分，最上面是可安装的 ISR 与用户态驱动程序。

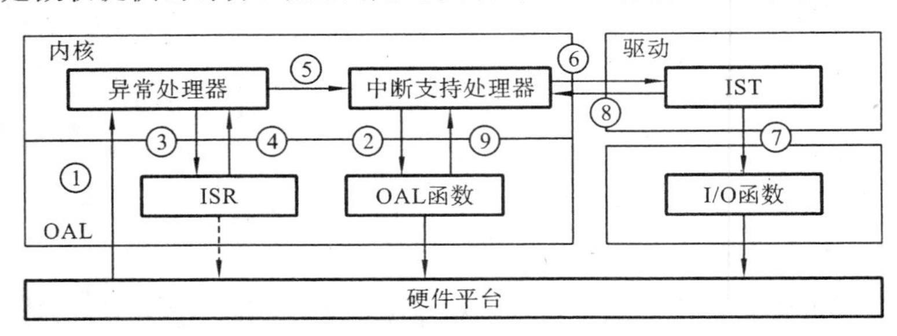

图 7.7 中断处理过程

由于 Windows CE 支持 ARM、X86，MIPS 和 SH 四种 CPU 体系结构，而中断的处理往往与 CPU 体系结构密切相关，因此，具体的中断处理过程可能因 CPU 的不同而异。

中断处理的过程如下：

(1) 当一个硬件中断发生时，它被发送到内核的异常处理器(Exception Handler)，内核处理这个异常；

(2) 内核的中断支持处理器(Interrupt Support Handler)调用 OAL 函数 OEMInterruptDisable，这个函数通知硬件的特定中断直到结束必要的处理，而所有其他中断仍是可用的；

(3) 内核调用 ISR(中断服务例程)来决定应该怎样处理这个中断；

(4) ISR 通常会向内核返回一个值，内核会根据 ISR 的返回值来决定如何处理中断，ISR 可能的返回值如表 7.9 所示；

(5) 内核触发它的中断支持处理器来触发唤醒 IST 并完成它的工作；

(6) 当 IST 被唤醒时，完成处理中断的所有工作；

(7) 必要时，IST 调用各种 I/O 函数(I/O Routine)访问硬件，完成对硬件的操作；

(8) 当 IST 完成中断处理工作时，调用 InterruptDone() 函数通知内核；

(9) 内核调用 OEMInterruptDone 完成这个中断的所有处理，OAL 函数(OAL

Routine)通知硬件重新开启。

表7.9 ISR的返回值

返回值	描述
SYSINTR_NOP	中断不与设备的任何已注册ISR关联,内核启用所有其他中断
SYSINTR_RESCHED	OS重新调度的计时器到期,OS进行重新调度
SYSINTR_XXX,逻辑中断号	中断与已注册ISR和设备关联

SYSINTR_XXX返回值是讨论的重点,一旦ISR返回SYSINTR_XXX,内核将重新开启处理器上除已识别的中断之外的所有中断;然后,内核将引发与SYSINTR_XXX值关联的事件。

7.6.2 中断服务例程ISR

ISR是运行在内核中的一段代码,通常是由OEM实现的。ISR会检查中断并决定如何处理该中断。如果中断需要被内核和IST进一步处理,ISR会返回一个逻辑的中断号SYSINTR_XXX。如果该中断不需要进一步的处理,ISR只需要返回SYSINTR_NOP给内核。ISR必须非常高效,以避免对设备操作的滞后和对所有低优先级ISR处理的滞后。

尽管也可以在ISR内直接处理中断请求,并完成所需的所有操作,但这不是推荐的做法,而是应该把大多数的工作交给IST去完成。ISR和IST之间使用标准的Win32同步对象事件进行通知。ISR可以返回逻辑中断给内核,这时内核会检测内部的表,寻找与该逻辑中断相对应的事件,然后引发该事件。这将导致在该事件上等待的IST开始执行。

从Windows CE 3.0开始,引入可以嵌套的中断。在进入ISR时,所有具有较高优先级的中断都已被打开了。因此,ISR可能被抢占。

从Windows CE 4.0开始,引入了可安装的ISR。在没有可安装的ISR之前,如果应用程序开发商在通用总线上加载了自己的外设,并且需要处理该外设的中断,通常应用开发商需要找到硬件OEM上请求更改OAL的源代码以添加对外设的逻辑中断支持。有了IISR之后,应用程序开发商只需要安装自己的ISR就完全可以处理这一切了。同样,有了IISR,多个设备可以共享同一个硬件IRQ了。

要将ISR安装到平台中,需要完成两个步骤:

(1) 调用LoadIntChainHandler()函数以加载包含ISR代码的DLL;

(2) 该ISR需要把IRQ转化为某个SYSINTR_XXX并返回。

LoadIntChainHandler()函数将包含IISR代码的动态链接库加载到内核的地址空间中。这意味着代码不能调用任何非内核函数,包括任何C语言运行时库函数。必须检查所有代码以确保不需要任何外部库(即使这些库是由编译器自动产生的)。

7.6.3 中断服务线程IST

IST是一个普通的用户态线程,它负责处理相应中断的大多数操作。IST线程大多数时候是空闲的,只有操作系统通知IST有中断发生的时候IST才开始工作。这是通过把一个逻辑中断号与一个Win32的同步对象事件相关联实现的,当有中断发生时,操作系统会引发与该逻辑中断相关联的事件。

在 IST 中，通常会使用到 InterruptInitialize()、WaitForSingleObject()、InterruptDone()等函数，这里先把这几个函数介绍如下：

InterruptInitialize()函数负责把某个逻辑中断号与一个 Event 内核对象关联起来，当中断发生时，操作系统会负责引发这个事件，函数的原形如下：

```
BOOL InterruptInitialize(
DWORD idInt,          // SYSINTR 中断号
HANDLE hEvent,        // 与该中断相关联的事件句柄
LPVOID pvData,        // 传给 OEMInterruptEnable 函数的缓冲区指针
DWORD cbData          // 缓冲区的大小
);
```

WaitForSingleObject()函数会阻塞当前的线程，等待某个 Event 内核对象标志的事件发生。函数在两种情况下会返回：事件发生或者超过第二个参数指定的时间。在 IST 中，通常把第二个参数标志为 INFINITE，表示在此事件上等待无穷长的时间。

```
DWORD WaitForSingleObject(
HANDLE hHandle,       // 事件的句柄
DWORD dwMilliseconds // 超时的毫秒数，如果超过此参数的时间，函数也会返回。


);
```

InterruptDone()函数用来告诉操作系统对该中断的处理已经完成，操作系统可以重新开启该中断。调用此函数标志着一次中断处理结束。

```
VOID InterruptDone(
DWORD idInt      // SYSINTR 逻辑中断号
);
```

IST 需要做的第一件事是使用 CreateEvent()函数创建一个 Event 内核对象，并且使用 InterruptInitialize()函数把这个 Event 与一个逻辑中断相关联。这样，当中断发生时，操作系统就可以引发此事件。

通常，IST 线程运行在普通优先级之上。因此，在 IST 开始时，通常可以用 CeSetThreadPriority()函数为 IST 线程设置合适的优先级。通过这种机制，虽然 ISR 是没有优先级的，但是不同中断的 IST 的优先级可以各不相同，操作系统可以按照 IST 优先级的不同，优先选择优先级高的 IST 执行，这也就相当于实现了不同中断的优先级划分。

7.6.4 中断延迟及实时性

对中断处理的效率是衡量一个嵌入式操作系统实时性优劣的重要标准。在 Windows CE 的中断处理中，主要存在两类延迟：ISR 延迟和 IST 延迟。

1. ISR 延迟

ISR 延迟被定义为从发生中断到 ISR 首次执行之间的时间。因为当中断被关闭时，CPU 不会对中断进行处理，所以第一个导致延迟的因素是系统中关中断的总时间。CPU 会在每个机器指令开始执行时检查是否有中断产生。如果调用了 CPU 的长字符串移动指

令，则会锁定中断，从而造成第二个延迟源，即总线访问锁定处理器的时间量。第三个因素是内核导向 ISR 处理程序所花费的时间量。这是一个进程上下文切换。总之，导致 ISR 延迟的因素包括：

(1) 中断被关闭的时间；

(2) 总线指令锁定处理器的时间；

(3) 内核 ISR 的执行时间加上导向 ISR 的时间。

2. IST 延迟

IST 延迟是从中断发生到执行 IST 中的第一行代码之间的时间量。这与 Windows CE 中微软提供的度量工具的输出不同。微软的工具将 IST 延迟定义为从 ISR 执行结束到 IST 开始之间的时间。因为标准的 ISR 花费的时间很少，需要将 ISR 延迟和微软度量工具所得到的 IST 延迟加起来，才能获得所需的 IST 延迟。

导致 IST 延迟的第一个因素是前文所述的 ISR 延迟。第二个因素是 ISR 执行时间。根据可安装 ISR 的调用链的长度的不同，此时间是不同的。对于延迟较小的情况，没有必要对永远不会被共享的中断调用 NKCallIntChain。

Windows CE 中的内核函数（如调度程序）被称为 KCALL。在这些 KCALL 执行期间，将设置一个软件标志，以便让调度程序知道它此时不能被中断，直至 KCALL 完成为止。这一不可抢占的时间是导致 IST 延迟的第三个因素。最后，内核必须调度 IST，这一上下文切换是导致延迟的最后一个因素。总之，导致 IST 延迟的因素包括：

(1) ISR 延迟时间；

(2) ISR 执行时间；

(3) OS 执行系统调用的时间；

(4)调度 IST 时间。

7.6.5　中断处理样例

7.6.5.1　ISR 样例

下面是 X86 平台真实 ISR 的精简版本。X86 ISR 是所有基于 Windows CE 平台的 ISR 的代表。它演示了能够处理系统中所有中断的单个 ISR。可以在\Public\Common\OAK\CSP\I486\OAL\fwpc.c 中找到这段代码。

```
ULONG PeRPISR(void) {
ULONG ulRet =SYSINTR_NOP;
UCHAR ucCurrentInterrupt;

    if (fIntrTime) {
        // We're doing interrupt timing. Get Time to ISR.
      #ifdef EXTERNAL_VERIFY
        _outp((USHORT)0x80, 0xE1);
      #endif
        dwIntrTimeIsr1 =_PerfCountSinceTick();
```

```
    dwIntrTimeNumInts++;
}

ucCurrentInterrupt = PICGetCurrentInterrupt();

if (ucCurrentInterrupt == INTR_TIMER0) {

    if (PProfileInterrupt) {
        ulRet= PProfileInterrupt();
    }

    if (!PProfileInterrupt || ulRet == SYSINTR_RESCHED) {

    #ifdef SYSTIMERLED
        static BYTE bTick;
        _outp((USHORT)0x80, bTick++);
    #endif

        CurMSec += SYSTEM_TICK_MS;
    #if (CE_MAJOR_VER == 0x0003)
        DiffMSec += SYSTEM_TICK_MS;
    #endif
        CurTicks.QuadPart += TIMER_COUNT;

        if (fIntrTime) {
        // We're doing interrupt timing. Every nth tick is a SYSINTR_TIMING.
            dwIntrTimeCountdown--;

            if (dwIntrTimeCountdown == 0) {
                dwIntrTimeCountdown = dwIntrTimeCountdownRef;
                dwIntrTimeNumInts = 0;
              #ifdef EXTERNAL_VERIFY
                _outp((USHORT)0x80, 0xE2);
              #endif
                dwIntrTimeIsr2 = _PerfCountSinceTick();
                ulRet = SYSINTR_TIMING;
            } else {
            #if (CE_MAJOR_VER == 0x0003)
                if (ticksleft || (dwSleepMin &&
                          (dwSleepMin <= DiffMSec)) ||
                          (dwPreempt && (dwPreempt <= DiffMSec)))
            #else
```

```
                if ((int) (CurMSec -dwReschedTime) >=0)
              #endif
                    ulRet =SYSINTR_RESCHED;
              }
          } else {
            #if (CE_MAJOR_VER ==0x0003)
              if (ticksleft || (dwSleepMin &&
                (dwSleepMin <=DiffMSec)) ||
                (dwPreempt && (dwPreempt <=DiffMSec)))
            #else
              if ((int) (CurMSec -dwReschedTime) >=0)
          #endif
                ulRet =SYSINTR_RESCHED;
          }
        }
        // Check if a reboot was requested.
        if (dwRebootAddress) {
            RebootHandler();
        }

    } else if (ucCurrentInterrupt ==INTR_RTC) {
        UCHAR cStatusC;
        // Check to see if this was an alarm interrupt
        cStatusC =CMOS_Read( RTC_STATUS_C);
        if((cStatusC &
        (RTC_SRC_IRQ|RTC_SRC_US)) ==(RTC_SRC_IRQ|RTC_SRC_US))
            ulRet =SYSINTR_RTC_ALARM;
    } else if (ucCurrentInterrupt <=INTR_MAXIMUM) {
        // We have a physical interrupt ID, but want to return a SYSINTR_ID
          // Call interrupt chain to see if any installed ISRs handle
this interrupt

        ulRet =NKCallIntChain(ucCurrentInterrupt);

        // IRQ not claimed by installed ISR; translate into SYSINTR
        if (ulRet ==SYSINTR_CHAIN) {
            ulRet =OEMTranslateIrq(ucCurrentInterrupt);
        }

        if (ulRet ==SYSINTR_NOP ||
          ulRet ==SYSINTR_UNDEFINED || !NKIsSysIntrValid(ulRet)) {
       // If SYSINTR _ NOP, IRQ claimed by installed ISR, but no further
```

```
action required
            // If SYSINTR_UNDEFINED, ignore
            // If SysIntr was never initialized, ignore
                  ulRet =SYSINTR_NOP;
              } else {
                  // Valid SYSINTR, mask off interrupt source
                  PICEnableInterrupt(ucCurrentInterrupt, FALSE);
              }
          }
          OEMIndicateIntSource(ulRet);
          if (ucCurrentInterrupt >7 || ucCurrentInterrupt ==-2) {
              __asm {
                  mov al, 020h      ; Nonspecific EOI
                  out 0A0h, al
              }
          }
          __asm {
              mov al, 020h          ; Nonspecific EOI
              out 020h, al
          }

          return ulRet;
      }
```

该 ISR 的工作过程如下：

(1) 调用 PICGetCurrentInterrupt 中获取当前硬件中断；

(2) 若该中断是 INTR_TIMER0(系统计时器)，更新 CurMSec 保持时间，检查并确认是否已经注册了重新启动地址 RebootHandler；

(3) 若中断是 INTR_RTC，ISR 检查闹钟是否到期；

(4) 若中断小于 INTR_MAXIMUM 则调用中断链 NKCallIntrChain，并将 NKCallIntrChain 的返回值设置为临时返回值；

(5) 若中断链未包含中断，则通过 OEMTranslateIRQ 映射当前硬件中断，并得到从 OEMTranslateIRQ 返回的 SYINTR 值，通常，如果在 OEMInit() 函数中注册过该中断，则 OEMTranslateIRQ 会返回逻辑中断号，否则会返回 SYSINTR_NOP；

(6) 调用 PICEnableInterrupt 启用除当前中断以外的所有中断；

(7) 完成恰当的中断结束工作以通知 PIC 中断已完成。

微软提供了可安装的 ISR 的示例程序 GIISR，它可以满足大多数可安装的 ISR 的需求。可以在\Public\Common\OAK\Drivers\Giis\giisr. c 中找到 GIISR 的代码。

下面的源代码示例说明了一个用于创建可安装的 ISR 的基本外壳程序，有四个函数：

- DLLEntry — 接收进程和线程附加消息；
- InfoCopy — 在进行任何结构赋值时使用的复制例程；

- IOControl — 任何使用 KernelLibIOControl 的 IST 调用的处理程序；
- ISRHandler — 实际的 ISR。

```
BOOL __stdcall DllEntry( HINSTANCE hinstDll,
DWORD dwReason,
LPVOID lpReserved )
{
return TRUE;

}
// The compiler generates a call to memcpy() for assignments of large objects.
// Since this library is not linked to the CRT, define our own copy routine.
void InfoCopy( PVOID dst, PVOID src, DWORD size )
{
while (size--) {

* ((PBYTE)dst)++= * ((PBYTE)src)++;
}
}
BOOL IOControl(DWORD InstanceIndex,
DWORD IoControlCode,
LPVOID pInBuf,
DWORD InBufSize,
LPVOID pOutBuf,
DWORD OutBufSize,
LPDWORD pBytesReturned )
{
switch (IoControlCode) {
case IOCTL_DEMO_DRIVER:
// Your I/O Code Here
return TRUE;
break;
default:
// Invalid IOCTL
return FALSE;
}
return TRUE;
}
DWORD ISRHandler( DWORD InstanceIndex )
{
BYTE Value;
Value =READ_PORT_UCHAR((PUCHAR)IntrAddress );
```

```
// If interrupt bit set, return corresponding SYSINTR
if ( Value & 0x01 )
{
return SYSINTR_DEMO;
}
else
{
return SYSINTR_CHAIN;
}
}
```

ISR 处理程序代码使用端口 I/O 调用来检查设备的状态。这里只是演示作用，真实的方案可能要复杂得多。如果该设备不是中断源，则返回值将是 SYSINTR_CHAIN。此返回值告诉 NKChainIntr()函数该设备不是中断源，应该继续调用链中的其他 IISR。如果 ISR 返回有效的 SYSINTR，则 NKChainIntr()函数将立即返回并且不调用列表中的任何其他 ISR。这将提供优先级排序。第一个可安装的 ISR 被首先加载到该列表中(或具有最高优先级)，然后将后续可安装的 ISR 添加到该列表的底部。由于优先级和执行速度这两方面的原因，应该首先安装链中具有最高优先级的可安装 ISR。

7.6.5.2 IST 实例

下面的代码段展示了一个典型的 IST 此部分的操作。

```
struct ISTData // Declare the Strucure to pass to the IST
{
HANDLE hThread;      // IST 句柄
DWORD sysIntr;      // 逻辑 ID
HANDLE hEvent;      // 等待中断的事件句柄
volatile BOOL abort;    // 测试退出 IST 的标志位
};
ISTData g_KeypadISTData;
// 创建连接到 IST 的事件
g_KeypadISTData.hEvent =CreateEvent(NULL, FALSE, FALSE, NULL);
// Translate IRQ to an logical ID (x86 CEPC)
g_KeypadISTData.sysIntr =Mapirq2Sysintr(5);
// 开始线程
g_KeypadISTData.hThread =CreateThread(NULL,0,&KeypadIST,
&g_KeypadISTData, 0, NULL);
// 改变线程优先级
CeSetThreadPriority(g_KeypadISTData.hThread,0);
// 断开所有来自 logical ID之前的事件
InterruptDisable(g_KeypadISTData.sysIntr);
// 连接 Logical ID和事件
InterruptInitialize(g_KeypadISTData.sysIntr, g_KeypadISTData.hEvent,NULL,
```

```
0);
```

IST 通常在前面创建的 Event 对象上使用 WaitForSingleObject 来等待，这样，当中断产生时 WaitForSingleObject 就会返回，IST 可以对中断进行处理，例如，对设备进行必要的 I/O 操作来得到外设中的数据。当中断处理结束之后，需要调用 InterruptDone 来完成本次中断处理。下面的代码段显示了这一过程：

```
DWORD KeypadIST(void * dat)
{
ISTData* pData=(ISTData*)dat;
// loop until told to stop
While(!pData->abort)
{ // wait for the interrupt event...
WaitForSingleObject(pData->hEvent, INFINITE)
if(pData->abort)
break;
// Handle the interrupt...
// Let OS know the interrupt processing is done
InterruptDone(pData->sysIntr);
}
Return 0;
}
```

当设备卸载的时候，需要对 IST 进行清理工作，如调用 InterruptDisable()函数、关闭 Event 句柄等。可以参考下面的代码：

```
// set abort flag to true to let thread know
// that it should exit
g_KeypadISTData.abort =TRUE;
//disconnect event from logical ID
//this internally sets g_KeypadISTData.sysIntr which in turn
//sets g_KeypadISTData.hEvent through the kernel
InterruptDisable(g_KeypadISTData.sysIntr);
//wait for thread to exit
WaitForSingleObject(g_KeypadISTData.hEvent,INFINITE);
CloseHandle(g_KeypadISTData.hEvent);
CloseHandle(g_KeypadISTData.hThread);
```

7.7 DMA 处理与实例

DMA(Direct Memory Access)，即直接存储器存取，是一种快速传送数据的机制。数据传递可以从外部设备到内存，从内存到外部设备或从一段内存到另一段内存。DMA 技术的重要性在于利用它进行数据传送时不需要 CPU 的参与，这样就大大提高了 CPU 的效率。很多嵌入式开发板上都有 DMA 控制器，DMA 控制器负责整个 DMA 数据传输过程。

利用DMA传送数据的另一个好处是，数据直接在源地址和目的地址之间传送，不需要中间媒介。如果通过CPU把一个字节从外部设备传送至内存，需要两步操作。首先，CPU把这个字节从外部设备读到内部寄存器中，然后再从寄存器传送到内存的适当地址。DMA控制器将这些操作简化为一步，它操作总线上的控制信号，使写字节操作一次完成，这样大大提高了计算机运行速度和工作效率。

计算机发展到今天，DMA已不再用于内存到内存的数据传送，因为CPU速度非常快，做这件事，比用DMA控制还要快，但要在外部设备和内存之间传送数据，仍然用到DMA。要从外部设备到内存传送数据，DMA同时触发从外部设备读数据总线（即I/O读操作）和向内存写数据的总线。激活I/O读操作就是让外部设备把一个数据单位（通常是一个字节或一个字）放到PC数据总线上，因为此时内存写总线也被激活，数据就被同时从PC总线上拷贝到内存中。

对于每一次写操作，DMA控制器都控制地址总线，告知应将数据写到哪段内存中去。DMA控制数据从内存传送到外部设备的方法与上面类似。对每一个要传送的单位数据，DMA控制器激活读内存和I/O写操作的总线。内存地址被放到地址总线上，像从外部设备到内存传送数据一样，以数据总线为通道，数据从源地址直接传送到目的地址。DMA从DMA请求线（DREQ）上接收DMA请求，正像中断控制器从中断请求线（IRQ）上接收中断请求一样。

一个典型的从外部设备到内存的数据传送是这样进行的：首先，对DMA控制器编程，写入数据要到达的内存地址和要传送的字节数，适配器可以开始传送数据时，它将激活DREQ线，与DMA控制器连通。DMA控制器在与CPU取得总线控制权后，输出内存地址，发送控制信号，使得一个字节或一个字从适配器读出并写入相应内存中；然后更新内存地址，指向下一个字节（或字）要写入的地址，重复上面的操作，直至数据传送完毕。对控制器进行不同编程，就可以实现单字节传送（即每传送一个字节都要求一个DREQ信号）或块数据传送（即全部数据传送只需要一个DREQ信号）。

DMA操作要涉及对DMA控制器进行编程，对DMA控制器编程有可能是DMA中最复杂的部分。你需要知道与你打交道的硬件信息，例如，它所连接的DMA通道是哪一个？它所使用的DMA传输模式是什么？需要传输多少个字节或字？等等。由于不同的DMA控制器之间各有差异，Windows CE没有提供对DMA控制器操作的抽象。如果在驱动程序里面使用DMA，那么对于具体的DMA控制器，需要自行进行不同的操作。

在软件层面来说，需要为DMA传输分配一块缓冲区，而且必须是连续的物理内存。在Windows CE中，有两种方式可以分配DMA缓冲：使用CEDDK函数和使用Windows CE内核函数，下面将对这两种方法进行详细介绍。

7.7.1 使用CEDDK库函数

一般推荐使用CEDDK库函数的DMA方式，CeDDK.dll为驱动程序提供了一系列函数，用来处理总线地址转换、分配和映射设备内存以及分配DMA缓冲区。CEDDK默认可以为DMA控制器完成PCI总线和ISA总线的系统到总线的地址转换。OEM可以在BSP中实现其他总线的地址转换。

CEDDK 中提供了三个与 DMA 相关的函数：HalAllocateCommonBuffer()、HalFreeCommonBuffer()、HalTranslateSystemAddress()。使用这些函数之前需要包含头文件 CEDDK.h，并链接库文件 CEDDK.Lib。

HalAllocateCommonBuffer()函数用来为 DMA 分配一块缓冲区。函数的原形如下：

```
PVOID HalAllocateCommonBuffer(
PDMA_ADAPTER_OBJECT DmaAdapter,
// 指向 DMA_ADAPTER_OBJECT 结构体的指针
ULONG Length,
// 要分配的缓冲区大小
PPHYSICAL_ADDRESS LogicalAddress,
// 输出，DMA 控制器使用的总线相关的逻辑地址
BOOLEAN CacheEnabled
// 忽略，缓冲区总是 UnCache 的
);
```

函数的第一个参数是指向 DMA_ADAPTER_OBJECT 结构体的指针，此结构体在 ceddk.h 中声明，描述了 DMA 适配器的信息：

```
typedef struct _DMA_ADAPTER_OBJECT_ {
USHORT ObjectSize;              // 结构体的大小
INTERFACE_TYPE InterfaceType;  // 总线类型的枚举
ULONG BusNumber;              // 总线号码
} DMA_ADAPTER_OBJECT, * PDMA_ADAPTER_OBJECT;
```

剩下的几个参数相对容易理解，如果函数调用成功，则返回申请的缓冲区的虚拟地址；函数调用失败，则返回 NULL。

HalFreeCommonBuffer()函数用来释放由 HalAllocateCommonBuffer()函数申请的缓冲区。

```
VOID HalFreeCommonBuffer(
PDMA_ADAPTER_OBJECT DmaAdapter,
ULONG Length,
PHYSICAL_ADDRESS LogicalAddress,
PVOID VirtualAddress,
BOOLEAN CacheEnabled
);
```

HalFreeCommonBuffer()函数虽然接受五个参数，但是唯一需要的参数是 VirtualAddress，指明要释放的缓冲区的地址。

HalTranslateSystemAddress()函数把物理内存地址转化成总线相关的逻辑内存地址，然后参数就可以直接传给 DMA 控制器使用。函数的原型如下：

```
BOOLEAN HalTranslateSystemAddress(
INTERFACE_TYPE InterfaceType,       // 总线类型的枚举
ULONG BusNumber,                  // 总线号码
PHYSICAL_ADDRESS SystemAddress,   // 需要转换的系统物理地址
```

```
PPHYSICAL_ADDRESS TranslatedAddress // 转换之后的总线逻辑地址指针
)
```

函数成功会返回 TRUE,失败则返回 FALSE。

7.7.2 使用内核函数

内核提供了两个函数用来申请和释放 DMA 缓冲:AllocPhysMem()和 FreePhysMem()。AllocPhysMem()函数用来申请连续的物理内存,函数的原型如下:

```
LPVOID AllocPhysMem(
DWORD cbSize,           // 要申请的内存大小
DWORD fdwProtect,         // 指定内存的保护权限
DWORD dwAlignmentMask,    // 指定内存中数据掩码的对齐
DWORD dwFlags,          // 附加的标志,必须是 0
PULONG pPhysicalAddress    // 输出参数,申请到的物理地址
);
```

函数如果调用成功,则返回连续物理地址的虚拟地址。如果调用失败,则返回 NULL。FreePhysMem()只接受一个参数,用来释放 AllocPhysMem()申请的内存。

如果在 DMA 的过程中遇到需要进行物理地址与总线逻辑地址转换,同样可以使用 CEDDK 提供的 HalTranslateSystemAddress()函数。

7.7.3 DMA 处理样例

7.7.3.1 使用 CEDDK 库函数样例

在\Public\Common\OAK\Drivers\WaveDev\Unified\Ensoniq\目录下的 es1371.h 和 es1371.cpp 文件中有使用 CEDDK 进行 DMA 传输的例子。其部分代码如下:

```
…………
// We'll try and reserve physical memory since it is more likely to succeed
// on driver load
// If this fails, we'll try again at run-time
for (int i =0; i <NUM_DMACHANNELS; i++) {
DMA_ADAPTER_OBJECT AdapterObject;
PHYSICAL_ADDRESS LogicalAddress;
AdapterObject.ObjectSize =sizeof(DMA_ADAPTER_OBJECT);
AdapterObject.InterfaceType = (INTERFACE_TYPE) m_dwInterfaceType;
AdapterObject.BusNumber =m_dwBusNumber;
if ((m_dmachannel[i].pvBufferVirtAddr =HalAllocateCommonBuffer
(&AdapterObject,
m_dmachannel[i].ulInitialSize,
&LogicalAddress,
FALSE)) !=NULL)
{
m_dmachannel[i].ulBufferPhysAddr =LogicalAddress.LowPart;
```

```
m_dmachannel[i].ulAllocatedSize =m_dmachannel[i].ulInitialSize;
}
else
{
m_dmachannel[i].ulAllocatedSize =0;
DEBUGMSG(ZONE_WARNING, (TEXT ("ES1371: unable to reserve % d bytes for DMA
channel % d\r\n"),
m_dmachannel[i].ulInitialSize, i ));
}
}
```

这段代码使用 HalAllocateCommonBuffer()函数创建了一个 DMA 缓冲区,然后,就可以把 DMA 缓冲区的地址告诉 DMA 控制器,进行传输了,代码如下:

```
void CES1371::InitDMAChannel ( ULONG ulChannelIndex, DMAINTHANDLER pfHandler,
PVOID pContext)
{
m_dmachannel[ulChannelIndex].pfIntHandler =pfHandler;
m_dmachannel[ulChannelIndex].pvIntContext =pContext;
ULONG ulBufferPhysAddr =m_dmachannel[ulChannelIndex].ulBufferPhysAddr;
ULONG ulFrameCount =0;
switch ( ulChannelIndex ) {
case ES1371_DAC0 :
// Set up the physical DMA buffer address
HwPagedIOWrite ( ES1371 _ DAC0CTL _ PAGE, ES1371 _ dDAC0PADDR _ OFF,
ulBufferPhysAddr);
// Clear out the Frame count register
HwPagedIOWrite( ES1371_DAC0CTL_PAGE, ES1371_wDAC0FC_OFF, ulFrameCount);
break;
…………
}
```

这段代码初始化 DMA 通道,主要把 HalAllocateCommonBuffer()返回的缓冲地址告诉 DMA 控制器。其他函数可以参考 ES1371. cpp 文件中的 StartDMAChannel( )、StopDMAChannel()和 PauseDMAChannel()函数。

7.7.3.2 使用内核函数样例

对于使用内核函数进行 DMA 传输的例子,可以参考\Public\Common\OAK\Drivers\USB\HCD\Common 目录下的 cphysmem. cpp 文件。

```
…………
    // The PDD can pass in a physical buffer, or we'll try to allocate one from
    // system RAM.

    if (pVirtAddr && pPhysAddr) {
        DEBUGMSG(ZONE_INIT,(TEXT("DMA buffer passed in from PDD\r\n")));
```

```
        m_pPhysicalBufferAddr =pVirtAddr;
        m_dwNormalVA = (DWORD) pVirtAddr;
        m_dwNormalPA = (DWORD) pPhysAddr;
        m_fPhysFromPlat =TRUE;
    }
    else {
        DEBUGMSG(ZONE_INIT,(TEXT("Allocating DMA buffer from system RAM\r\n")));

        m_pPhysicalBufferAddr = (PUCHAR)AllocPhysMem
                                    (
                                    cbSize,
                                    PAGE_READWRITE|PAGE_NOCACHE,
                                    0,      // Default alignment
                                    0,      // Reserved &m_dwNormalPA
                                    );

        m_dwNormalVA = (DWORD) m_pPhysicalBufferAddr;
        m_fPhysFromPlat =FALSE;
    }
…………
```

这段代码调用 AllocPhysMem()将返回值赋予变量 m_pPhysicalBufferAddr。

7.8 电源管理与实例

从 Windows CE 4.0 版本开始引进了电源管理器(Power Manager)来提供一个实现管理电源的框架。电源管理器负责管理设备电源状态,从而提高操作系统的整体电源效率,并且与不支持电源管理的驱动程序相兼容。电源管理器在内核与 OAL,设备驱动程序与应用程序之间扮演了中间人的角色。电源管理器还提供下列支持:

(1) 一些智能设备可以管理自己的电源状态;

(2) 严格区分系统的电源状态与设备的电源状态。

在常见的 X86 机器中,存在两种电源管理方法:APM(Advanced Power Management,高级电源管理)和 ACPI (Advanced Configuration and Power Interface,高级配置和电源接口)。APM 是老标准,通过 BIOS 进行电源管理。ACPI 则提供了管理计算机和设备更为灵活的接口,它定义了从低到高的线性的 OS 电源状态集合。

Windows CE 中的电源管理与 APM 和 ACPI 没有关系。它允许 OEM 自定义任意数量的操作系统电源状态,并且无需是线性的关系。

7.8.1 电源管理器的结构

电源管理器是分层实现的,包含 MDD 层和 PDD 层。OEM 一般会为它们的平台自定义 PDD 层。电源管理器(PM. dll)直接与 Device. dll 链接,并支持以下三个接口。

(1) 驱动程序接口:被需要进行电源管理的设备的驱动程序使用。

(2) 应用程序接口:被需要利用电源管理的应用程序使用。

(3) 提醒(Notification)接口:被接受电源事件提醒的应用程序使用。

电源管理的总体结构如图 7.8 所示。电源管理器直接或间接地与应用程序和驱动程序交互。电源管理器与驱动程序主要通过驱动程序接口进行交互,与应用程序通过 API 和提醒接口进行交互。

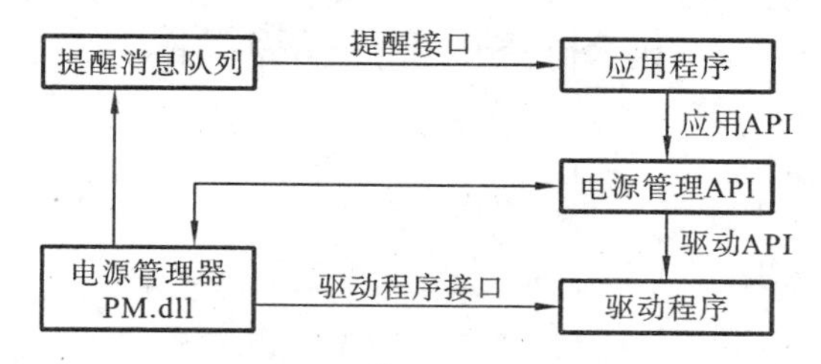

图 7.8 Windows CE 电源管理架构

除了管理电源设备之外,电源管理器还负责通知(Notify)应用程序关于电源状态的事件。例如,当操作系统从挂起状态恢复时通知相关的应用程序。

7.8.2 电源状态

为了更好地理解电源管理特性,首先必须了解系统电源状态和设备电源状态的概念。在 Windows CE 中,系统电源状态与设备电源状态是两个不同的概念,它们之间互相独立而又有某种关系。

7.8.2.1 设备电源状态

设备的电源状态是预定义的。Windows CE 提供五种预定义的设备电源状态。它们在注册表中也有相对应的键,如表 7.10 所示。

表 7.10 设备电源状态

设备电源状态	注 册 表 键	描　　述
Full On	D0	电源完全开启
Low On	D1	在低电源或低性能下提供完全功能
Standby	D2	部分供电,等待唤醒请求
Sleep	D3	睡眠,提供唤醒的最小电源
Off	D4	未供电

如表 7.10 所示,高数字的状态比低数字的状态消耗更低的电源。例如,D3(3)比 D2(2)有更高的数字,但是 D3 消费的电源比 D2 要低。唯一必需的状态是 D0 状态,完全开启;所有其他状态都是可选的。从用户的角度看,D0 和 D1 状态都是可以让所有功能工作的。

设备驱动程序把这五种预定义的状态映射成对设备来说有意义的状态。电源管理器在每个设备驱动程序被加载时发送请求,来得到这个设备所支持的电源状态。如果可能,驱动程序应该在设备加载时把设备的电源状态置为 D0,并在卸载时把它置为 D4。如果电源管理器请求把一个设备置为一个它不支持的状态,驱动程序应该把设备的电源状态置为稍为高于它支持的状态。例如,如果不支持 D2,驱动程序可以把设备电源状态置为 D3 或 D4。

7.8.2.2 系统电源状态

系统的电源状态可以由 OEM 任意定义,它们的描述可在注册表中查看。它们这些状态间的转变可以在硬件平台上以任何合理的方式发生。这些变化可以作为一个 OEM 事件,如插拔电源,从 AC 电源转到电池电源。这些转换也可以通过 OEM 的应用程序或者工具调用 SetSystemPowerState()函数而发生。在 common. reg 文件中,定义了默认的系统电源状态。

```
; Default System Power States
;
; OEMs may choose to customize this set of system power states to
; reflect the capabilities of their platform. For example, they
; may wish to create power states reflecting critical battery
; levels, in or out of cradle, on or off of AC power. If the Power
; Manager module is actively determining when to switch system power
; states, OEMs may need to update the PM source code when they
; add new power states.
;
; In this system power state, the user is interacting actively with
; the system.

[HKEY_LOCAL_MACHINE\SYSTEM\CurrentControlSet\Control\Power\State\On]
"Default"=dword:0 ; D0
"Flags"=dword:10000 ; POWER_STATE_O
;
; In this system power state, the user may be interacting with the
; system, but not actively. For instance, they might be looking at
; the screen or they might not. In this power state the system is
; "idle" but still in use by the user, so all devices still be
; operational (but possibly with some latency).

[HKEY_LOCAL_MACHINE\SYSTEM\CurrentControlSet\Control\Power\State\UserIdle]
"Default"=dword:1 ; D1
"Flags"=dword:0
;
; In this system power state, the user is not considered to be using
; the system, even passively. However, the system is not suspended
; and system programs may be doing work on the user's behalf. In this
; power state the system is "idle" but might still be used by system
; programs. Devices that aren't actively doing work might be powered
; down.
```

```
[HKEY_LOCAL_MACHINE\SYSTEM\CurrentControlSet\Control\Power\State\SystemIdle]
"Default"=dword:2 ; D2
"Flags"=dword:0
;
; In this system power state, the system is suspended. Devices are turned
; off, interrupts are not being serviced, and the CPU is stopped.

[HKEY_LOCAL_MACHINE\SYSTEM\CurrentControlSet\Control\Power\State\Suspend]
"Default"=dword:3 ; D3
"Flags"=dword:200000 ; POWER_STATE_SUSPEND
;
; Entering this system power state reboots the system with a clean object
; store. If an OEM includes this state in their platform, they must
; support KernelIoControl() with IOCTL_HAL_REBOOT.

[HKEY_LOCAL_MACHINE\SYSTEM\CurrentControlSet\Control\Power\State\ColdReboot]
"Default"=dword:4 ; D4
"Flags"=dword:800000 ; POWER_STATE_RESET
;
; Entering this system power state reboots the system. If an OEM includes this state in
; their platform, they must support KernelIoControl() with IOCTL_HAL_REBOOT.

[HKEY_LOCAL_MACHINE\SYSTEM\CurrentControlSet\Control\Power\State\Reboot]
"Default"=dword:4 ; D4
"Flags"=dword:800000 ; POWER_STATE_RESET
```

Windows CE中的示例电源管理器支持如下几种系统电源状态。

(1) On：用户在主动地使用设备。

(2) UserIdle：用户与设备停止交互，但是有可能仍然在使用设备。

(3) SystemIdle：在经过一段时间的UserIdle后进入此状态，但是驱动和系统进程仍然在活动。

(4) Suspend：当驱动程序和系统进程不再与系统交互时进入此状态。

(5) CodeReboot，Reboot：冷启动系统。

从上面注册表中也看到，还需要在系统电源状态与预定义的设备电源状态之间进行显式的映射。大体上说，当前的系统电源状态定义了系统中所有设备的最大的设备电源状态，基本上为系统中所有的设备的电源状态封了顶。下面的注册表项用来定义系统电源状态与设备电源状态之间的映射。

(1) Name：系统电源状态的名称。

(2) Flags:附加的状态信息。项映射位于 Public\Common\SDK\INC 中 pm.h 里的 POWER_STATE_XXX 值,0x200000 是 POWER_STATE_SUSPEND,它表示进入这个系统电源状态需要让系统休眠。

(3) Default:在此状态下设备的最大电源状态。用一个 DWORD 来对应设备电源状态:0 对应 D0,1 对应 D1,等等。这个值实际上是未命名的注册表值,通常在注册表编辑器中用一个@符号表示。在 Windows CE 的.REG 文件中,它用“default”来表示。但这不是“默认的”设备电源状态。

(4) DeviceName:为某个可选设备的设备电源状态重写 Default。这个项也是一个与设备电源状态对应的 DWORD:0 对应 D0,1 对应 D1,等等。

以下的注册表片段表示所有的设备最大的设备电源状态都是 D0,只有 COM1 最大可以达到 D1 状态。

```
[HKEY_LOCAL_MACHINE\SYSTEM\CurrentControlSet\Control\Power\State\Name]
Default=dword:0; D0
Flags=dword:10000; POWER_STATE_ON
COM1:=dword1; D1
```

7.8.3 设备电源管理

Windows CE 的一个特性是设备可以维护一个与系统相分离的设备电源状态。这个对于可以用比系统更细的省电方式工作的设备来说尤为有用。例如,一个旋转的硬盘可以通过降低转速而进入低电源消费状态,尽管系统此时仍然是完全供电的。

为了更好地使用新的电源模型,驱动程序必须可以:

(1) 响应电源管理器的请求,报告它的电源能力;

(2) 处理电源管理器发送的电源请求;

(3) 启动后给设备加电;

(4) 关闭时给设备停止供电;

(5) 如果它可以唤醒系统,则为设备启用唤醒功能。

有两种方式来注册一个驱动程序使它使用电源管理。推荐的方式是向设备的 IClass 注册表项内增加一个特定的 GUID。此外,驱动程序可以使用特定的 GUID 直接调用 AdverstiseInterface()函数。但是,这不是首选的方法。

IClass 注册表项把设备作为一类特定的电源管理的设备。在 Windows CE 4.0 中,generic 类是唯一支持的类。在 Windows CE 5.0 中,系统定义了四种电源管理的接口,位于注册表 HKLM\System\CurrentControlSet\Control\Power\Interfaces 下,分别是 Generic 电源管理设备、块设备驱动、NDIS miniport 驱动和显示驱动。如下所示:

```
[HKEY_LOCAL_MACHINE\SYSTEM\CurrentControlSet\Control\Power\Interfaces]
"{A32942B7-920C-486b-B0E6-92A702A99B35}"="Generic power-manageable devices"
"{8DD679CE-8AB4-43c8-A14A-EA4963FAA715}"="Power-manageable block devices"
"{98C5250D-C29A-4985-AE5F-AFE5367E5006}"="Power-manageable NDIS miniports"
"{EB91C7C9-8BF6-4a2d-9AB8-69724EED97D1}"="Power-manageable display"
```

当对某个设备调用 API 的时候,也可以使用具有类 GUID 的设备名称,例如,

{8DD679CE-8AB4-43C8-A14A-EA4963FAA715}\DSK1：表示使用电源管理的块设备 DSK1。

在使用电源管理的驱动程序和电源管理器之间交互有以下两种机制。

(1) 电源管理器到驱动程序：电源管理器使用 DeviceIoControl()函数向设备驱动程序发送 I/O 控制(IOCTLs)。

(2) 驱动程序到电源管理器：驱动程序调用 DevicePowerNotify()函数与电源管理器交互。

7.8.4　电源管理接口

电源管理器管理三种不同类型的接口。

7.8.4.1　设备驱动接口

当驱动程序广播它的接口(通常在驱动程序被加载的时候)，电源管理器会向该设备发送 IOCTL_POWER_CAPABILITIES 请求来获取设备所支持的电源状态。使用电源管理的设备必须响应这个 I/O 控制(IOCTL)，如表 7.11 所示。接下来电源管理器会对该设备的电源状态做相应的管理。电源管理器发送 IOCTL_POWER_SET 请求来指导设备驱动程序改变电源状态。电源管理器也可以发送 IOCTL_POWER_GET 请求向设备驱动程序询问当前的电源状态。支持电源自管理的设备可以调用 DevicePowerNotify()函数来请求电源管理器把它的设备置于某个状态。

表 7.11　电源管理的设备控制 IOCTL

IOCTL	描　述
IOCTL_POWER_CAPABILITIES	请求设备向电源管理器报告它支持哪些电源状态及它们的特征是什么
IOCTL_POWER_SET	请求设备更新它们的设备电源状态
IOCTL_POWER_QUERY	询问设备是否准备好进入一种新的设备电源状态
IOCTL_POWER_GET	请求设备向电源管理器报告它当前设备电源状态
IOCTL_REGISTER_POWER_REALTIONSHIP	通知父设备注册它控制的所有设备

1. 处理 IOCTL_POWER_SET

当驱动程序从电源管理器收到 IOCTL_POWER_SET 请求的时候，如有可能，它必须把设备置为新的电源状态。如果请求的状态不被支持，驱动程序必须把调整过的电源状态写到返回值缓冲内，电源管理器就可以知道设备真正的状态。

电源管理器可能让设备转到一个假定的设备不支持的状态。如果是这样，驱动程序必须转到一个支持的耗电量稍低的状态，即有稍高的电源数字的状态。

电源管理器也可能让设备转到与当前状态一致的状态。如果是这样，驱动程序只是简单地返回成功就好。

驱动程序的开发者应该注意，电源管理器并非必须把设备的电源状态设置为与指定系统电源状态相关联的最大值。如果设备主动地使用 DevicePowerNotify()管理自己的电源，电源管理在系统转换到新的电源状态时不会修改设备的电源状态。

2. 处理 IOCTL_POWER_GET

电源管理器发送 IOCTL_POWER_GET 请求来得到当前的设备电源状态。电源管理器内部其实为每个设备保存了内部状态缓存。所以，只有当应用程序使用 POWER_FORCE 参数来调用 GetDevicePower 的时候它才会发送该请求；否则，直接返回设备的缓存状态。

3. 驱动程序如何使用 DevicePowerNotify()

当自动电源管理的驱动程序希望把设备置于某个特定的电源状态的时候，它调用 DevicePowerNotify()函数来提醒电源管理器所需要的状态转变。如果应用程序或其他驱动程序已经请求了一个与需要的状态不一致的状态，电源管理器或许不会理会这个请求。如果电源管理器接受了这个请求，它会向设备发送 IOCTL_POWER_SET 来指导它转变为某个特定的电源状态。

驱动程序只有在接受到 IOCTL_POWER_SET 的时候才能改变状态，而不是在 DevicePowerNotify 返回的时候。驱动程序不应假定下一个 IOCTL_POWER_SET 命令就是对请求的响应，应该检测 IOCTL 中的状态来了解电源管理器需要设备转变为什么状态。

支持自动电源管理的设备的驱动程序，如旋转的硬盘，可以按照需要管理它们自己的内部状态的改变。仅仅向电源管理器请求电源管理器知道的设备状态改变。例如，就硬盘来说，如果驱动程序由于空闲而决定减小硬盘的转速，就没有必要调用 DevicePowerNotify，因为这个转变没有相对应的 Dx 转变($x = 1,2,\cdots$)。

关于如何使用 DevicePowerNotify() API 的例子，请参考 Platform Builder 目录下的 Public\Common\OAK\Drivers\PM\Test\DevSample。

4. D3 设备电源状态的特殊处理

在 D3 状态下的设备允许把系统从休眠状态唤醒。可唤醒的设备或许需要把 D2 和 D3 状态同样对待，除了在 D3 时启动唤醒特性。反过来说，不支持唤醒的设备依然可以进入 D3 设备电源状态，所以，处于 D3 状态的设备不保证可以唤醒系统。

例如，假设有一个支持在低电源模式下活动的非可唤醒的设备，这种情况下，设备允许使用 D3 状态来进行电源管理。如果一个非可唤醒的设备在 D3 模式下且系统在休眠，设备需要在休眠时转到 D4 状态并且在恢复时返回 D3。

如果设备支持从 D3 唤醒系统，设备不应该使用 DevicePowerNotify() API 来请求 D3 状态。

5. 电源关联

如果驱动程序为独立的子设备或客户驱动处理电源请求，可以调用 RegisterPowerRelationship()函数来把这个关系告诉电源管理器。例如，这个特性可以被总线驱动，或者作为某设备代理拦截所有该设备 IOCTLs 的驱动使用。

对应的 ReleasePowerRelationship() API 应当在关系不再需要时被调用。

7.8.4.2　应用程序接口

电源管理器提供了几个函数以允许应用程序影响系统和设备的电源管理，表7.12列出这些函数。

表7.12　电源管理的应用程序接口

函　　数	描　　述
GetSystemPowerState	返回当前系统电源状态的名称
SetSystemPowerState	请求电源管理器改变当前系统电源状态
SetPowerRequirement	请求电源管理器将给定设备的电源状态维持在最低
ReleasePowerRequirement	通知电源管理器不再将给定设备的电源状态维持在最低
GetDevicePower	返回给定设备的当前电源状态
SetDevicePower	请求电源管理器改变给定设备的电源状态

Windows CE的电源管理模型允许应用程序通过API接受电源事件的通知，获得设备的电源状态等。本节描述了可以使用的API，还有使用这些新API的注意事项。

在Windows CE下，应用程序与电源管理有两种交互的机制：应用程序接口和通知接口。应用程序接口用来获取或得到当前系统和设备的电源状态，通知接口用来提供电源事件的通知。

GetSystemPowerState()函数返回当前系统电源状态的名称和标志。相关联的POWER_STATE_XXX标志在pm.h头文件中定义。

GetDevicePower()函数返回给定设备名的设备的当前电源状态，如COM1。从Windows CE.NET 4.1开始，可以指定POWER_FORCE标志来让电源管理器向设备发送IOCTL_POWER_GET，而不是使用电源管理器内部的设备缓存状态。

SetSystemPowerState()函数可以被OEM应用程序调用。例如，控制面板插件可以把系统电源状态设置为需要的值。其他应用程序也可以调用这个API。但是OEM可以更改电源管理器来限制一些状态转变。当调用这个API的时候，应用程序或者指定系统需要进入新状态的名字，这样状态标记就被忽略了。或者使用在pm.h中定义的POWER_STATE_XXX标记指定系统电源状态。可以指定可选的POWER_FORCE标记，但是对这个标志的解释是与平台相关的。注意：当调用这个API的时候，如果请求把系统转入休眠模式，函数在系统休眠后唤醒之前不会返回。从Windows CE .NET开始，默认的电源管理器不允许应用程序任意进行系统电源状态改变。

SetDevicePower()函数用来设置设备的电源状态。OEM应用程序，如控制面板插件，可以使用这个API。其他应用程序应该避免调用这个API，因为它会限制高级的自管理的设备的发挥，还会覆盖电源管理器标准的设备电源状态处理。作为替代，应用程序可以使用下一段介绍的SetPowerRequirement()函数。可以使用PwrDeviceUnspecified状态调用SetDevicePower()API来重新使用标准的电源管理。

SetPowerRequirement()函数用来请求电源管理器对某个设备作最小的维护，或者说底(floor)。默认的电源管理器的实现允许这些请求覆盖系统电源状态，也就是说使用底覆盖顶。Windows CE .NET 4.1 里面引入了一个增强，它允许应用程序指定 POWER_FORCE 标记，使该需求在系统休眠的时候被强迫。SetDevicePower()函数的调用会重写任何通过 SetPowerRequirement()函数所作的设置。

如果多个要求在起作用，电源管理器选择最高的(耗电最多的)基底。例如，如果某个设备有 D1 和 D0 要求，电源管理器会把设备保持在 D0。在 Windows CE. NET 4.0 中，在同一个进程中反复调用 SetPowerRequirement()函数会取代前面的设置。然而，从 Windows CE .NET 4.1 开始，单个进程可以对某个设备施加的影响数量不再有限制，这样就允许一个进程中有多个线程来施加不同的影响。

ReleasePowerRequirement()函数应该在释放以前对某个设备设置的电源要求时被调用，并且必须尽早释放要求。如果调用进程退出而没有释放电源要求，电源管理器会自动释放要求。

7.8.4.3 通知(Notification)接口

电源管理器提供表 7.13 所示的函数来允许应用程序接收电源相关的事件通知，并参与决定系统电源状态的改变。

表 7.13 电源管理的通知接口函数

函数	描述
RequestPowerNotification	请求电源管理器发送电源事件的通知
StopPowerNotification	取消 RequestPowerNotification 发送的通知请求

电源事件的通知是通过消息队列提交的，为了使用通知，应用程序必须创建一个消息队列并将它的句柄通过 RequestPowerNotification 传递给设备管理器，然后应用程序再创建另一个线程等待消息队列中的消息。

电源管理器的通知接口被用来使应用程序和驱动程序得到电源事件的提醒。为了使用这个特性，应用程序必须首先通过 CreateMsgQueue()函数建立消息队列，然后把消息队列的句柄通过调用 RequestPowerNotifications()函数传给电源管理器。电源管理器把通知发送到消息队列中，每个项都是一个格式化好的 POWER_BROADCAST 结构体。

当前支持如下的通知：

(1) PBT_RESUME——当系统从休眠状态被唤醒时产生；

(2) PBT_POWERSTATUSCHANGE——当系统接入或者断开外部电源时产生；

(3) PBT_TRANSITION——当电源管理器执行系统电源状态转换时发生；

(4) PBT_POWERINFOCHANGE——当电池信息更新时发生。

调用者可以选择接受可用的通知的一个子集，而不是所有通知。当调用者希望停止接受电源通知的时候，可以调用 StopPowerNotifications()函数，并把前面 RequestPowerNotifications()函数返回的句柄作为一个参数。

7.8.4.4 OAL 接口

在 OAL 层，电源管理提供了两个 OEM 函数来实现电源管理，分别是 OEMPowerOff 和 OEMIde，它们的功能如表 7.14 所示。

表 7.14 电源管理的通知接口函数

函数	描述
OEMPowerOff	把目标设备置于关机状态
OEMIdle	把目标设备置于空闲状态

通常当系统中没有任何可调度的线程时，操作系统会调用 OEM 函数 OEMIdle。通常可以在这个函数中降低处理器的频率，以达到省电的目的。当有外部中断的时候，CPU 可以从空闲态恢复。

OEM 厂商可以根据具体处理器的不同特征来实现这两个函数，对于 X86 的 PC，这通常只意味着调用 sti 和 hlt 汇编命令来关闭中断和使 CPU 停止运行。

7.8.5 在驱动程序中添加电源管理

驱动程序开发者可以在设备驱动程序中添加电源管理以减少目标设备对电源的消耗，驱动程序必须导出两个可选的接口用来接收电源管理的消息，即 7.4 节中所提到的 XXX_PowerDown 和 XXX_PowerUp。

1. XXX_PowerDown

供可以使用软件控制关闭的设备关闭自身的电源。通常，设备管理器在操作系统挂起的时候会调用驱动程序的这个函数。

2. XXX_PowerUp

设备管理器在操作系统从挂起中恢复的时候会回调此函数。

XXX_PowerDown 和 XXX_PowerUp 是在设备管理器中实现的，而不是在电源管理器中。可以看到，通过设备管理器自身提供的电源管理接口，设备只能在系统挂起和恢复的时候得到通知，然后进行相应的处理，其提供的功能远远比电源管理器要弱很多。现在保留这两个函数仅仅是为了向下兼容需要。因此，在 Windows CE 5.0 中，如果希望为驱动程序增加电源管理支持，应该在驱动程序中尽可能地使用电源管理器提供的 IOCTLs 方法进行电源管理。

7.8.6 电源管理驱动程序样例

微软在 Windows Embedded CE 6.0 Plateform Builder 中提供了 2 个完全功能的电源管理驱动程序，分别在\Public\Common\OAK\Drivers\PM\PDD\PDA\文件夹和\Public\Common\OAK\Drivers\PM\PDD\Default\文件夹中。

以下是\Public\Common\OAK\Drivers\PM\PDD\PDA\platform.cpp 部分代码：

```
…………

// This typedef describes activity events such as user activity or inactivity,
// power status changes, etc.  OEMs may choose to factor other events into their
// system power state transition decisions.
typedef enum {
    NoActivity,
    UserActivity,
```

```
    UserInactivity,
    SystemIdleTimerWasReset,
    EnterUnattendedModeRequest,
    LeaveUnattendedModeRequest,
    Timeout,
    RestartTimeouts,
    PowerSourceChange,
    Resume,
    SystemPowerStateChange
} PLATFORM_ACTIVITY_EVENT, * PPLATFORM_ACTIVITY_EVENT;

typedef BOOL (WINAPI * PFN_GwesPowerDown)(void);
typedef void (WINAPI * PFN_GwesPowerUp)(BOOL);

// platform-specific default values
#define DEF_ACSUSPENDTIMEOUT     600                  // in seconds, 0 to disable
#define DEF_ACRESUMINGSUSPENDTIMEOUT  15              // in seconds, 0 to disable
#define DEF_BATTSUSPENDTIMEOUT   300                  // in seconds, 0 to disable
#define DEF_BATTRESUMINGSUSPENDTIMEOUT  15            // in seconds, 0 to disable
#define MAXACTIVITYTIMEOUT   (0xFFFFFFFF / 1000)      // in seconds
// gwes suspend/resume functions
PFN_GwesPowerDown gpfnGwesPowerDown =NULL;
PFN_GwesPowerUp gpfnGwesPowerUp =NULL;
…………
```

通过指针调用了 XXX_PowerDown()和 XXX_PowerUp()函数，在驱动程序中实现电源管理。

习　题　七

1. 在 Windows CE 平台下开发 CAN 控制卡的驱动程序。
2. 基于 Windows Embedded CE 6.0 的 LPC3250 串口驱动程序开发。
3. 设计实现 S3C2410 芯片具有 I^2C 接口的驱动程序。

第8章 BSP开发

8.1 BSP概述

BSP(Board Support Package)中文一般翻译成“板级支持包”，它是介于主板硬件和操作系统之间的一层软件系统，严格意义上来说，BSP应该属于操作系统的一部分。

我们知道，操作系统经常需要与硬件直接进行交互，而不同体系结构的硬件平台之间通常具体的实现差异比较大，因此操作系统实现跨CPU体系结构比较困难。解决操作系统跨CPU体系结构的方法有很多，其中之一就是把操作系统与硬件交互的接口抽象，再作为单独的一层函数，操作系统需要访问底层硬件(如初始化硬件、关中断等)的时候，不再直接访问硬件，而是调用抽象出来的这一层函数完成操作，这样在不同的硬件平台上，只需重写这一层代码，简化了操作系统跨体系结构的工作。而BSP的作用也就是充当这样的角色，抽象操作系统与硬件之间的交互接口。

对于桌面操作系统，如Windows和Linux，BSP的概念并不是那样重要，因为桌面PC大多数都是X86体系结构，桌面操作系统通常也没有跨硬件处理器平台的必要，而且X86上的BIOS提供了大量的底层访问支持，所以在桌面操作系统上BSP的概念被大大淡化甚至消失了，但是对于嵌入式操作系统则不然。由于嵌入式系统本身的特点，嵌入式系统的硬件体系结构必定百家争鸣，不可能由某一种CPU或体系结构垄断。因此，跨平台对于嵌入式操作系统来说是设计的首要目标，只能在单一的硬件平台上运行的嵌入式操作系统几乎不会有竞争力。也正因如此，BSP在嵌入式操作系统中非常普遍，很多嵌入式操作系统中都有BSP层。

有了BSP层的抽象之后，操作系统内核的代码就可以做到只与CPU体系结构相关，而与具体的硬件无关，因为不同CPU的指令系统和机器码是无法通用的。换句话说，对于不同的CPU体系结构，操作系统仍然需要提供编译好的二进制代码或在该CPU下可编译的源代码。因此，在内核中如果要使用汇编语句，对不同的CPU都要编写一份，所以操作系统代码大多数是用C/C++实现的。

8.1.1 BSP的特点

正因为BSP是介于操作系统和底层硬件之间，因此它具有如下特点。

(1) BSP与特定的嵌入式操作系统相关。

虽然很多嵌入式操作系统中都有BSP的概念，但是不同的嵌入式操作系统之间的BSP是不通用的。因为对于不同的嵌入式操作系统，其操作系统与硬件的接口抽象是不同的。例如，对于同一块ARM的开发板，支持Windows CE操作系统的BSP与支持VxWorks操作系统的BSP完全不同。

(2) BSP与特定的硬件平台相关。

正如其名,它所对应的是某块具体的开发板,而不是某款CPU,也不是某类CPU体系架构。因为BSP的硬件抽象层和设备驱动程序与具体的硬件电路板密切相关。BSP设计的目标是,一旦拥有了某块开发板的BSP,那么该嵌入式操作系统就可以在该开发板上运行。

因此,BSP中的很多配置和代码都是与具体的开发板相关的。严格来说,某块开发板上的一个细微的跳线、引脚的变动,都可能导致对BSP的重新修改。

8.1.2 BSP的组成

在Windows CE中,BSP主要由四个部分构成:OEM抽象层、引导程序、设备驱动程序和配置文件。它们之间的关系如图8.1所示。

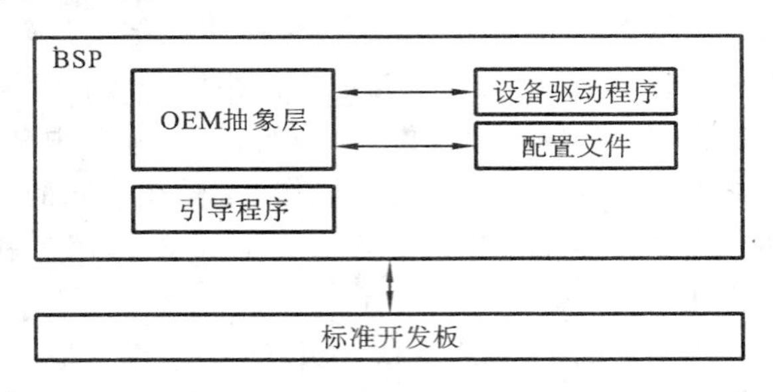

图8.1 BSP的结构

OEM抽象层简称OAL(OEM Abstraction Layer),这也是操作系统内核抽象出来的与硬件交互的接口所在,它提供了一系列操作系统与硬件之间的交互接口。它的实现代码通常是与硬件高度相关的。OAL层主要负责Windows CE内核与硬件通信。当引导程序引导操作系统结束后,由OAL层负责硬件平台初始化、中断服务例程(ISR,Interrupt Service Routines)、实时钟(RTC,Real Time Clock)、计时器(Timer)、内核调试、开关中断和内核性能监测等工作。OAL的代码在物理上是内核的一部分,最终经过编译链接,OAL会成为内核的一部分。

引导程序(Boot Loader)是在硬件开发板上执行的一段代码,它的主要功能是初始化硬件,加载操作系统映像(OS Image)到内存,然后跳转到操作系统代码去执行。Boot Loader可以通过不同的方法获得操作系统映像,例如,从串口、USB、以太网上下载,也可以从本地的存储设备,如CF卡和硬盘中读取操作系统映像。当Boot Loader得到操作系统映像之后,它可以把操作系统映像存放到内存里或者本地的存储设备中以便以后使用。Boot Loader有很多种,最常见的Boot Loader通过以太网从工作站下载操作系统映像到目标机,然后把映像放到内存里执行,称为EBoot(Ethernet Boot的简称)。Boot Loader通常在系统开发调试的时候使用,在最终的产品中通常不包含Boot Loader,但是也有些OEM厂商会把Boot Loader放入最终的产品中,这样做是为了有利于产品的升级维护。

配置文件(Configuration File)是一些包含配置信息的文本文件。这些配置信息通常与操作系统映像或源代码有关。例如,告诉编译系统如何编译某些源代码,或告诉编译系统如何配置最终的操作系统映像文件。在BSP中的配置文件里包括.BIB、.DB、.REG和.DAT

四类平台初始化文件，这些文件用来告诉 MakeImage 工具如何生成操作系统映像；配置文件还应该包括 Sources 和 DIRS 文件，它们告诉构建系统如何构建代码；最后，还应该包括一个 CEC 文件，这样 BSP 可以与 Platform Builder 集成。

设备驱动程序(Device Driver)是 BSP 的另外一个重点。对于某个特定的 BSP 来说，BSP 当中应该包含在这块开发板上所有外设的驱动程序，这样才可以保证 Windows CE 操作系统发挥这块开发板的最大效能。如果很多外设的驱动程序都不能使用，那么仅仅一个操作系统启动之后用处也不是很大。

8.1.3　Windows Embedded CE 6.0 自带 BSP

在安装 Platform Builder 的时候，安装程序会根据用户选择的不同而安装不同的自带的 BSP。这些 BSP 都是由微软提供的，质量可以保证，用户在编写自己的 BSP 的时候，这些 BSP 的源代码是学习和参考的好材料。

表 8.1 列出了 Windows Embedded CE 6.0 中自带的 BSP 以及其所在的路径。

表 8.1　Windows Embedded CE 6.0 自带的 BSP

BSP 名	MainStoneIII	H4Sample	AurbaBoard Development Kit	Device Emulator
CPU 家族	ARM	ARM	ARM	ARM
CPU	C5 Processor card (128 MB SDRAM Support)	OMAP2420	OMAP5912	ARM
指令集	ARMV4I	ARMV4I	ARMV4I	ARMV4I
厂家	英特尔	德州仪器	i-MCU	微软
浮点处理	No	VFP11	No	No
Platform Builder 中名称	Intel PXA27x Dev PlatformL:ARMV4I	H4Sample OMAP2420:ARMV4I	Aruba Board:ARMV4I	Device Emulator:ARMV4I
所在位置	\Platform\MainstoneIII	\Platfrom\H4sample	\Platform\Arubaboard	\Platform\Deviceemulator

另外，Windows Embedded CE 6.0 还提供了基于 MIPS、SH 和 X86 核心的标准 BSP 例程，这里就不一一列出了，感兴趣的读者可以查阅 MSDN 上的相关文档。

8.2　开发 BSP

由于 BSP 本身具有与特定的硬件平台相关和与特定的嵌入式操作系统相关的双重特点，这就要求 BSP 的开发人员在开发 BSP 过程中不但要对底层硬件的操作非常熟悉，还要对相应的操作系统和所需要的接口有一定的了解。

通常来说，根据上面讲到 BSP 的结构，开发一个特定的 BSP 的主要步骤有：

(1) 建立 Boot Loader,用来下载内核映像文件;

(2) 编写 OAL 程序,用来引导内核映像和初始化、管理和操作硬件;

(3) 为新的硬件编写或者移植驱动程序;

(4) 设置平台配置文件,用于 Platform Builder 编译系统。

而开发 BSP 的整个过程可以分为 7 个步骤,如图 8.2 所示。

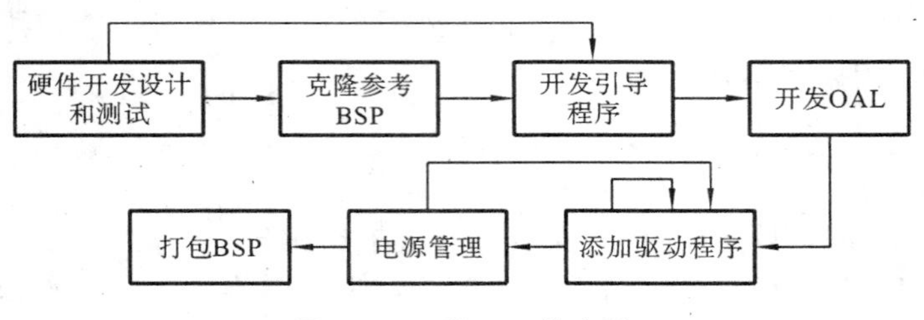

图 8.2　开发 BSP 的步骤

但是,对于 Windows CE 操作系统,微软为每种类型的 CPU 都提供了某种标准开发板的 BSP 例程。从这些例程中寻找与硬件平台最接近的作为标准程序,然后再根据实际的硬件平台进行修改,这在很大程度上降低了 BSP 开发的工作量。

8.2.1　硬件开发的设计和测试

开发 BSP 的第一个步骤是需要准备硬件设备。如果硬件设备是自己设计的,那么在这个硬件平台上开发软件之前,需要对硬件进行必要的测试。这一主题超出了本书讨论的范围,这里就不再详细介绍了。

但是对于 BSP 的开发人员来说,这一过程意味着一定要对在该硬件平台上进行软件开发非常熟悉。要掌握的预备知识包括如下内容:

(1) 对应 CPU 的汇编语言及微软编译器的语法;

(2) 对应 CPU 的功能,这需要阅读该 CPU 的手册;

(3) 开发板的 DataSheet;

(4) 硬件调试的技巧。

8.2.2　克隆 BSP

当硬件准备就绪后,BSP 的编写工作就开始了。正如前面介绍的,绝大多数情况下都是对已有的 BSP 进行修改,使用 BSP Wizard 的“克隆 BSP”功能可以简化这个步骤。

克隆 BSP 前要确保所要克隆的 BSP 与目标的 BSP 有相似性。一般而言,如果源 BSP 与目标 BSP 的 CPU 是同一款,那么可以直接克隆 BSP,因为有大量的代码可以共享;如果源 BSP 与目标 BSP 的 CPU 不一样,但是具有很大的相似性,那么克隆 BSP 也是有效率的。

微软建议我们不要从零开始去开发一个 BSP,而是找一个与他们提供的标准平台最接近的 BSP 进行克隆,然后再针对自己的硬件平台对 BSP 中的相关代码进行修改,这样能减少很多工作量。为此,微软在 Platform Builder 中专门提供了一个克隆 BSP 的工具。

打开 Visual Studio 2005,点击 Tool 菜单下的 Platform Builder for CE 6.0 | clone BSP,会弹出如图 8.3 所示界面。

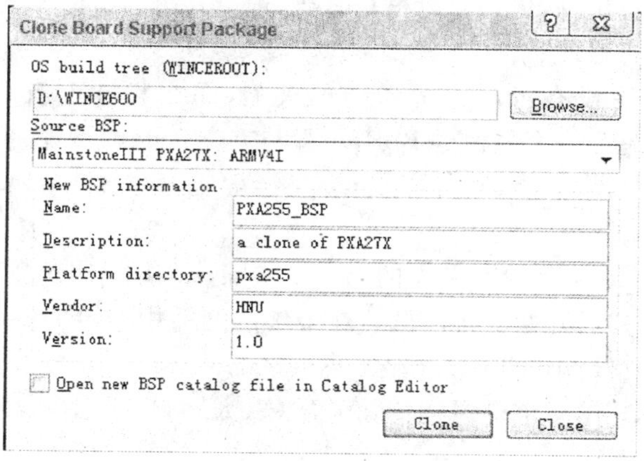

图 8.3　克隆 BSP

只需要在“Source BSP”中选择你要克隆的 BSP，然后在下面填写相应的 BSP 信息，就可以很简单地完成 BSP 的克隆过程。需要注意的是，在“Platform directory”一栏中只需要填写在\Platform\目录下的 BSP 文件夹的名字，不要填写绝对路径——D:\WINCE600\PLATFORM\pxa255。否则在后面创建工程向导中选择 BSP 的那一步中就有可能不会出现新克隆的 BSP 的名字。

克隆完成后，在\Platform\目录下就会出现相应的 BSP 的文件夹了，本例中就是一个叫作 pxa255 的文件夹。另外，当新建一个 OS Design 的工程时，在第二个步骤“选择 BSP”中就会出现刚刚克隆的那个 BSP 供选择，如图 8.4 所示。

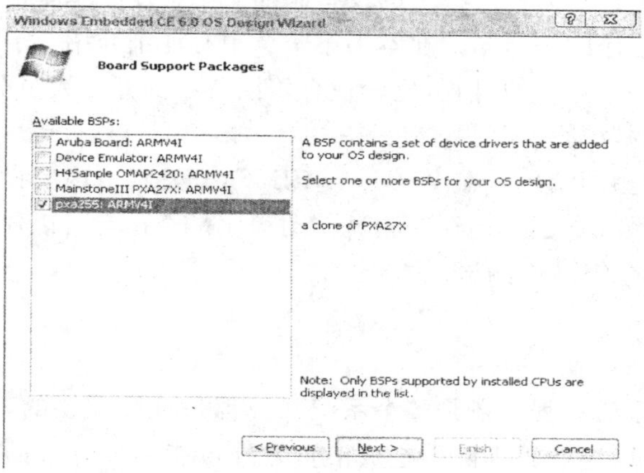

图 8.4　选择 BSP

通过克隆 BSP，BSP 的开发人员可以省去很多工作，如创建 BSP 的目录结构的工作、编写 Catalog Item File 的工作等。接下来，开发人员就可以把精力都放在针对自己平台的代码修改上。

在 BSP Wizard 中选择了要克隆的 BSP 之后，要为新的 BSP 的 Catalog 描述文件命名和添加描述信息，然后为 BSP 所在的目录命名，再选择要保留的组件。在这一步中，向导会列出被克隆 BSP 的所有组件，但是可以根据需要，选择有用的组件。当克隆结束后，就可以在新的 BSP 基础上进行修改了。

如果现有的 BSP 中没有可以作为参考的模型，那么只有重新开始写 BSP 了。BSP Wizard 帮助开发人员建立一个空白的 BSP，步骤与克隆 BSP 的步骤差不多，就不再介绍了。

8.2.3 开发 Boot Loader

开发 Boot Loader 是进行 BSP 开发的第一个步骤，Boot Loader 负责把 Windows CE 操作系统加载到内存中，然后开始执行。虽然在最终的产品中有可能并不包含 Boot Loader，但是在开发和调试的时候 Boot Loader 是不可或缺的。

本步骤结束后，期望的结果是通过传输介质（以太网口/串口等）把一个测试的.BIN文件加载到内存中。

8.2.4 开发 OAL

开发 OAL 是让 Windows CE 可以运行在开发板上的关键，也是最复杂的内容，涉及许多硬件操作。好在开发 OAL 的时候，Boot Loader 部分的许多代码都可以重用，这也减轻了开发 OAL 的负担。

本步骤结束后，期望的结果是 Tiny Kernel 的 Windows CE 操作系统可以在开发板上正确运行。

8.2.5 添加驱动程序

这个步骤的主要工作是为开发板上的设备添加驱动程序。基本的原则是最大限度地利用现有的资源。驱动程序的编写知识在本书第 7 章中有详细介绍。

添加驱动程序是一个迭代的过程，比较适合于团队中的开发人员分工合作，逐个完善开发板上的每一个外设的驱动程序。

本步骤结束后，期望的结果是在 Windows CE 下，开发板上内置设备的驱动程序都可以在 Windows CE 操作系统下正常运行。测试驱动程序是否正常可以使用 Windows CE Test Kit 工具，即 8.3 节中的 CETK 测试。

8.2.6 增加电源管理

电源管理无论对于驱动程序还是整个系统来说都是至关重要的，除非最终产品有交流电插头，这种情况下忽略电源管理除了造成浪费之外可能不会有大的影响。但是如果最终系统使用电池供电，没有电源管理对于这样的设备是不可想象的。关于设备电源管理相关的知识，请查阅本书相关内容。

测试电源管理可能需要一些专业的电源输入/输出设备，但是如果希望您的系统成熟的话，对电源管理进行严格测试是必须的。

电源管理虽然是设备驱动程序的附加功能，但是对于使用电池供电的设备，缺少电源管理永远也无法成为成熟的产品。因此，请各位读者对电源管理要充分地给予重视。

本步骤结束后，期望的结果是在 Windows CE 下支持电源管理的外设可以很好地利用电源管理进行最大限度地省电。

8.2.7　发布 BSP

发布 BSP 的目的是把 BSP 打包成安装文件，以方便第三方软件开发商使用。一般而言，可以把 BSP 打包成.msi 安装文件，这样第三方软件开发商可以更加容易地安装使用。

Platform Builder 自带了 Export Wizard(导出向导)来帮助我们对 BSP 完成打包工作。在 Visual Studio 2005 中打开 Export Wizard 即可以发布 BSP。

向导一共分为六个步骤，而且每一个步骤都有详细的说明，界面比较友好，就不再详细介绍了。基本的功能是选择一个 CEC 文件或 PBPXML 文件，然后根据文件所描述的内容进行打包处理。

BSP 发布结束后，整个 BSP 的开发流程也就结束了。

8.3　标准 CETK 测试的使用

测试工具包(CE Test Kit，简称 CETK)是一种可用于测试设备驱动程序和系统整体稳定性的工具集。CETK 中的测试工具会提供有关驱动程序功能或系统的反馈信息，以便进一步提高设备和系统的可靠性。创建 CETK 的目的是为了向 OEM 厂商提供快速有效的测试驱动程序的方法，旨在帮助开发人员生成可靠的驱动程序，从而提高设备的可靠性。还可以向 CETK 测试工具包添加更多的测试，用于测试某个驱动程序。CETK 支持所有的 Windows Embedded CE 6.0 支持的硬件，它将所有的操作及其结果都以 GUI 的方式展现出来。在 MSDN 中对 CETK 的每种测试的测试内容和使用方法都有全面的说明。

8.3.1　CETK 环境搭建

Windows CE Test Kit 包含设备端组件和桌面组件。设备端组件称为 Clientside.exe，通过从目录中添加 CETK 组件，可以使工程支持 CETK。

微软提供 CETK 以帮助测试 BSP，包括驱动和 OAL。针对每个驱动，都有不同的项目。在 Winodows CE 6.0 下搭建 CETK 环境的步骤如下。

(1) 在 VS 2005 中打开工程，然后在“Catalog Items View”中选择“Device Drivers”，“Windows Embedded CE Test Kit”，重新编译工程，并加载到目标板上运行。

(2) 当 Windows CE 在测试板或目标板上运行以后，将 clientside.exe 下载到目标板上并运行。clientside.exe 可以在\Cepb\Wcetk\User\＜CPU＞中找到，根据 CPU 架构，选择相应的 clientside.exe。使用 Platform Manager 把 Clientside.exe 应用程序下载到目标设备，或者手动将 Clientside.exe 应用程序复制到目标设备。

(3) 在目标板上运行 Clientside.exe。命令格式为：clientside /i=IP address /p=port number。“/i=”后面应该输入 CETK 的 PC 的 IP 地址，“/p=”后面输入端口号，一般默认为 5555，这个端口号一定要与 PC 端设置的端口号一致。例如：

clientside /i=198.90.193.75 /p=5555。

这时应该可以在目标板的 LCD 上面看到 clientside 对话框。

(4) 在 PC 端运行“Windows Embedded CE 6.0 Test Kit”,运行后,它会自动与目标板建立连接,当连接成功以后,出现如图 8.5 所示界面。

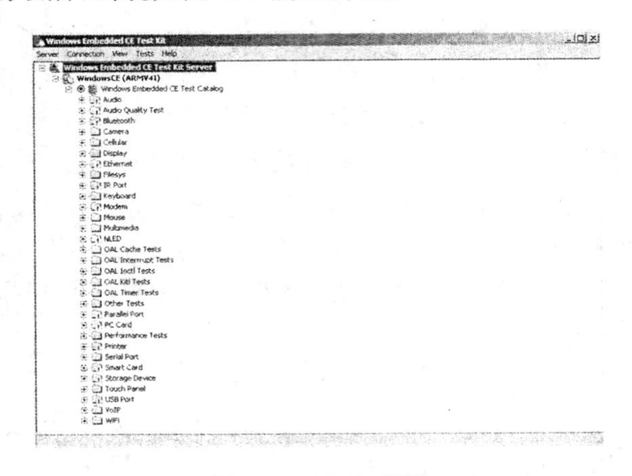

图 8.5　CETK 界面

(5) 可以选择测试驱动,如“Storage Device”,选择“File system Driver Test”,然后右击,弹出如图 8.6 所示对话框。

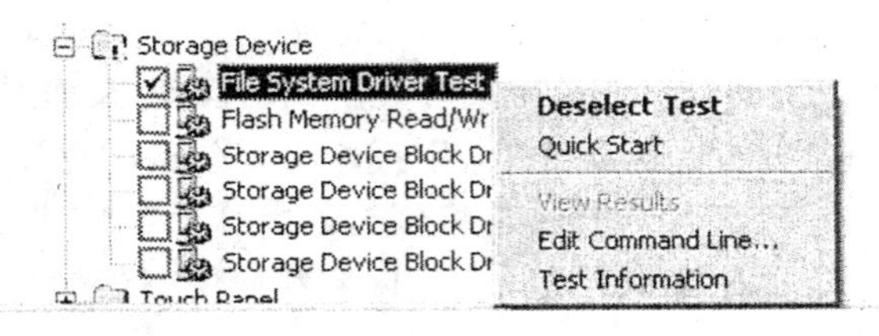

图 8.6　CETK 右键弹出对话框

(6) 选择“Quick Start”就可以开始测试了。当然使用的是默认的测试,也可以选择“Edit Command Line...”,弹出编辑对话框,然后编辑。举例说明,默认命令是:

tux-o-d fsdtst-x1001-1010,5001-5032,

表示要测试 1001～1010 和 5001～5032 这些项目。

如果改成:

tux-o-d fsdtst-x5022,5027,

表示只测试 5022 和 5027 这两个项目。

(7) 选择“Quick Start”开始测试。不同驱动测试时间也会不同。

(8) 测试完成以后,右击测试的 Item,然后选择“Test Information”查看测试结果。如果某个项目没有通过,可以先看 MSDN 关于这个项目(case)的介绍,了解其测试的内容。微软提供 CETK 测试的源代码,可以在“/Private/TEST”中找到,根据测试结果打印的提示信息,可以找到 CETK 相关源代码,读源代码,分析问题。

8.3.2　自定义测试

Windows Embedded CE 6.0 的 CETK 有两套测试工具:Tux 测试工具(Tux Test

Harness)和 Tux. Net 测试工具(Tux. Net Test Harness),以及一个记录引擎(logging engine)Kato。

Tux 是一个 32 位的客户端/服务器测试工具,用以执行以动态链接库形式存在的测试模块。

同时 Tux 也是基于 Windows Embedded CE 6.0 的设备上编写和执行测试代码的标准方法。使用 Tux 可以写出清晰的、较短的、与平台无关的测试集,而不用写一个完整的应用程序用于测试驱动程序。Tux 的客户端也可以不需要服务器端以独立(stand-alone)的形式运行,此时可以从命令行来执行测试用例和测试脚本。Tux 模型的主要组件是可执行文件 tux. exe,该文件负责启动和控制 tux. dll 文件。

Tux. Net 和 Tux 相似,都是用于执行测试。不同的是 Tux. Net 本身是用 C# 编写的,目的是在基于 Windows Embedded CE 的设备上执行以托管代码(. NET Framework)写出来的测试。

Kato 日志记录引擎是一个面向对象的 32 位客户端/服务器日志记录引擎,允许应用程序记录到单个接口,并将其输出到由用户定义的多个输出设备上。Kato 线程和进程是安全的。Kato 为基于 Windows 的桌面操作系统提供了 ANSI 和 UNICODE 接口。CETK 自动将 Kato 用作日志记录的方法,以便所有 CETK 测试的结果都相似,从而更加便于理解。

如果不使用 CETK 提供的测试,CETK 也为用户提供了生成自定义测试的所有必要文件和说明,使用 User Test Wizard(可以从主机用户界面访问该向导)可以将这些测试添加到 CETK 中。

Tux 客户端(即 tux. exe)是 Tux 的主要组件,它可以独立运行,也可以与 CETK 结合使用。Tux 客户端是一个控制台应用程序,它的命令采用下面的语法:

tux [-b] [-e] [-s 文件名|-d 测试 DLL] [-c 参数] [-r 初始化向量][-x 测试事例] [-l] [-t 地址] [-n 内核态][-h] [-k 地址] [-m] [-o] [-f 文件名][-a]

每一个测试都有默认的测试命令,如果要修改某个命令行以更改测试的运行方式和测试的内容,只需要右击对应的测试,然后选择 Edit Command Line,输入想使用的命令行,选择只针对此设备有效还是对所有的设备都有效,最后单击“OK”按钮即可。

表 8.2 给出了各种 Tux 参数。

表 8.2 Tux 参数

参 数	说 明
-b	加载每个 Tux DLL 后断开
-e	禁用异常处理
-s 文件名	指定要加载/执行的 Tux 套件文件
-d 测试 DLL	指定要加载/执行的 Tux 测试 DLL
-c 参数	要传递给 Tux DLL 的命令行
-r 初始化向量	指定起始随机初始化向量
-x 测试事例	指定要运行的测试事例
-l	Tux DLL 中所有测试事例的列表

续表

参　　数	说　　明
-t 地址	指定运行 Tux 服务器的计算机，使用不带参数的-t 则指定为本地服务器
-n 内核态	指定运行在内核态
-h	生成 Tux 参数列表

表 8.3 给出了如果使用 Kato. dll 作为日志引擎时，Tux 需要增加的参数。

表 8.3　Tux 增加参数

参　　数	说　　明
-k 地址	指定运行 Tux 服务器的计算机，使用不带参数的-k 则指定为本地服务器
-m	以 XML 的方式输出所有日志
-o	输出所有的日志到调试器
-f 文件名	输出所有的日志到指定文件
-a	在输出文件中追加数据

举例来说，在进行串口驱动测试时，我们通常使用以下的命令行：

```
tux - o - d serdrvbvt - x YY
```

表示测试执行的动态链接库是 serdrvbvt. dll，把测试日志输出到调试器上。YY 表示可以对串口驱动程序进行的测试项目。从 11～21 共十个测试项目，每个项目测试串口驱动程序不同的方面。可以用-x11-21 表示进行所有串口驱动测试。

以上这些是所有的测试通用的命令，对于某些测试可以通过指定-c 参数来拥有其他命令。

有时候需要测试某个特定的驱动，如果 CETK 的测试集没有提供此测试，就需要自己生成一个测试。这种情况多发生在需要测试流驱动时。

首先需要打开一个 Windows CE 的工程，以后生成测试都针对此工程。选择菜单 File－>New－>SubProject…－>打开 Windows CE 的子工程向导。选择 WCE TUX Dynamic-Link Library，输入子工程名称和存储位置以后，单击“Finish”按钮，生成一个测试模块。如图8.7所示，这里工程名是 test_serial。

一个 Tux 测试模块必须包含以下的内容才能正确的运行：

(1) 一个函数表——用于定义一个测试模块中所有测试用例中的所有函数，位于上面生成的 ft. h 文件中；

(2) 一个 ShellProc 函数——用于处理 Tux 相关的信号(messages)，位于上面生成的 test_serialTest. cpp 文件中；

(3) TestProc 测试用例函数——在函数表中存在一个或多个 TestProc，位于上面生成的 test . cpp 文件中。

以上只是生成一个 Tux 测试模块的框架，没有包括实际的测试函数。

每个测试模块都必须实现和导出一个 ShellProc()函数用于处理 Tux 相关的信号，完成 Tux 和测试模块之间的通信。函数原型如下：

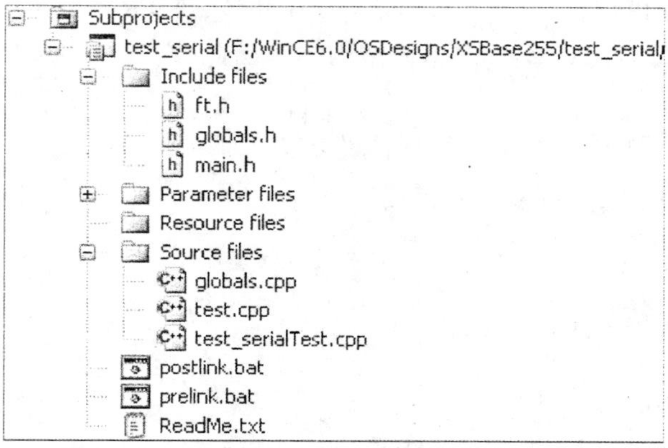

```
Subprojects
  test_serial (F:/WinCE6.0/OSDesigns/XSBase255/test_serial/
    Include files
      ft.h
      globals.h
      main.h
    Parameter files
    Resource files
    Source files
      globals.cpp
      test.cpp
      test_serialTest.cpp
    postlink.bat
    prelink.bat
    ReadMe.txt
```

图 8.7　测试模块

```
SHELLPROCAPI ShellProc(
UINT uMsg,
SPPARAM spParam
);
```

第一个参数是信号，信号必须是下面的值：

```
SPM_LOAD_DLL
SPM_UNLOAD_DLL
SPM_SHELL_INFO
SPM_REGISTER
SPM_START_SCRIPT
SPM_STOP_SCRIPT
SPM_BEGIN_GROUP
SPM_END_GROUP
SPM_BEGIN_TEST
SPM_END_TEST
SPM_EXCEPTION
```

除 SPR_REGISTER 信号是必须实现外，其他都是可选的。第二个参数根据信号的不同值也不同。这个函数实现的工作量一般不大。

编写测试模块的主要任务是编写 TestProc()函数，这个函数应该要调序，对于复杂的驱动程序可能需要编写多个 TestProc()函数。函数的原型如下：

```
TESTPROCAPI TestProcExample(
UINT uMsg,
TPPARAM tpParam,
LPFUNCTION_TABLE_ENTRY lpFTE
)
```

前两个参数与 ShellProc()函数中的参数意义一样，第三个参数是一个 LPFUNCTION_TABLE_ENTRY 结构体。

每个测试模块需要向 Tux 输出它所包含的测试函数，所以每个模块都需要创建一个静态的函数表，它是一个由结构体 FUNCTION_TABLE_ENTRY 组成的数组，每个测试函数组成一个 FUNCTION_TABLE_ENTRY 结构体。因此，在完成 TestProc()函数编写以后，需要填充这个数组。

FUNCTION_TABLE_ENTRY 结构体的定义如下：

```
typedef struct _FUNCTION_TABLE_ENTRY {
LPCTSTR lpDescription;
UINT uDepth;
DWORD dwUserData;
DWORD dwUniqueID;
TESTPROC lpTestProc;
} FUNCTION_TABLE_ENTRY, * LPFUNCTION_TABLE_ENTRY;
```

各字段的意义如下：

(1) lpDescription 用于描述当前结构体所代表的测试用例(test case)或测试集(test group)，被 Tux 用于标志测试用例或测试集；

(2) uDepth 对测试用例和测试集进行分层，0 表示根级别，n 级表示这个测试用例或测试集属于函数表中的 n－1 级的测试用例或测试集，一般使用 0 来描述整个结构体数组；

(3) dwUserData 是用户自定义的数值，这个值在运行时被传给 lpTestProc 所指向的 TestProc()函数；

(4) dwUniqueID 是测试用例或测试集唯一的标志；

(5) lpTestProc 指向位于 test．cpp 文件内真实的测试函数，对于一个测试集，它的值是 NULL。

以下是测试 GDI 打印驱动，\PRIVATE\TEST\GWES\GDI\GDIPRINT\ft.h 文件中 FUNCTION_TABLE_ENTRY 数组的部分内容如下：

```
static FUNCTION_TABLE_ENTRY g_lpFTE[] = {
TEXT("GDIPrint tests"), 0, 0, 0, NULL,
TEXT("BitBlt_T"), 1, 0, 100, BitBlt_T,
TEXT("MaskBlt_T"), 1, 0, 101, MaskBlt_T,
TEXT("StretchBlt_T"), 1, 0, 102, StretchBlt_T,
TEXT("PatBlt_T"), 1, 0, 103, PatBlt_T,

NULL, 0, 0, 0, NULL // marks end of list
};
```

在完成 TestProc()函数、ShellProc()函数和 FUNCTION_TABLE_ENTRY 结构体数组之后，在 Subproject 工程名上右击选择“Build”选项，完成之后，整个测试模块就完成了。

此后在 CETK 的控制面板里面把它导入 CETK，就能使用这个测试模块了。

8.3.3 CETK 实例

对于某一具体设备的驱动程序的测试应该首先查看 MSDN，MSDN 是关于 CETK 最全的资料。MSDN 列出了每个测试所需要的软件、硬件和命令行。有一些测试是针对特定的硬件，如果需要在平台上运行这些测试，请先检查是否满足硬件要求。

在CETK提供的测试集里，每一个测试所需要的软件都包含一个Tux.exe用于执行测试，一个Kato.dll用于记录测试数据，至少包含有一个进行测试的动态链接库。例如，在串口测试中，所需要的硬件有一个或多个串口，可以作为COM1到COMX串口。

所需要的软件如下：

(1) SerDrvBVT.dll　用于串口驱动的动态链接库；

(2) Tux.exe　Tux测试工具集，用于执行测试；

(3) Kato.dll　Kato日志记录引擎，用于记录测试数据。

每种测试通常还有其他特殊的要求，如启动串口测试时，需要把位于开发站的测试文件下载到目标设备上，因此要求目标设备至少有0.4 MB的存储空间用于存储上述的软件。

串口测试的命令是tux-o-d serdrvbvt-x YY，YY表示可以对串口驱动程序进行的测试项目。从11～21共十个测试项目，每个项目测试串口驱动程序不同的方面，如表8.4所示。

表8.4　测试项目列表

测试项目(Case)	说　明
11	是否在所有可能的波特、数据位、奇偶位、停止位进行配置和写数据，如果不能配置或写数据失败就会使测试失败，输出的日志会详细记录失败的原因
12	测试SetCommEvent和GetCommEvent函数。如果驱动程序没有正确地支持这两个函数，测试就会失败，输出的日志会详细记录失败的原因
13	测试EscapeCommFunction函数。如果驱动程序没有正确地支持这个函数，测试就会失败，输出的日志会详细记录失败的原因
14	测试WaitCommEvent函数。测试创建一个线程用于发送数据，当线程数据发送完成时EV_TXEMPTY事件是否发生。如果WaitCommEvent不正确地运行或者EV_TXEMPTY没有发生信号，测试将会失败，输出的日志会详细记录失败的原因
15	测试SetCommBreak和ClearCommBreak函数。如果驱动程序没有正确地支持这两个函数，测试就会失败，输出的日志会详细记录失败的原因
16	测试WaitCommEvent函数在指向当前串口的句柄被清除时的返回值。如果驱动程序没有正确地支持这个函数，测试就会失败，输出的日志会详细记录失败的原因
17	测试WaitCommEvent函数在指向当前串口的句柄被关闭时的返回值。如果驱动程序没有正确地支持这个函数，测试就会失败，输出的日志会详细记录失败的原因
18	测试SetCommTimeouts函数，并且证实ReadFile函数在接收数据超时时的行为。如果驱动程序没有正确地支持这两个函数，测试就会失败，输出的日志会详细记录失败的原因
19	证实在调用SetCommState函数失败以后，先前的Device Control Block(DCB)设置是否仍然存在。如果不存在，表示测试失败，输出的日志会详细记录失败的原因

续表

测试项目(Case)	说　　明
20	测试在共享端口上打开和关闭
21	测试串口的能量管理函数，证实能量管理的 IOCTLs 和函数调用能被正常地支持

习　题　八

1. 什么是 BSP？它一般应完成哪些工作？
2. 结合已有的实验设备，开发该设备的 BSP。

参 考 文 献

[1] 彭蔓蔓,李浪,徐暑华.嵌入式系统导论[M].北京:人民邮电出版社,2008.
[2] 何宗键. Windows CE 嵌入式系统[M]. 北京:北京航空航天大学出版社,2006.